高等学校"十三五"规划教材·计算机类

计算机网络应用基础

吴小钧　编著

西安电子科技大学出版社

内 容 简 介

本书共 9 章，系统全面地介绍了计算机网络的基本概念、数据通信基础、计算机网络体系结构、局域网基本工作原理、局域网组网技术、计算机网络操作系统、网络互联技术、Internet 基础与应用、计算机网络安全与网络管理等内容。

本书内容丰富，深入浅出，层次清晰，图文并茂，适合循序渐进地学习。本书注意结合计算机网络发展历程中具有代表性的人物和事件讲述相关概念与技术，有利于激发读者的学习兴趣，加深认识和理解。本书每章后均附有习题，供平时练习之用。

本书既可作为计算机专业本科生的教材，也可作为软件工程、网络工程、信息安全、物联网工程、电子与计算机工程、电子商务、电子政务和信息管理及其他非计算机专业本科生的教材，对于计算机应用与信息技术工程技术人员也具有很高的参考价值。

图书在版编目(CIP)数据

计算机网络应用基础 / 吴小钧编著. —西安：西安电子科技大学出版社，2020.7
ISBN 978–7–5606–5705–9

Ⅰ. ① 计…　Ⅱ. ① 吴…　Ⅲ. ① 计算机网络—高等学校—教材　Ⅳ. ① TP393

中国版本图书馆 CIP 数据核字(2020)第 083119 号

策划编辑　李惠萍
责任编辑　苑　林　宁晓蓉
出版发行　西安电子科技大学出版社(西安市太白南路 2 号)
电　　话　(029)88242885　88201467　　邮　编　710071
网　　址　www.xduph.com　　　　　　电子邮箱　xdupfxb001@163.com
经　　销　新华书店
印刷单位　咸阳华盛印务有限责任公司
版　　次　2020 年 7 月第 1 版　　2020 年 7 月第 1 次印刷
开　　本　787 毫米×1092 毫米　1/16　印　张　15.25
字　　数　359 千字
印　　数　1~3000 册
定　　价　36.00 元

ISBN 978–7–5606–5705–9 / TP

XDUP 6007001–1

如有印装问题可调换

前　言

　　计算机网络是一门涉及计算机技术和通信技术的交叉学科，它是当今计算机科学与工程领域迅速发展的学科之一。计算机网络作为全球信息化的主要支撑技术之一，已经越来越受到人们的广泛关注和重视。随着 Internet 的高速发展和不断普及，计算机网络正在各个方面深刻地改变着人们的生活方式和工作方式。

　　为了适应计算机网络课程学习的要求，编者根据多年的教学和科研经验编写了本书。本书在章节安排中考虑了全国计算机等级考试、国家计算机技术与软件专业技术资格(水平)考试的基本内容，学习本书将有助于读者通过相关的考试。

　　本书共 9 章。第 1 章介绍计算机网络的基本概念，是全书的基础；第 2 章介绍与计算机网络相关的数据通信的基础知识；第 3 章介绍计算机网络协议和计算机网络体系结构的基本概念，重点介绍 OSI 参考模型和 TCP/IP 参考模型，并对两者进行了分析与比较；第 4 章介绍局域网的基本工作原理，包括局域网技术特点和拓扑结构、IEEE 802 参考模型、共享介质局域网工作原理、无线局域网的相关概念和基本工作原理；第 5 章介绍局域网组网技术，包括局域网传输介质、局域网组网设备以及局域网组网方法；第 6 章介绍计算机网络操作系统的基本概念，包括网络操作系统和分布式操作系统的概念、面向网络的操作系统的基本功能，介绍 Unix 和 Linux 两种操作系统的功能特点；第 7 章介绍网络互联技术，包括网络互联的基本概念、网络互联的主要类型以及典型的网络互联设备；第 8 章介绍 Internet 基础与应用，包括 Internet 的基本概念、Internet地址以及 Internet 接入技术；第 9 章介绍计算机网络安全与网络管理，包括计算机网络安全的基本概念、数据加密技术、防火墙、网络管理、区块链技术和常用网络命令。

　　本书在编写过程中一方面注意保持计算机网络基本概念和理论的系统性；另一方面根据计算机网络技术飞速发展的实际情况，参考计算机网络领域权威和有影响力的文献资料，介绍相关领域的新进展，力求使读者能够立足基础，展望前沿。在写作中，编者力求做到内容丰富、层次清晰、结构合理、语言简洁流畅、图文并茂，便于读者学习和理解相关概念与理论，从而系统地掌握计算机网络应用技术。

西安电子科技大学综合业务网理论及关键技术国家重点实验室的孙锦华副教授审阅了全书，并提出了许多宝贵意见，在此表示衷心的感谢。

本书在编写过程中得到了西安电子科技大学出版社李惠萍老师的关心与帮助，在此表示衷心的感谢。

由于编者水平有限，书中难免存在一些缺点，殷切希望广大读者批评指正。

编　者

2020 年 3 月

目　　录

第 1 章

绪 论

1.1 计算机网络的形成与发展

计算机网络的发展历史最早可以追溯到 20 世纪 60 年代初期。到目前为止，计算机网络的发展经历了四个主要阶段。

1.1.1 早期分组交换原理的产生和发展

计算机网络发展的第一个阶段，即早期分组交换原理的产生和发展阶段，从时间上大致可以划分为 1961—1972 年。这一阶段的主要工作是研究分组交换(packet switching)的基本概念和主要技术。

20 世纪 60 年代初期，电话网络(telephone network)是世界上主要的通信网络。电话网络传输的是语音(voice)信息，假定在发送端与接收端之间以相对恒定的速率传输语音信息，电话网络采用电路交换(circuit switching)的方式将信息从发送端传输到接收端。采用电路交换技术完成数据传输要经历电路建立、数据传输和电路拆除三个过程。数据传输期间，在发送端与接收端之间要建立和维持一条利用若干中间结点构成的专用物理连接线路，直到数据传输结束。

在这一时期，计算机的作用和影响力日益增强，特别是分时计算机(time-sharing computer)系统的出现迫使人们考虑是否能够以及如何将计算机互联起来，使分布在不同地域的用户可以共享这些计算机。与语音信息不同，互联起来的计算机用户之间的通信活动通常是突发(bursty)的，通信活动时有时无，断断续续。例如，一个用户向某远程计算机发送一条命令之后随即进入等待应答的状态，或者对接收到的应答进行相应的处理。

针对互联计算机通信的通信活动呈现突发状态这一特点，三个不同的研究团队分别开始研究电路交换的替代技术。这三个团队分别是美国麻省理工学院的 Leonard Kleinrock、兰德公司(RAND Corporation)的 Paul Baran 以及英国国家物理实验室(National Physical Laboratory，NPL)的 Donald Davies 和 Roger Scantlebury，他们在互相不知道对方研究内容的情况下各自展开了研究工作。这三个团队的研究成果就是分组交换技术。分组交换是电路交换的替代技术，它比电路交换更加有效，并且具有更强的健壮性。在这三组研究人员中，最先发表分组交换技术研究成果的是 Leonard Kleinrock，当时他还是麻省理工学院的一名研究生。Leonard Kleinrock 在其发表的研究论文中以排队论为理论依据，很好地证明了分组交换方法对突发通信的有效性。这三个团队所提出的分组交换的概念、原理和主要技术为今天的 Internet 奠定了理论基础。

在这一阶段，具有里程碑式的验证性计算机网络是著名的 ARPAnet。苏联在 1957 年发射了人类历史上第一颗人造地球卫星 Sputnik，美国对其潜在的军事用途深感担忧，因而组建了旨在重新树立美国在军事科技研究和应用方面领导地位的 ARPA(Advanced Research Projects Agency，美国国防部高级研究项目局)。20 世纪 60 年代主持 ARPA 计算机科学研究项目的是 Leonard Kleinrock 在麻省理工学院的两位同事——J.C.R. Licklider 和 Lawrence Roberts。1967 年，Lawrence Roberts 发表了 ARPAnet 的总体设计方案。ARPAnet 是有史以来第一个基于分组交换原理的计算机网络，也是现在 Internet 的鼻祖。在 ARPAnet 中，每个结点包含一台主机(host)和一台接口消息处理机(Interface Message Processor，IMP)。主机与 IMP 之间用很短的线路连接，安放在同一房间内。用户操作主机，主机主要负责与用户交互，而 IMP 主要负责网络通信。IMP 本质上是一台小型机(minicomputer)。当时的 IMP 体形庞大，有一人多高。IMP 与 IMP 之间用传输速率为 56 kb/s 的传输线路互相连接。历史上第一台 IMP 于 1969 年在 Leonard Kleinrock 的指导下安装在加州大学洛杉矶分校 (University of California，Los Angeles，UCLA)，之后不久又有三台 IMP 陆续安装到了斯坦福研究所(Stanford Research Institute，SRI)、加州大学圣塔芭芭拉分校(UC Santa Barbara，UCSB)和犹他大学(University of Utah)。到 1969 年年底，这个试验性的 ARPAnet(现代 Internet 的前身)的规模已经发展到包括四个结点，如图 1.1 所示。图 1.1 中的长方形框代表主机，框内标明主机的型号，如当时安装在 UCLA 的主机是一台 Sigma 7 大型机，而安装在 SRI 的主机是一台 SDS-940 型大型机。图 1.1 中的椭圆形框代表 IMP，框内标明 IMP 所在地以及接入 ARPAnet 的顺序，如在 UCLA 安装完第一台 IMP 一个月之后，第二台 IMP 安装到了 SRI。

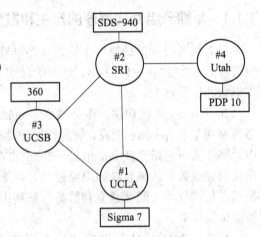

图 1.1　仅有四个结点的 ARPAnet 结构

事实上，人类历史上第一次使用计算机网络进行通信的经历并不成功。在第二台 IMP 安装到 SRI 之后，人们把 SDS-940 大型机作为主机与该 IMP 连接到一起，并且由一名研究生编写了主机与 IMP 之间的接口程序。一切准备就绪，人们迫不及待地开始了人类历史上第一次使用计算机网络进行互联通信的尝试。当时的想法是尝试从 UCLA 结点向 SRI 结点进行一次简单的远程登录(remote login)。首先，UCLA 的一名叫做 Charlie Klein 的本科生向 SRI 结点发出信息"你们收到 L 了吗？"，从 SRI 结点传来回答"是的"；然后，UCLA 结点向 SRI 结点发出信息"你们收到 O 了吗？"，从 SRI 结点传来回答"是的"。一切进展都很顺利。但是，当 Charlie Klein 按照预定的顺序(L—O—G—I—N)向 SRI 结点发出"你们收到 G 了吗？"的信息时，这个"G"字符刚刚输入，不幸的事情发生了，整个网络崩溃了。

到 1972 年，ARPAnet 已经发展到将近 15 个结点。Robert Kahn 在 1972 年的国际计算机通信会议上首次对 ARPAnet 进行了公开演示。随着第一批 IMP 不断接入 ARPAnet，越来越多的人开始尝试在 ARPAnet 上做各种各样的实验，进而开发某种应用。例如，最初被授权制造 IMP 的 BBN 公司的工程师 Ray Tomlinson 于 1972 年写出了历史上第一个电子邮件 (E-mail)程序，这个程序是现在各种电子邮件程序的鼻祖。最初，Ray Tomlinson 只是通过给自己发送电子邮件来测试其程序，至于程序本身则对外保密。但是，没过多久这个秘密不胫而走，E-mail 应用深受网络用户的喜爱。因为在此之前，人们相互之间发送消息(或邮件)仅限于在同一台分时计算机上进行，而 E-mail 是在 ARPAnet 上的不同计算机之间收发电子邮件，这和以往的应用模式有着本质区别，开辟了崭新的应用前景。于是，E-mail 很快风靡整个 ARPAnet。根据 Leonard Kleinrock 的报告，在当时的 ARPAnet 中，E-mail 占用的网络传输容量远远超过其他任何网络应用。

1.1.2 网络互联和专用网络迅速发展

计算机网络发展的第二个阶段，即网络互联和专用网络迅速发展阶段，从时间上可以划分为 1972—1980 年。在最初的 ARPAnet 出现之后，世界各地的研究者纷纷开始研究和构建各自的分组交换网络。从 20 世纪 70 年代初到 70 年代中期，各式各样的专用分组交换网络应运而生：ALOHAnet 是一个连接夏威夷群岛上多所大学的微波通信网络，Telenet 是 BBN 公司基于 ARPAnet 技术构建的一个商业用途的分组交换网络，Transpac 是一个法国的分组交换网络，还有 Tymnet，等等。这些专用的分组交换网络的数量开始迅速增长。1973 年，Robert Metcalfe 的博士论文奠定了以太网(Ethernet)的理论基础。在此之后，短距离传输的局域网(Local Area Network，LAN)得到了迅猛发展，网络数量飞速增长。

随着网络数量的高速增长，如何将多个网络互联起来成为这一时期计算机网络研究的主要问题。在美国国防部高级研究项目局的资助下，Vinton Cerf 和 Robert Kahn 在网络互联方面做出了开创性的工作。他们研究的核心问题是：如何构建一个能够包含多个互联网络的体系结构，即如何构建连接多个网络的网络。事实上，当时人们还专门创造出了 "internetting" 这个词来描述网络互联。他们研究的主要成果就是目前 Internet 的三个核心网络协议：TCP、UDP 和 IP。经过研究和实验，20 世纪 70 年代末从概念上确立了这三个关键性的网络协议。

在这一阶段，除了 Vinton Cerf 和 Robert Kahn，许多其他的研究者也开展了网络互联的研究工作。例如，Norman Abramson 开发了 ALOHAnet，这是一个基于分组的无线电网络，它将分布在夏威夷群岛上的多个远程结点互联起来，使其可以相互通信。作为 ALOHAnet 核心的 ALOHA 协议是有史以来第一个多路访问协议(multiple-access protocol)，该协议允许多个分布在不同地域的用户共享同一广播式的通信介质。此外，许多公司也研究开发了各种专用网络协议。DEC 公司于 1975 年发布了 DECnet 的第一版，在该网络中，两台 PDP-11 小型机可以相互通信。在此之后，DECnet 不断发展完善，后来 ISO 推出的 OSI 网络协议相当大的部分来源于在 DECnet 中研究与验证的概念和想法。同样是在 20 世纪 70 年代，Xerox 公司推出了 XNS 体系结构，IBM 公司推出了 SNA 体系结构。这些不同的研究者和公司针对网络互联的早期研究工作都对后来 20 世纪 80 年代和 90 年代计算机网络互联的发展起到了推动作用。

1.1.3 网络的迅速增长

计算机网络发展的第三阶段，即网络的迅速增长阶段，从时间上可以划分为 1980—1990

年。20 世纪 70 年代末，ARPAnet 的规模仅仅约为 200 台主机；而到 80 年代末，连接到公共 Internet(许许多多网络互联而成的一个大型网络联合体)上的主机数已经增至 10 万台。因此，20 世纪 80 年代是网络规模急剧增大的一个时期。

网络快速发展主要来源于几个独立的网络互联项目，这些项目的目的是构建计算机网络，将不同的大学互相连接起来。这些项目分别是 BITnet、CSnet 和 NSFnet。BITnet(最初含义为 Because It's There Network，后演化为 Because It's Time Network)是由纽约市立大学的 Ira Fuchs 和耶鲁大学的 Greydon Freeman 建立的一个协作式大学网络。BITnet 主要为美国东北部的大学提供电子邮件和文件传输等网络服务。该网络的第一条网络线路于 1981 年连接了 CUNY 和 Yale 两所大学。CSnet(Computer Science Network，计算机科学网)主要是为了将那些无法访问 ARPAnet 的大学研究人员互联起来。NSFnet 构建于 1986 年，该网络的主要目的是提供对 NSF(National Science Foundation，国家科学基金)所资助的超级计算中心的访问。NSFnet 最初的主干网络速度仅为 56 kb/s，而到 20 世纪 80 年代末其主干网络速度达到 1.5 Mb/s，并且成为连接区域性网络的主要支撑网络。

与此同时，ARPAnet 领域也成果显著，许多构成今天 Internet 体系结构的基本要素都逐渐成形。1983 年 1 月 1 日，TCP/IP 协议替代原来的 NCP 协议，正式成为 ARPAnet 的新的标准主机协议。从 NCP 协议过渡到 TCP/IP 协议，对于 ARPAnet 而言(进而对现在的 Internet 而言)，是具有划时代意义的事件。在那一天，ARPAnet 网络中所有的主机都必须从原先的 NCP 协议转换成 TCP/IP 协议。DNS(Domain Name System，域名系统)也于这一时期建立起来。DNS 的功能是将人所易于理解和记忆的 Internet 地址名称映射为纯数字形式的 32 位 IP 地址。

在这一阶段，除了上述主要由美国人研究的 BITnet、CSnet、NSFnet 和 ARPAnet 等网络之外，其他国家也对计算机网络进行了研究，比较有代表性的是法国的 Minitel 项目。20 世纪 80 年代初法国启动了 Minitel 项目，计划将数据网络带进每个家庭。该项目由法国政府资助，Minitel 系统包括一个公共分组交换网络(基于 X.25 协议族，采用虚电路技术)、Minitel 服务器以及价格便宜的带有内置低速调制解调器的终端机。1984 年，法国政府给每个需要的家庭配备了一台免费的 Minitel 终端机，这使 Minitel 项目获得了极大的成功。在其巅峰时期(20 世纪 90 年代中期)，Minitel 网络提供从家庭银行服务到专业研究数据库等超过两万种不同的服务，超过 20%的法国家庭使用该网络，每年产生超过 10 亿美元的经济收入，并且创造出大约 1 万个工作岗位。事实上，在大多数美国人听说 Internet 之前 10 年，很多法国家庭就已经在使用 Minitel 网络了。由于运行费用昂贵以及技术落后等问题，Minitel 在 2012 年 6 月 30 日被正式关闭，退出了历史舞台。

1.1.4 网络商业化和万维网

计算机网络发展的第四阶段，即网络商业化和万维网阶段，从时间上划分为 20 世纪 90 年代至今。在这一时期，Internet 继续向前发展，并且很快进入商业化阶段。这一时期发生了两件标志性的事件。其一，现代 Internet 的始祖 ARPAnet 正式停止运行。随着越来越多的商业 Internet 服务提供商的出现，计算机网络逐渐从最初的 ARPAnet 过渡到 Internet 时代。其二，万维网(World Wide Web，WWW)的出现。万维网把 Internet 带进全球千百万个家庭和企业。同时，万维网还为成百上千种新的网络服务提供了平台，从在线股票交易到网上银行，从流媒体传输服务到在线信息检索等，这些前所未有的新的网络服务极大地改变了人们的工作和生活方式。

1989—1991 年，CERN(欧洲核子研究组织，原名称为法语，英文名称为 European Organization for Nuclear Research)的 Tim Berners-Lee(英国人)在 20 世纪 40 年代 Vannevar Bush 提出的基于关联关系的信息存储理论系统以及后来 Ted Nelson 和 Douglas Englebart 等人关于超文本(hypertext)技术研究的基础上，发明了万维网。因为 CERN 是一个非常大的国际组织，包含了许许多多分布在全球各地的研究人员，所以刚从牛津大学毕业的 Tim Berners-Lee 在 CERN 做临时软件顾问期间，写了一个供其个人使用的叫做 Enquire 的程序，他将此程序称为"记忆替代"(memory substitute)，用来帮他记住 CERN 实验室的各种人员和项目之间的关系。后来，他考虑在此基础上创建一个全球范围的信息空间，将存储在全球各地的计算机上的信息连接起来，可以供全球任何地方的任何人访问使用。Tim Berners-Lee 给他的上司写了一份技术报告，名为《信息管理：研究提案》(《Information Management: A Proposal》)，上司在他的这份报告上批注道"不甚明确，但令人激动"。此后，Tim Berners-Lee 和他的同事们相继研究和开发了最初版本的 HTML、HTTP、Web 服务器和 Web 浏览器，而这些正是万维网的四个核心技术。到 1992 年年末，全球共有大约 200 个 Web 服务器，这些服务器只是即将到来的万维网热潮的冰山一角。随着 GUI 浏览器的推出(如 Mosaic 和 Netscape 浏览器)，越来越多的人开始使用 Web 浏览器上网，大大小小的公司开始构建和运行其 Web 服务器并且进行网络商务活动。1996 年，软件巨头微软公司开始大举进入万维网领域。

除了万维网的发展，20 世纪 90 年代计算机网络的研究和开发工作还在其他领域取得了显著的进展，如高速路由器和路由算法研究、局域网技术研究、实时数据传输服务研究以及网络安全和网络管理等。

1.2 计算机网络的分类

计算机网络的分类方法有许多种，如可以根据计算机网络的拓扑结构、网络中的操作系统、所使用的网络协议以及网络共享服务方式等对计算机网络进行分类。其中，较常见的计算机网络分类方法有两种：根据计算机网络所使用的传输技术分类与根据计算机网络覆盖范围和规模分类。

1.2.1 根据传输技术分类

计算机网络所使用的传输技术是网络的主要技术特性，因此根据网络所使用的传输技术对计算机网络进行分类是最常见也是最重要的一种分类方法。

一般而言，计算机网络中的通信信道有两类：广播式(broadcast)通信信道和点到点式(point-to-point)通信信道。广播式通信信道的特点是多个结点共享同一个公共的通信线路，一个结点发送数据，多个结点可以同时接收该数据，即一发多收。而对于点到点式通信信道而言，一条通信线路只能连接一对结点。在由点到点式通信信道构成的计算机网络中，数据从源结点到目的结点可能要经过一个或多个中间结点的中转。相比之下，对于由广播式通信信道构成的计算机网络，由于通信信道由网络中所有的结点共享，因此任何一个结点发出的数据包，其他结点都可以接收，无需中间结点。

根据计算机网络中通信信道的两种不同类型，计算机网络所采用的传输技术分为广播式和点到点式两种。相应地，计算机网络也可以分为两类：广播式网络(broadcast network)和点到点式网络(point-to-point network)。

1. 广播式网络

在广播式网络中，每一个数据包中都含有一个地址字段，标明该数据包的接收者，即目的地址。当一个结点接收到一个数据包之后，首先检查该数据包的目的地址字段。如果这个结点就是此数据包的目的结点，则该结点对此数据包进行相应的处理；如果此数据包是发给其他结点的，该结点则忽略此数据包，将其丢弃。

广播式网络中的通信模式好似在候机大厅里广播找人的情形。许多人都会听到该广播找人的消息，但是只有被找的那个人才会对这一消息产生反应并做出进一步处理，而其他人则忽略该消息。

除了上述的单一目的地址方式之外，广播式网络还允许其他形式的定址方式。可以在数据包的目的地址字段设定某个特殊代码，含有这个特殊代码的数据包发出之后，该广播式网络中所有的结点都会接收并处理该数据包，这种操作模式称为广播(broadcasting)。此外，有的广播式网络还支持将数据包发送给该网络中的部分结点，即该广播式网络中所有结点的某个子集，这种工作模式称为多播(multicasting)。

2. 点到点式网络

在点到点式网络中，由于每条通信线路只连接一对结点，因此结点之间的通信只有两种情况：如果两个结点之间存在一条直接连接的通信线路，则直接进行数据通信；如果两个结点之间不存在直接连接的通信线路，则必须经过一个或多个中间结点进行数据中转。对于中间结点而言，它可以对数据包进行的处理只有三种：接收、存储和转发。对于点到点式网络，通常在源结点到目的结点之间可能会存在多条数据通路，而且各条数据通路的长度及其他传输性能各有不同。因此，如何在多种可能的数据通路当中选择好的路线对点到点式网络非常重要，路由选择算法主要研究此类问题。与广播式网络不同，采用分组存储转发机制和路由选择算法是点到点式网络的两个主要技术特点，也是点到点式网络和广播式网络的重要区别。

由于点到点式网络中的通信线路只连接一对结点，因此数据传输仅在单个源结点和单个目的结点之间进行，这种工作模式也被称为单播(unicasting)。

1.2.2　根据覆盖范围和规模分类

另外一种网络分类方法是按照网络覆盖范围和规模分类。在这种分类方法中，由于计算机网络在不同的距离往往采用不同的技术，因此距离是一个很重要的分类度量依据。

表 1.1 列出了按照处理器之间的物理距离和整个系统的尺度规模来划分的多处理器系统的分类。

表 1.1 按照规模划分的多处理器系统的分类

处理器之间的距离	处理器所处范围	举 例
0.1 m	电路板	数据流机
1 m	系统	个域网(PAN)
10 m	房间	局域网(LAN)
100 m	楼宇	局域网(LAN)
1 km	校园	局域网(LAN)
10 km	城市	城域网(MAN)
100 km	国家	广域网(WAN)
1000 km	洲	广域网(WAN)
10 000 km	地球	互联网(Internet)

1. 个域网

个域网(Personal Area Network，PAN)是一个比较新的概念，目前有多种翻译，如"个人网""个人局域网"。本书认为，按照传统的局域网、城域网、广域网的翻译习惯，将其译为"个域网"更加系统连贯，便于理解和记忆。

个域网是为单个人使用而构建的网络，它是指由个人范围内(随身携带或数米之内)的计算设备(如计算机、电话、PDA、数码相机等)组成的通信网络。个域网既可用于这些设备之间相互交换数据，也可用于连接到高层网络或互联网。个域网可以广泛应用于各种公共场所，如家庭、办公室、汽车内等。个域网可以是有线的，如 USB 或者 Firewire(IEEE 1394)总线；也可以是无线的，如红外或蓝牙。个域网的核心是实现个人信息终端的智能化互联，组建个人化的信息网络。

个域网能够使各种互联的设备在个人范围内相互通信。一个简单的个域网的例子是连接一台计算机及其外部设备的无线网络。几乎每一台计算机都有显示器、键盘、鼠标和打印机等外部设备，如果不用无线连接技术，这些外部设备必须用各种线缆与计算机连接。对于许多新的计算机用户而言，找到各种外部设备的正确的连接线缆并将其插入正确的计算机接口往往非常麻烦，并且容易出错。为了帮助这些用户，一些公司共同设计了一个叫做蓝牙(Bluetooth)的短距离范围内的无线网络,通过这种蓝牙网络技术可将各种外部设备连接到计算机上，无需线缆。也就是说，如果某设备支持蓝牙，那就无需线缆，用户所需要做的仅仅是把这种支持蓝牙的设备放在计算机附近，打开该设备的电源，随即该设备和计算机就自动互联并一起工作了。对大多数用户而言，这种易操作性当然是一大优点。

蓝牙个域网最简单的工作模式是图 1.2 所示的主从模式。在图 1.2 所示的主从模式的蓝牙个域网中，计算机通常是该系统中的主(master)，而其他的外部设备，如鼠标、键盘、打印机等是系统中的从(slave)。在个域网中，由主告知从所使用的地址、进行广播通信的时间、传输数据的时间长度、数据通信采用的频段等信息。蓝牙个域网也可应用于许多其他情景，如将耳麦与手机进行无线连接，或者将个人数字音乐播放器与汽车音响进行无线连接等。此外，蓝牙技术在医疗领域也有很多潜在的应用，如助听器、植入患者体内的心脏起搏器等嵌入式医疗设备就是另外一种个域网。

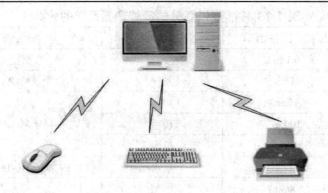

图 1.2   蓝牙个域网的主从模式

2. 局域网

比个域网规模更大一些的是局域网(Local Area Network，LAN)。局域网通常是一个私有的网络，其覆盖范围常常限于一栋楼宇之内或在其附近，如一个家庭、一个办公室或一个工厂。局域网被广泛用于连接个人计算机和个人消费电子设备，使其能够共享资源(如打印机)以及交换信息。从网络所采用的传输技术划分，局域网可分为无线局域网(wireless LAN)和有线局域网(wired LAN)两类。

目前无线局域网非常流行，特别适合于家庭、旧厂房、餐厅等不便于铺设网线的环境。在无线局域网中，每台计算机都有一个无线调制解调器和一个天线，计算机使用它们与网络中其他的计算机进行通信。在大多数情况下，无线局域网中的每台计算机都和网络中的一个设备进行通信，如图 1.3 所示。该设备就是接入点(Access Point，AP)，也称为无线路由器，或称为基站(base station)。接入点的功能是在无线局域网内的计算机之间以及无线局域网内的计算机与 Internet 之间进行数据分组的中继。当然，如果与无线局域网内其他的计算机距离足够近，计算机之间也可以对等方式直接相互通信。

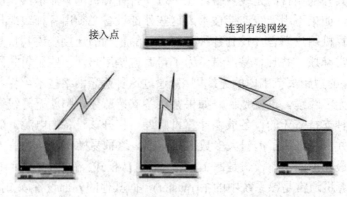

接入点   连到有线网络

图 1.3   无线局域网(IEEE 802.11)的拓扑结构

目前，国际上广泛使用的无线局域网的标准是由 IEEE 制定的 IEEE 802.11 标准，通常人们也把该标准称为 WiFi(Wireless Fidelity)。事实上，WiFi 是一个无线网络通信技术的品牌，由 WiFi 联盟(WiFi Alliance)所持有，它是一种可以将个人计算机、各种手持设备(如 PDA、手机)等终端以无线方式互相连接的技术，其目的是改善基于 IEEE 802.11 标准的无线网络产品之间的互通性。但是，现在人们常常把 WiFi 和 IEEE 802.11 等同起来。目前，遵循 IEEE

802.11 标准的无线局域网的数据传输速率从几十 Mb/s(1 Mb/s = 10^6 b/s)到几百 Mb/s 不等。

相对于无线局域网,有线局域网采用了许多不同的数据传输技术。大多数有线局域网使用铜质线缆进行数据传输,也有一些有线局域网使用光纤进行数据传输。局域网的覆盖范围和规模都是有限的,这意味着网络在最差情况下的传输时间有上限,是预先可知的,了解这些传输时间的上限对于设计相应的网络协议很有帮助。有线局域网的网速较高,通常在 100 Mb/s～1 Gb/s (1 Gb/s = 10^9 b/s),有些新型的有线局域网的网速可以达到 10 Gb/s;网络延迟较低,通常为微秒或纳秒级;可靠性较高,传输差错非常少。由此可见,相对于无线局域网,有线局域网在网速以及可靠性等方面均具有更高的性能表现。换言之,通过铜质线缆或光纤传输信号比通过空气传输信号要更加容易。

许多有线局域网的拓扑结构都是由点到点式的连接构成的。例如,IEEE 802.3 标准所规定的局域网,即通常所称的以太网(Ethernet),就是最常用的一种有线局域网。图 1.4 给出了一个典型的交换式以太网的拓扑结构,其中每台计算机都使用 Ethernet 协议并通过点到点方式连接到一台交换机(switch)上。正是由于交换机在此类网络中的枢纽作用,因此常把这种以太网称为交换式以太网。一台交换机有多个端口(port),每个端口可以连接一台计算机。交换机的职责就是在连接到该交换机的各个计算机之间进行数据分组的中继。在此过程中,交换机根据数据分组中的地址信息来决定将该数据分组发送给哪一台计算机。

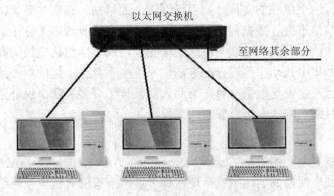

图 1.4　交换式以太网的拓扑结构

由于单个交换机的端口数量是有限的,因此由单个交换机组成的局域网的规模受到端口数的限制。为了组建更大规模的局域网,可以采用多个交换机级联的方式,就是将多个交换机通过其端口互相连接起来,从而有效地扩大局域网覆盖的范围与规模。

相反,也可以把一个规模较大的物理上的单个局域网划分成两个或者多个规模较小的逻辑上的小局域网。这样的划分有什么作用和意义呢?在现实生活中,网络设备的分布情况与使用该网络的单位的组织结构往往并不匹配。例如,某公司的研发部和市场部的计算机由于位于同一层楼或者相距较近而处于同一个物理上的局域网内。但是,从管理和业务处理的角度考虑,最好能将这两个不同的部门划分开,使每个部门都有逻辑上自己的局域网,这样的网络称为虚拟局域网(Virtual LAN, VLAN)。在虚拟局域网中,每个端口都被标上某种颜色,如绿色端口代表研发部的计算机、红色端口代表市场部的计算机。有了这种机制,交换机在转发数据分组时就可以把与绿色端口相连的计算机和与红色端口相连的计算机区分开来,由红色端口发出的广播分组数据不会被与绿色端口相连的计算机接收。从整体效果上看，这个公司的研发部和市场部好像分别有各自独立的局域网。

除了图 1.4 所示的交换式以太网的拓扑结构之外，有线局域网还有其他的拓扑结构。事实上，交换式以太网是最初设计的以太网的一个现代版本。最初设计的以太网是将所有的分组在单一的线形线缆上进行广播传输。在整个网络中，任何时刻最多只能有一台计算机成功地进行数据传输，遇到冲突时采用一种分布式仲裁机制来解决冲突。以太网采用的算法非常简单，只要数据线为空闲计算机即可传输数据。一旦发生冲突，即两个或多个分组碰巧要同时进行传输，发生冲突的每一台计算机必须停止当前的数据发送活动，等待一段随机长度的时间之后再尝试重新发送数据。

对于广播式的局域网，无论是无线局域网还是有线局域网，信道分配策略都可以根据如何分配通信信道分为静态分配策略和动态分配策略两类。典型的静态分配策略通常将时间划分为离散的时间片，并采用轮转算法(round-robin algorithm)进行信道分配，即只允许自己的时间片到来的计算机使用通信信道进行数据广播。静态分配策略的缺点很明显，当网络中存在空闲结点时，信道利用率会显著降低。当分配的时间片到来时，该空闲计算机没有数据发送，从而浪费了整个时间片，导致系统整体的信道利用率下降。

由于静态分配策略不可避免地具有上述信道利用率低的缺点，因此多数广播式网络采用动态分配策略。动态信道分配方法分为集中式和非集中式两种。对于集中式动态信道分配方法，系统中有一个单独的实体，如手机网络中的基站，该实体负责决定接下来该由哪一个结点使用通信信道进行数据传输。例如，该实体在接收到多个分组后，根据某种内部预先设计好的算法给不同的分组赋予不同的优先级，通过分组优先级的高低来分配信道。与此相对，对于非集中式动态信道分配方法，系统中不存在上述的中心结点。系统中的每一个结点必须自己决定发送数据与否，为此人们设计了许多算法来保证采用非集中式动态信道分配方法的网络不陷入人自为战的冲突和混乱局面。

3. 城域网

比局域网规模更大一些的是城域网(Metropolitan Area Network，MAN)，其规模通常是覆盖一个城市。城域网最好的例子就是现在许多城市都有的有线电视网络。有线电视网络起源于早期的社区电视天线系统，当时由于许多区域电视信号接收效果不佳，往往在附近地势相对较高的地方(如山顶)架设一个很大的电视天线，由它把电视信号传送到周边的家庭中。

最初，这些社区电视天线系统都是一些基于本地设计的定制系统。后来，大型商业企业进入有线电视领域，和地方政府签订合同，承包将整个城市的电视接收系统联成网络。随之而来的是电视节目的飞速发展，甚至出现了完全为有线电视而制作的电视节目频道。通常，这些频道都是非常专业化的，如新闻频道、体育频道、烹饪频道、园艺频道等。但是，这些频道从其诞生到 20 世纪 90 年代末，都是仅为有线电视网络而设计和制作的。

随着 Internet 的迅猛发展，越来越多的观众转向 Internet 的各种服务。此时，有线电视运营商们意识到他们可以对有线电视系统进行一些改动，使用部分空闲的频段来提供双向的 Internet 服务。从此，有线电视网络开始从单一的电视信号传播系统逐渐转变为现在的城域网。换言之，现在的有线电视网络所传播的既有电视信号也有 Internet 内容。

有线电视网络并不是唯一的城域网。随着高速无线 Internet 访问技术的研究和发展，出现了另一种称为 WiMAX(Worldwide Interoperability for Microwave Access)的城域网，它采用 IEEE 802.16 标准，因此 WiMAX 也被称为 802.16 无线城域网或简称为 802.16。WiMAX 是一项新兴的宽带无线接入技术，能提供面向 Internet 的高速连接。WiMAX 的技术起点高，采用了代表未来通信技术发展方向的许多先进技术，具有许多技术优势。首先，WiMAX 能够实现更远的传输距离，WiMAX 能实现 50 km 的无线信号传输，这是无线局域网所不能比拟的。WiMAX 网络覆盖面积是 3G 发射塔的 10 倍，因此，只要建设少数基站就能够实现全城覆盖，使无线网络应用的范围得到极大的扩展。其次，WiMAX 可提供更高速的宽带接入。WiMAX 所能提供的最高接入速度约为 70 Mb/s。除此之外，WiMAX 还具有 QoS(Quality of Service，服务质量)保障、传输速率高、业务丰富多样等优点。

4. 广域网

比城域网覆盖范围更广、规模更大的是广域网(Wide Area Network，WAN)，其通常可以覆盖一个国家或者一个洲。与局域网一样，广域网也分为有线广域网和无线广域网两类。

图 1.5 给出了一个有线广域网的例子，它表示一个集团公司在全国三个不同城市的分公司所构成的计算机网络。这些分公司的计算机网络通过有线的通信线路连接，整个集团公司的计算机网络覆盖全国范围，是一个典型的有线广域网。每个分公司网络内的计算机都可用于运行各种面向用户的应用程序，这些计算机称为主机(host)。在该有线广域网中，除了主机之外的用于连接这些主机的部分统称为通信子网(communication subnet)，简称子网(subnet)。通信子网的任务是在主机和主机之间传输数据信息，就像电话网络系统在拨叫方和接听方之间传输语音信息一样。

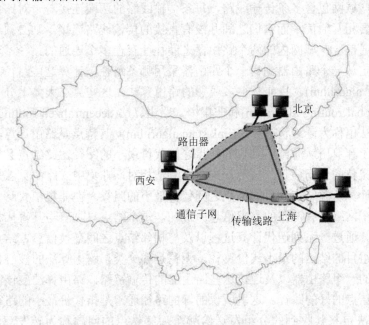

图 1.5 有线广域网示例

对于大多数的广域网而言，通信子网主要包括两种元素：传输线路和交换设备(或简称为交换机)。传输线路的功能是在计算机之间传输比特流。广域网可以使用的传输线路包括铜芯线缆、光纤以及无线电通信信道。对于大多数使用广域网的公司而言，他们自身并不拥有专有的铺设好的传输线路，通常从专业的电信公司那里租用传输线路。交换设备实际上是用于连接两条或多条传输线路的专用计算机。当数据从一条传输线路传入时，交换设备必须选择一条传输线路将该数据转发出去。这些用于数据交换的专用计算机在过去有各种各样的称谓，现在统称为路由器(router)。对图 1.5 所示的有线广域网而言，通信子网是指把分组从源主机传输到目的主机所经过的所有路由器和通信线路的集合，即图中用虚线标出的灰色区域。

从上述有线广域网的例子看，似乎广域网看上去与局域网区别不大。有线广域网似乎只是连接线路更长一些，好像就是一个更大规模的有线局域网而已。事实上，广域网和局域网之间有着本质的区别。首先，广域网中的主机和通信子网由不同的用户拥有，并且由不同的人操作。在图 1.5 所示的广域网中，各个分公司的员工负责各自计算机(主机)的使用，而公司的网络管理部门负责除主机之外的整个网络(通信子网)的运转，在主机和通信子网之间有着清晰的界限。事实上，对大多数广域网而言，网络运营商和电信公司通常是广域网通信子网的实际操作者。将网络的纯通信层面的问题(通信子网)和网络用户应用层面的问题(主机)划分开，这极大地简化了整个网络的设计。其次，广域网中的路由器通常用于连接不同类型的网络，而在一个局域网内往往使用的是同一种网络技术。最后，连接到通信子网上的对象也是局域网和广域网的一个重要区别。对局域网而言，连入通信子网的是单个计算机；而对广域网而言，连入通信子网的可能是整个网络。将多个规模较小的网络通过通信子网互相连接起来是构建大型网络的基本方法。但是对于通信子网本身而言，无论接入其中的是单个计算机还是整个网络，它所做的工作都是一样的。

大多数的广域网包含多条传输线路，每条传输线路的两端连接着一对路由器。如果两个路由器之间要相互通信，而它们之间并没有直接的传输线路连接，则必须通过其他的路由器进行间接通信。广域网内的两个路由器之间往往存在多个连通的路径，对于整个网络而言，必须决定从一个路由器到另一个路由器采用哪条路径，计算这些路径的算法称为路由算法(routing algorithm)。目前有很多成熟的路由算法，这些算法大体上分为两类：全局式路由算法(global routing algorithm)和非集中式路由算法(decentralized routing algorithm)。全局式路由算法也称为链路状态算法(link state algorithm)，其特点是路由计算是在一个结点上进行的，为了计算出从源结点到目的结点之间代价最小的路径，此结点必须具有并使用有关该网络的完整的全局信息。与全局式路由算法相对，非集中式路由算法采用一种迭代的分布式方法计算从源结点到目的结点之间代价最小的路径。在非集中式路由算法中，没有结点具有整个网络所有链路的完整信息。最初，每个结点只具有与其直接相连的那些链路的代价信息。通过一系列迭代计算过程以及与相邻结点之间交换信息，结点逐步计算出到达一个或一组目的结点的最小代价路径。无论是哪一类，路由算法的核心目标都非常简单：对于给定的一组路由器以及连接这些路由器的传输链路，路由算法应该能够找出从源结点到达目的结点的好的路径。这里所说的好的路径通常是指代价最小的路径。对于路由器而言，如何决定将其收到的分组发送给哪个后续结点的问题称为转发算法(forwarding algorithm)，目前对转发算法的研究也颇多。

除了上述有线广域网之外，还有采用无线传输技术的无线广域网。例如，在卫星通信网络系统中，每个地面计算机都配有一个天线，计算机通过此天线向在轨卫星发送数据，并从在轨卫星接收数据。在该卫星通信网络系统中的每一台地面计算机都能够接收到在轨卫星所发出的输出数据，在某些情况下，甚至还可以接收到其他地面计算机发送给在轨卫星的上行传输数据。卫星通信网络从本质上讲采用的是广播式工作模式，对于广播式应用非常有用。蜂窝式移动电话网络是另一种使用无线传输技术的广域网，这种无线广域网已经过四代发展的演进，现在迎来了第五代的发展浪潮。第一代蜂窝式移动电话网络是模拟的，仅支持语音传输。第二代转变为数字的，但仍仅支持语音传输。第三代也是数字的，除语音之外还支持数据传输。每个基站覆盖的地理范围远远超过无线局域网的覆盖范围，其覆盖半径以千米来衡量。基站之间通过骨干网络相互连接，而此骨干网络通常是有线的。第三代蜂窝式移动电话网络的数据传输速率通常在 1 Mb/s 的量级，远远低于无线局域网的数据传输速率，无线局域网的数据传输速率往往能够达到 100 Mb/s 的量级。

5. 互联网络

世界上有很多网络，这些网络常常具有不同的硬件和软件。联在一个网络之中的用户往往需要和联在另一个网络里的用户进行通信。为了满足这一需求，需要将不同的网络，有时甚至是互不兼容的网络互联起来。互相连接起来的若干网络的集合称为互联网络(Internetwork)或网际网(internet)。在这里，互联网络和网际网是一个广义的概念，有别于平时所特指的全球范围的 Internet。通常把 Internet 称为互联网，首字母必须大写。事实上，Internet 只是一个特定的互联网络或网际网而已。

上面提到了三个关于网络的概念——通信子网、网络与互联网络这三个词字面比较相近，含义往往容易混淆。下面分别解释并区分这三个不同的概念。

首先，通信子网通常是在广域网范畴内的一个概念。在广域网中，通信子网是指网络运营者所拥有的路由器和传输线路的集合。例如，在电话网络中，电话交换站之间由高速传输线路连接起来，而电话交换站与家庭及企业用户之间通过低速传输线路连接起来。所有这些传输线路和设备都由电话公司所拥有，它们构成了电话系统的通信子网。而家庭和企业用户的电话机(类似于广域网里的主机)并不属于通信子网。

其次，网络是一个综合概念，它包括通信子网和所有主机。在日常生活中，人们对"网络"一词的使用往往十分随意。有时把一个通信子网称为网络，有时把一个互联网络也称为网络。一个比较简单、比较规范的对网络这个概念的定义是：网络是采用同一种技术互联起来的计算机的集合。

最后，互联网络是指由不同的网络相互连接构成的网际网。构建互联网络有两个常见的途径：将一个局域网联入一个广域网，或者连接两个相邻的局域网。判断一个网络是否是互联网络有两个参考标准：第一，如果不同的组织或机构在构建网络时各自支付各自部分的费用并且各自维护和使用自己那一部分的网络，则这样的网络应该属于互联网络，而不是单独的网络；第二，如果一个网络中的不同部分采用不同的网络技术(例如，网络内的一部分采用广播式传输技术，而另一部分采用点到点式传输技术；或者网络里部分使用有线通信，而另一部分使用无线通信)，那么这样的网络也应该称为互联网络。

在分析并区分了通信子网、网络和互联网络这三个概念之后，接下来的问题是用什么连接两个不同的网络，从而构建一个互联网络。构建互联网络的计算机称为网关(gateway)，它是一个含义较广的概念，是指能够连接两个或多个不同的计算机网络，并且在这些不同的网络之间提供必要的硬件和软件层面的转换与翻译功能的计算机。网关是一个统称，泛指所有满足上述定义的网络连接设备。在不同的网络协议层次上，网关有不同的表现形式和特定的称谓。关于网络协议层次的概念以及不同层次上具体的网关的称谓和功能将在本书后续的章节中详细介绍。在这里不妨这样考虑：网络协议层次越高，则越靠近用户和应用，如各种 Web 应用；网络协议层次越低，则越靠近物理的传输链路，如以太网。在构建互联网络时，进行互联的层次很重要，既不能太低，也不能太高。网关进行互联的层次太低会影响两个不同类型网络的相互连接；反过来，如果网关进行互联的层次太高，将只能使某些特定的上层应用得到互联。显然，最适合进行不同网络互联的层次应该是网络协议层次结构中居中的层次，这一层就是网络层(network layer)。而在网络层进行不同网络之间互联的计算机就是路由器。换言之，路由器是在网络层上工作的一种网关，它负责在不同的网络之间交换数据分组。

1.3　计算机网络拓扑结构

1.3.1　计算机网络拓扑结构的概念

拓扑学(topology)是从应用数学中的图论演变过来的一个分支，它通过把现实世界中的物理实体抽象成点，将物理实体之间的连接线路抽象成线，进而研究这些点、线、面之间的相互关系。计算机网络拓扑结构是指计算机网络中各种组成元素(如计算机结点、网络连接设备、连接线路等)之间相互连接所采用的布局模式。计算机网络拓扑结构分为物理拓扑结构和逻辑拓扑结构两类。物理拓扑结构是指计算机网络的物理设计，包括计算机结点、网络连接设备、连接线路及其位置和安装方式等；与物理拓扑结构不同，逻辑拓扑结构是指数据如何在计算机网络中传输流动，逻辑拓扑结构不关心计算机网络的物理设计。

计算机网络拓扑结构可以理解为计算机网络的形状或结构，但这个形状和结构并不一定与计算机网络结点和设备的物理设计相一致。例如，家庭计算机网络中计算机的布局可能是一个圆形，但这并不意味着此网络就一定是环形拓扑结构。

任何一个特定的网络拓扑结构都仅由网络各结点之间物理与逻辑连接的具体配置的图形映射来决定。计算机网络拓扑结构的研究以图论的研究成果作为理论基础进行分析。两个计算机网络可能在许多方面都不相同，如结点之间的距离不同、结点之间的物理连接方式不同、数据传输速率不同、传输信号类型不同，但是经过拓扑学的抽象，二者的网络拓扑结构可能完全一样。

局域网就是一个既有物理拓扑结构又有逻辑拓扑结构的例子。局域网中的任何一个结点都有一个或多个与网内其他结点的连接线路，这些连接线路和结点经过图形映射生成一个包含若干点、线、面的图，这个图所表示的几何形状可以用来描述该网络的物理拓扑结构。同样，该计算机网络中数据流的图形映射也生成一个抽象为几何形状的图，该图决定了网络的逻辑拓扑结构。值得注意的是，一个计算机网络的物理拓扑结构与其逻辑拓扑结构有可能相同，也可能不同。

1.3.2 常见的计算机网络拓扑结构

计算机网络的拓扑结构有很多，常见的有总线型(bus)、环型(ring)、星型(star)、树型(tree)与网状(mesh)结构。下面分别介绍这五种常见的计算机网络拓扑结构。

1. 总线型拓扑结构

总线型计算机网络采用一个公共的主干信道连接网络内的所有结点和设备，这条公共的主干信道称为总线。这里的"总线"和计算机内部的系统总线是两个不同的概念，不可混淆。这条公共的主干信道通常是一条传输线缆，是所有接入该网络的结点和设备所共享的通信介质。一个结点若要与网络上的其他结点进行通信，首先要向此总线发送广播消息，之后网络内所有其他结点都可以看到该广播消息。但是，只有该消息的接收者真正接收并处理该消息，其他结点则忽略这个广播消息，不做任何处理。总线型计算机网络拓扑结构如图1.6所示。

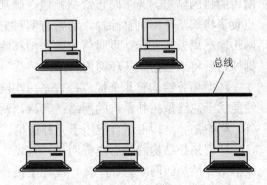

图1.6 总线型计算机网络拓扑结构

以太网技术中的10 Base-2和10 Base-5网络是两种非常流行的局域网技术，它们采用的就是总线型拓扑结构。总线型拓扑结构的优点是结构简单、易于实现、便于管理和维护。但是，总线型拓扑结构的缺点也很明显，它适用于网络结点比较少的应用环境。随着网络结点数大量增加，如向网络总线上同时增加几十台计算机，总线型拓扑结构网络的性能很可能急剧下降。另外，总线型拓扑结构存在系统可靠性瓶颈，一旦系统中作为公共主干信道的总线出现故障，整个网络将无法正常工作。

2. 环型拓扑结构

在环型拓扑结构的计算机网络中，所有结点首尾相连，构成一个闭合回路。每个结点有且仅有两个相邻的结点与之通信，网络中所有的消息沿同一方向(顺时针或逆时针)在网络中传播。环型计算机网络拓扑结构如图1.7所示。

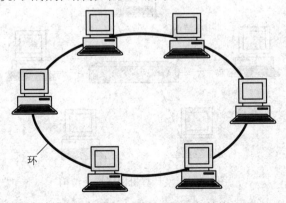

图1.7 环型计算机网络拓扑结构

在局域网技术中，IEEE 802.5 标准所定义的令牌环(token ring)网就是一种典型的环型拓扑结构的计算机网络。在令牌环网中，一个叫做令牌(token)的特殊控制帧在环中沿某一方向(顺时针或逆时针)逐站传递，获得该令牌的结点可以通过共享传输信道(该环)发送数据。和令牌一样，数据帧也按某一方向(顺时针或逆时针)在环网内逐站传输。在同一个令牌环网内，数据帧和令牌的传输方向相同。数据帧在环网内的单向流动构成了一个虚拟的广播信道。数据帧通过这个虚拟的广播信道在环网内流动并且能够到达任何一个处于该环网内的目的结点。为了防止数据帧像令牌那样无休止地在环网内循环流动，必须由某个结点负责将其从环网上移除掉，通常有两种方法：由发送数据帧的结点负责在该数据帧沿环网传输一周返回发送结点时将该数据帧移除，或者由接收该数据帧的目的结点在接收该数据帧之后将该数据帧从环网内移除。

环型拓扑结构有几个优点：首先，在网络负载较重的情况下环型拓扑结构网络的整体性能优于总线型拓扑结构的网络；其次，网络中所有结点都是平等的，处于对等地位；另外，环型拓扑结构很适合应用于光纤通信。

环型拓扑结构的缺点也很明显。首先，环型拓扑结构存在系统可靠性瓶颈，而且比总线型拓扑结构的网络更加严重。在环型拓扑结构的计算机网络中，每一个结点和每一条通信线路都是潜在的系统可靠性瓶颈，任何一个结点或者任何一条通信线路出现故障都会导致整个网络无法正常工作。其次，环型网络的维护较为复杂。相对于总线型网络，向环网内加入结点和从环网中撤销结点都比较复杂。因此，环型拓扑结构的网络不易扩展。另外，在正常负载情况下，环型拓扑结构网络的性能低于总线型拓扑结构的网络。最后，环型拓扑结构的网络不易定位出故障的结点。

3. 星型拓扑结构

星型拓扑结构的计算机网络的主要特点是网络中所有的结点都和一个中心结点相连，网络内任何两个结点之间的通信都必须经过这个中心结点。许多家庭网络采用星型拓扑结构。星型网络的中心结点可以是集线器(hub)，可以是交换机，还可以是路由器。星型计算机网络拓扑结构如图1.8所示。

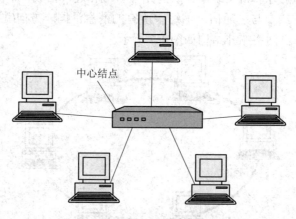

中心结点

图 1.8　星型计算机网络拓扑结构

常见的星型网络是由非屏蔽双绞线(Unshielded Twisted Pair，UTP)和集线器组成的以太网，如当今流行的 10 Base-T 和 100 Base-T 网络采用的就是星型拓扑结构。

星型拓扑结构的优点是结构简单，易于进行网络管理和维护。但是，星型拓扑结构的缺点也很明显。在星型拓扑结构的计算机网络中，中心结点占有举足轻重的位置，中心结点是整个网络系统的可靠性瓶颈，一旦中心结点出现故障，就可能会造成全网瘫痪。

4. 树型拓扑结构

树型拓扑结构也称为层级拓扑结构(hierarchical topology)，从本质上分析是星型拓扑结构的一种变体，它将多个星型拓扑结构集成在一个总线上。换言之，树型拓扑结构是星型拓扑结构与总线型拓扑结构的混合体。在最简单的树型拓扑结构中，多个集线器设备与整个树型网络的总线直接相连，每个集线器是以它为顶级结点的子树的根结点。在网络可扩展性(scalability)方面，综合了星型拓扑结构与总线型拓扑结构特点的树型拓扑结构有着明显的优势，既克服了单纯总线型拓扑结构由于广播式通信而引发的设备数量的限制，又摆脱了单纯星型拓扑结构对集线器连接点数量的限制。树型计算机网络拓扑结构如图 1.9 所示。

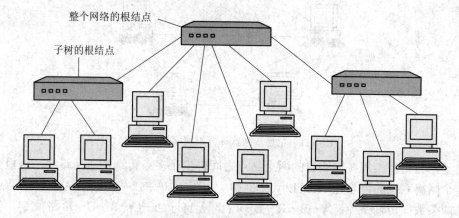

整个网络的根结点

子树的根结点

图 1.9　树型计算机网络拓扑结构

由于融合了星型拓扑结构和总线型拓扑结构的优点，因此具有树型拓扑结构的计算机网络很容易进行规模扩展，具有很高的可扩展性。在局域网中，为了克服单个集线器端口数的局限，往往采用多个集线器级联的方式扩展网络的规模，扩大网络的覆盖范围，增加网络连接的结点数，这种多集线器级联构成的网络是典型的树型拓扑结构。

5. 网状拓扑结构

在网状拓扑结构中，结点之间的连接没有规律，两个结点之间的连接是随意的。网状拓扑结构的核心概念是消息传输的路径，在网状拓扑结构的计算机网络中，消息从源结点到目的结点可以选择多条可能的路径。这与前述的几种网络拓扑结构存在本质上的区别。例如，在环型拓扑结构中，虽然存在两条数据传输线路，即顺时针方向的环路和逆时针方向的环路，但是对于某个确定的环型网络，消息只能按照一个方向传输，要么沿顺时针方向流动，要么沿逆时针方向流动，不存在多种可选的数据传输路径。根据网络内结点之间连接的充分程度，网状拓扑结构又可分为部分连接网状拓扑结构和全连接网状拓扑结构两类。典型的部分连接网状计算机网络拓扑结构如图 1.10 所示。图 1.11 给出了一个具有五个结点的全连接网状计算机网络拓扑结构。

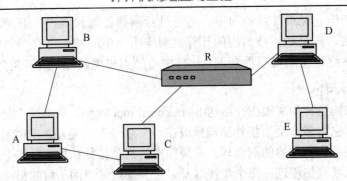

图 1.10 部分连接网状计算机网络拓扑结构

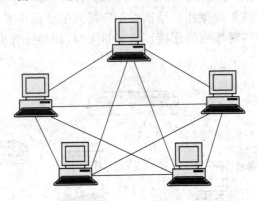

图 1.11 全连接网状计算机网络拓扑结构

由于网状拓扑结构在网络内的两个结点之间提供了多条可选的通信路线，这极大地提高了整个网络系统的可靠性(reliability)。例如，在图 1.10 中，从源结点 A 到目的结点 E 之间存在两条数据传输路径：A—B—R—D—E(路径 1)与 A—C—R—D—E(路径 2)。假定结点 B 在某时刻发生故障，从源结点 A 到目的结点 E 之间的通信可以放弃路径 1 而采用路径 2 继续通信工作。相反，如果路径 2 上的结点或者通信线路发生故障，从源结点 A 到目的结点 E 之间的通信可以转而采用路径 1 进行。多条冗余数据传输路径的存在极大地提高了网状计算机网络系统的传输可靠性。正是由于具有较高的系统可靠性，目前大多数实际使用中的广域网都采用网状拓扑结构，其中影响最大的就是 Internet。

在计算机网络设计中，小规模的本地网络(如局域网)往往采用对称的网络拓扑结构，如星型、总线型等；而规模较大的网络(如广域网)通常采用非规则的网络拓扑结构，如部分连接网状拓扑结构。值得注意的是，上述五种基本网络拓扑结构可以相互组合，构成多种更加复杂的混合型计算机网络拓扑结构。事实上，现实生活中规模较大的计算机网络通常并不采用某种单一的网络拓扑结构，而采用某种混合型的网络拓扑结构。

1.3.3 研究计算机网络拓扑结构的意义

计算机网络拓扑结构是计算机网络设计的一个重要方面。也许构建一个家庭计算机网络或者一个小型企业计算机网络并不需要了解总线型拓扑结构和星型拓扑结构的区别，但是熟悉标准的计算机网络拓扑结构的知识有助于更好地了解一些非常重要的计算机网络概念，如集线器、广播、路由等。

采用何种网络拓扑结构是计算机网络设计的首要问题。网络拓扑结构的研究对于分析计算机网络的数据流量、网络传输性能、网络可靠性、网络可扩展性、网络的容错性等方面都具有非常重要的影响。

·········· 本 章 小 结 ··········

本章主要讲述了以下内容:

(1) 简要回顾了计算机网络技术的发展历史,介绍了计算机网络发展所经历的四个主要阶段。从第一阶段分组交换原理的产生和发展到第二阶段网络互联和专用网络的迅速发展,从第三阶段网络规模的迅速增大到第四阶段网络商业化与万维网的出现和迅速普及,分别介绍了每个阶段的主要研究内容及核心技术,并通过介绍典型的人物、事件以及技术成果,加深读者对计算机网络发展历史的了解与认识。

(2) 讲述了计算机网络的分类。首先,介绍了计算机网络的分类方法。其次,根据计算机网络所使用传输技术的不同分别介绍了广播式网络和点到点式网络,分析了这两种计算机网络的结构特点与主要功能;根据计算机网络覆盖范围和规模分别介绍了个域网、局域网、城域网、广域网和互联网络等基本网络类型,从基本概念、结构特点、主要功能以及典型应用等方面进行了系统讨论。

(3) 讨论了计算机网络拓扑结构。首先,介绍了计算机网络拓扑结构的基本概念;其次,介绍了五种常见的计算机网络拓扑结构(总线型、环型、星型、树型以及网状结构的组成及结构特点),并分析了各自的优缺点;最后,讨论了研究计算机网络拓扑结构的意义。

✦✦✦✦✦✦✦ 习 题 1 ✦✦✦✦✦✦✦

一、填空题

1. 20 世纪 60 年代初至 70 年代初是计算机网络技术发展历史上的第一个主要阶段,该时期具有代表性的里程碑式的验证性计算机网络是_____。

2. 根据计算机网络中通信信道的两种不同类型,计算机网络所采用的传输技术分为_____和_____两种。

3. 按照网络的覆盖范围和规模进行分类,比局域网规模更大一些的是_____,其规模通常是覆盖一个城市。

4. 在_____拓扑结构的计算机网络中,所有结点首尾相连,构成一个闭合回路,每个结点有且仅有两个相邻的结点与之直接通信。

5. 计算机网络发展历史的第一个主要阶段的工作重点是研究_____的基本概念和关键技术。

6. 由于具有较高的可靠性,目前大多数实际使用中的广域网都采用_____拓扑结构,其中影响最大的是 Internet。

7. _____通信信道的特点是网络内的多个结点共享同一个公共通信线路,一个结点发送数据,多个结点可以同时接收该数据,即一发多收。

8. 常见的计算机网络拓扑结构有五种：_____、_____、_____、_____、_____。

9. 在星型拓扑结构的计算机网络中，_____是整个网络系统的可靠性瓶颈，一旦出现故障，可能会造成全网瘫痪。

10. 在点到点式网络中，如果两个结点之间不存在直接连接的通信线路，则必须经过一个或多个中间结点进行数据中转，中间结点可以对数据包进行的处理有三种：_____、_____和_____。

二、单项选择题

1. 到 1969 年年底，试验性的 ARPAnet，也是现代 Internet 的前身，已经发展到具有____个结点的规模。

A. 15   B. 2

C. 4   D. 200

2. 比城域网覆盖范围和规模更大的是____，它所覆盖的地理范围很广，通常可以覆盖一个国家或者一个洲。

A. PAN   B. WAN

C. MAN   D. LAN

3. 电话网络传输的是语音信息，电话网络采用____的方式将信息从发送端传输到接收端。

A. 分组交换   B. 点到点传输

C. 广播   D. 电路交换

4. 从 20 世纪 60 年代初到 70 年代初，三个不同的研究团队开始研究电路交换的替代技术，他们所提出的____的概念、原理和关键技术为今天的 Internet 奠定了理论基础。

A. 动态路由   B. 广播式传输

C. 分组交换   D. 分时计算

5. 以太网技术中 10 Base-2 和 10 Base-5 这两种非常流行的局域网技术采用_____网络拓扑结构，它具有结构简单、易于实现、便于管理和维护等优点。

A. 树型   B. 环型

C. 网状   D. 总线型

三、判断题

判断下列描述是否正确(正确的在括号中填写 T，错误的在括号中填写 F)。

1. 人类历史上第一次使用计算机网络进行通信是在 ARPAnet 上进行的一次远程登录，该过程顺利成功完成。 （　　）

2. 在 20 世纪 60 年代初期，互联网是当时世界上最主要的通信网络。 （　　）

3. 局域网是一种覆盖范围和规模介于个域网和城域网之间的网络类型。 （　　）

4. 总线型网络拓扑结构的主要特点是网络中所有的结点都和一个中心结点相连，网络内任何两个结点之间的通信都必须经过这个中心结点。 （　　）

5. 互联网从本质上讲是一种覆盖全球的广域网，该网络内处理器之间的物理距离和整个网络系统的尺度规模通常以 10 000 千米为单位。 （　　）

6. ARPAnet 是今天 Internet 的鼻祖，随着 20 世纪 90 年代 ARPAnet 正式停止运行和越来越多商业 Internet 服务提供商的出现，计算机网络逐渐从 ARPAnet 过渡到 Internet 时代。

（　　）

四、简答题

1. 计算机网络的分类方法有许多种，简述最常见的两种计算机网络分类方法。
2. 简述人类历史上第一次使用计算机网络 ARPAnet 进行通信的主要过程和结果。
3. 简述局域网的概念及其主要的技术特点。
4. 简述总线型拓扑结构的主要特点。
5. 简述广播式网络和点到点式网络的主要区别。

五、问答题

1. 计算机网络技术的发展经历了哪几个主要阶段？每个阶段的主要研究内容和关键技术是什么？
2. ARPAnet 对计算机网络技术发展的影响有哪些？ARPAnet 与今天互联网之间的关系是什么？
3. 按照网络所覆盖的范围和规模分类，计算机网络可以分为哪几种主要类型？各自有哪些结构和功能特点？
4. 常见的计算机网络拓扑结构有哪些？各自有哪些特点？
5. 按照网络系统中处理器之间的物理距离和整个网络系统的尺度规模来划分的多处理器系统分为哪些主要类型？

第 2 章

数据通信基础

2.1 数据通信的基本概念

数据通信技术是计算机网络技术的基础。在进一步深入学习各种具体的计算机网络技术之前，有必要了解一些数据通信的基本概念。

2.1.1 信息、数据和信号

1. 信息和数据的概念

构建计算机网络的一个基本目的是使分布在不同地点的计算机之间能够相互通信，通信是指分布在不同空间或时间域的结点之间相互交换信息。在这里，信息的含义比较广，包括多种常用的形式，如语音、音频、视频、数据文件、网页等。在空间域中两个结点之间通信的例子包括打电话、从家庭或办公室的计算机访问 Internet、收看电视、收听广播等；在时间域中两个结点之间通信的例子包括访问某种存储介质，如唱片、CD、DVD、硬盘等。

计算机内部采用二进制数据表示方式，是一个纯粹的数字世界。为了在计算机网络中传输信息，首先需要将信息转换成二进制形式，这个过程称为数据编码。目前，最为流行的数据编码标准是美国信息交换标准代码(American Standard Code for Information Interchange，ASCII)。ASCII 码是一种字符编码方案，最初起源于英文字母表，用来表示计算机、通信设备以及其他设备中的文本数据。

ASCII 码采用 7 位二进制比特编码，总共可以定义 128 个字符的编码，包括 95 个可打印字符和 33 个不可打印的控制字符，完整的采用十六进制形式表示的 ASCII 码表如表 2.1 所示。表 2.1 最左列的 0～7 表示 ASCII 码的高三位($b_6b_5b_4$)；表头第一行的 0～F 表示 ASCII 码的低四位($b_3b_2b_1b_0$)。一个字符的 ASCII 码总共有 7 位，可以表示为 $b_6b_5b_4b_3b_2b_1b_0$。本节采用(.)hex 的形式表示十六进制数。

ASCII 码表中的 95 个可打印字符包括数字、英文大小写字母、基本标点符号、运算符号等。这些可打印字符有一些规律，对于记忆 ASCII 码表很有帮助。例如，在 ASCII 码表中，数字"0"的十六进制编码为(30)hex，其二进制编码为 011 0000，其 ASCII 码值为 48；小写字母"a"的十六进制编码为(61)hex，其二进制编码为 110 0001，其 ASCII 码值为 97；大写字母"A"的十六进制编码为(41)hex，相应的二进制编码为 100 0001，其 ASCII 码值为 65。由于 ASCII 码表中数字和字母是按顺序排列的，因此知道"0""a""A"这三个字符的 ASCII 码，就可以推算出全部 10 个数字和英文大小写字母，总共 62 个字符的 ASCII 码。

表 2.1　完整的采用十六进制表示的 ASCII 码表

	0	1	2	3	4	5	6	7	8	9	A	B	C	D	E	F
0	NUL	SOH	STX	ETX	EOT	ENQ	ACK	BEL	BS	HT	LF	VT	FF	CR	SO	SI
1	DLE	DC1	DC2	DC3	DC4	NAK	SYN	ETB	CAN	EM	SUB	ESC	FS	GS	RS	US
2	SP	!	"	#	$	%	&	'	(	)	*	+	,	-	.	/
3	0	1	2	3	4	5	6	7	8	9	:	;	<	=	>	?
4	@	A	B	C	D	E	F	G	H	I	J	K	L	M	N	O
5	P	Q	R	S	T	U	V	W	X	Y	Z	[	\	]	^	_
6	`	a	b	c	d	e	f	g	h	i	j	k	l	m	n	o
7	p	q	r	s	t	u	v	w	x	y	z	{	|	}	~	DEL

ASCII 码表中的控制字符代表一些无法打印出来的信息，主要包括两类：控制外部设备(如打印机、键盘等)的信息与表示数据传输过程中数据流的元信息(meta-information)。在表 2.1 中，第一类控制字符的例子包括：编码为(08)hex 的控制字符 BS，代表 Backspace(退格键)；编码为(0D)hex 的控制字符 CR，代表 Carriage Return(回车键)；编码为(1B)hex 的控制字符 ESC，代表 Escape(返回键)。第二类控制字符的例子包括：编码为(02)hex 的控制字符 STX，意为 Start of Text，表示文本的开始；编码为(03)hex 的控制字符 ETX，意为 End of Text，表示文本的结束；编码为(04)hex 的控制字符 EOT，意为 End of Transmission，表示传输结束。

例如，在某计算机网络中如果结点 A 要给结点 B 发送"Computer Network"(注意：Computer 和 Network 这两个单词都是首字母大写，而且两个单词之间有一个空格)文本，如果不考虑校验位，由发送端结点 A 通过计算机网络发给结点 B 的是经过 ASCII 码编码的二进制比特序列：100 0011 110 1111 110 1101 111 0000 111 0101 111 0100 110 0101 111 0010 010 0000 100 1110 110 0101 111 0100 111 0111 110 1111 111 0010 110 1011。假定在该比特序列的传输过程中无差错产生，在接收端结点 B 正确接收到了该二进制比特序列，则根据 ASCII 码的编码规则，可将接收到的数据解读为"Computer Network"，从而成功地完成一次从结点 A 到结点 B 的数据通信。

通过上述的例子还可以看出信息和数据这两个概念之间的区别。数据代表事物定性或定量的属性，其表现形式可以是数字、字符、符号，甚至是图形。数据是知识的最底层的抽象表示形式，是一种原始的输入。单独的数据本身不能表示任何意义，只有把相互独立的数据关联并组织起来，才能使之传达和表示某种意义，这种能够表达某种意义的由若干数据构成的集合称为信息。换言之，信息是数据加工处理之后的结果，信息是由数据导出的知识。在上述的数据传输例子中，结点 A 给结点 B 发送的文本"Computer Network"是信息，而在计算机网络中实际传输的二进制比特流"100 0011 110 1111 110 1101 111 0000 111 0101 111 0100 110 0101 111 0010 010 0000 100 1110 110 0101 111 0100 111 0111 110 1111 111 0010 110 1011"则是数据。

值得指出的是，ASCII 码既是计算机内部数据表示的编码标准，同时也是计算机网络内结点之间数据通信的编码标准。现代的许多其他字符编码方案都源于 ASCII 码。

2. 信号的概念

计算机网络技术是计算机技术与通信技术的一个交叉领域。计算机系统关注的是如何将信息转换为数据以及相应的转换方法，如将包含数字、字母、符号的文本信息通过 ASCII 码编码方案转换为相应的二进制比特序列。通信系统则侧重于研究如何通过各种传输介质在不同的计算机之间传输经过转换后的数据，如如何在有线或无线的传输介质上传输上述二进制比特序列。

广义地讲，信号是指能够表示信息的数量变化或电脉冲。例如，电流的幅度、频率、电压、电流强度、电场强度、光线、声音等都可以通过其变化作为表示信息的信号。

从理论上讲，信号分为离散时间信号(discrete-time signal)和连续时间信号(continuous-time signal)两类。如果信号的值仅在一些离散的时间点上具有定义，则这种信号称为离散时间信号。离散时间信号是从整数集合(或者整数集合的一个子集)到实数集合的一个函数映射。连续时间信号是指在某一时间间隔内(通常是无限长的时间间隔)的所有时间点上都有定义的信号。

在计算机网络中，信号是指数据在计算机网络通信信道的传输过程中的电信号表示形式，分为模拟信号(analog signal)和数字信号(digital signal)两种。模拟信号是指任何特征值随时间连续变化的信号。模拟信号通常使用传输介质的某种物理特性来传达信号所表示的信息。在电子传输系统内，最常用于信号传输的介质特性是电压，其次是频率、电流、电荷等。传统的电话系统就是采用模拟信号来传输语音信息的。典型的模拟信号波形如图 2.1 所示。

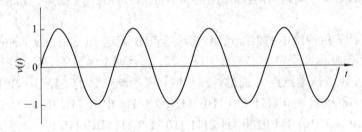

图 2.1　模拟信号波形

模拟信号的主要优点是具有非常高的清晰度，具有潜在的无限高的信号分辨率。相对于数字信号，模拟信号的信号密度更高。模拟信号的另一个优点是对信号的处理更简单，如模拟信号可以直接由模拟设备进行处理。模拟信号的主要缺点是信号的噪声(noise)问题。随着信号在传输过程中的不断复制与中继，或者信号经过远距离传输，随机噪声不断积累，最终变得非常严重。严重的噪声会导致信号损失和变形，降低数据传输的质量。这些噪声引发的信号差错是无法恢复的，因为在放大信号的同时，噪声、变形、干扰也被放大。尽管模拟信号具有比数字信号分辨率高的优势，但是信号噪声带来的负面影响远远超过这些优点所带来的好处。

数字信号是一种表示一系列离散值的物理信号，如比特流、经过采样和模/数转换的数字化模拟信号。常见的数字信号形式是若干离散电压值交替变换构成的电脉冲序列。在计算机系统中，数字信号是指采用两种电压值的变化表示布尔值的两种状态(0 和 1)的波形。即使这种波形的载体是模拟的电压形式，这种信号还是称为数字信号，因为它们仅采用两个离散值来表示数据。典型的数字信号波形如图 2.2 所示。

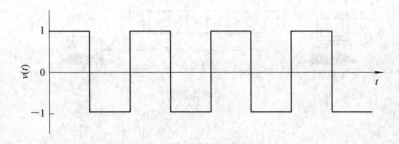

图 2.2　数字信号波形

相对于模拟信号，数字信号具有许多明显的优势：数字信号更容易传输，传输速率更高，具有更高的可靠性，效率更高，传输过程中产生的差错更少。但是，数字系统通常比完成同样功能的模拟系统更加复杂，往往需要更高的带宽。

模拟信号和数字信号之间可以相互转换，将数字信号转换为模拟信号的过程称为调制(modulation)；反之，将模拟信号转换为数字信号的过程称为解调(demodulation)。平常所用的调制解调器(modulator-demodulator，modem)就是典型的在模拟信号和数字信号之间进行转换的设备。从计算机出来的数字信号，在发送到模拟通信通道上之前需要经过调制解调器的调制，将其转换为模拟信号之后在模拟信道上传输。数据在到达接收方的计算机结点之后，必须经过调制解调器进行解调，把信号从模拟信号转换成数字信号之后再交给接收方计算机处理。调制解调器的基本工作过程如图 2.3 所示。

图 2.3　调制解调器的基本工作过程

2.1.2　数据通信的方式

数据通信的方式是数据通信的关键问题，主要包括以下几个方面：数据通信采用串行通信还是并行通信方式？数据通信采用单工还是双工通信方式？如果采用双工通信方式，数据通信采用半双工还是全双工通信方式？

1. 串行通信与并行通信

在通信和计算机科学领域内，数据通信按照发送数据时所采用的通信信道的个数可以分为串行通信(serial communication)和并行通信(parallel communication)两种方式。串行通信是指通过一个通信信道或者计算机总线顺序进行的逐位发送数据的过程。串行通信的工作方式如图 2.4(a)所示。与串行通信不同，并行通信在一条数据链路上采用多个并行的信道，能够将由多个比特构成的数据作为一个整体同时传输，并行通信的工作方式如图 2.4(b)所示。串行通信和并行通信的本质区别在于用于同时传输数据的物理层通信信道所采用的独立线缆的个数不同。

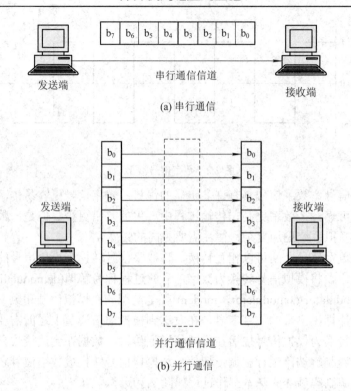

图 2.4　串行通信与并行通信的工作方式

串行通信是最早出现的在多个设备之间进行数据通信的通信方式。从最早的 IBM PC 以及各种兼容机开始，几乎所有的计算机上都配有一个或多个串口(serial port)和一个并口(parallel port)。顾名思义，串口采用串行的方式发送和接收数据，一次只发送或接收一位数据。与并行通信方式相比，串行通信的数据传输速率较慢。但是，由于结构简单并且成本较低，串行通信仍然是比较流行的数据通信方式，有许多外部设备通过串口与计算机进行数据连接和通信，如调制解调器、鼠标、网桥、路由器等。串行通信主要用于远程通信以及大多数的计算机网络通信系统，在此类通信系统中，因传输线缆的成本因素以及数据同步的难度而基本排除了并行通信的可能性。

与串口不同，并口采用 8 条相互独立的数据线传输数据，可以同时发送和接收 8 位数据。相对于串行通信而言，并行通信最主要的优点是数据传输速率高。在不考虑其他影响因素的情况下，理论上理想的并行数据链路的数据传输速率是单条数据线路的数据传输速率乘以并行链路中所包含的数据线路数。并行通信也存在一些缺点：并行传输线路之间会相互干扰，而且这种干扰随着通信线路长度的增加越来越严重。因此，采用并行通信的数据连接的传输距离上限往往比串行通信线路的上限短。

2. 单工通信与双工通信

在数据通信中，通信方式根据数据传输的方向与时间的关系可以分为单工通信(simplex communication)和双工通信(duplex communication)两种。

单工通信是指信号只能按一个方向传输的通信方式，主要应用于广播式通信网络中。在此类通信系统中，数据的接收方不需要给数据的发送方(广播方)返回任何数据。在单工通信系统中，只有一端发送数据，另一端只负责接收数据。日常生活中的无线电广播和电视就是典型的单工通信的例子。单工通信的工作方式如图 2.5 所示。

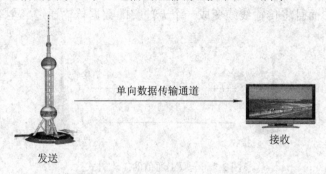

图 2.5　单工通信的工作方式

与单工通信方式相对，双工通信允许信号进行双向传输。电话就是一个典型的双工通信的例子，既可以通过话筒向对方讲话，又可以通过听筒收听到对方的讲话，语音信号可以双向传输。根据在同一时刻系统中允许数据传输的方向的情况，双工通信又可进一步分为半双工通信(half-duplex communication)和全双工通信(full-duplex communication)。

半双工通信系统允许数据双向传输，但是在任一时刻只允许数据按一个方向传输，不支持数据双向同时传输。半双工通信典型的工作模式是：通信的一方开始接收对方发来的信号，然后向对方发出应答，但是在向对方发送应答数据之前必须等待对方结束数据传输工作。半双工通信系统就像只有一条车道的道路，在道路的两端设有交通控制系统，在其控制下，道路允许车辆双向通行，但是在任何时刻只允许一个方向的车辆通行。常见的半双工通信的例子是两路无线电对讲机，任一时刻对讲的两端只能有一方讲话，只有此方向的本次通话结束之后，将通信信道的使用权转交给对方，对方才能开始通话。在自动运行的通信系统中，如双向数据链路中，可以采用硬件严格控制半双工系统中通信时间的分配，从而避免因信道切换而导致的信道资源的浪费。例如，先由数据链路一端的结点 A 传输数据，时长为 1 秒；之后，由数据链路另一端的结点 B 传输数据，时长同样为 1 秒；如此循环。半双工通信的工作方式如图 2.6 所示。

图 2.6　半双工通信的工作方式

全双工通信系统允许数据双向传输。与半双工通信不同，全双工通信支持数据双向同时传输。全双工通信系统就好像是一条双向两车道的道路，每条车道供一个方向的车辆使用。日常生活中的固定电话和手机网络都是全双工通信系统，在这样的通信系统中讲话和收听可以同时进行。前边提到的半双工通信方式例子中的两路对讲机系统也可以设计为全双工通信方式。例如，使用某一频率发送数据，而使用另一频率接收数据，从而实现数据发送和接收双向同时进行。全双工以太网采用两对双绞线进行数据通信，其中的一对双绞线用来发送数据，另一对双绞线用来接收数据。这种通信方式不仅有效地提高了网络连接的数据传输能力，而且将传输线缆变成一个无冲突的数据传输通道。全双工通信的工作方式如图 2.7 所示。

图 2.7　全双工通信的工作方式

全双工通信方式有许多优点。首先，能够避免数据通信过程中的时间浪费。由于全双工通信通过无冲突的双向数据通道进行数据传输，通信中没有冲突产生，因此不需要进行数据重传。其次，整体的双向数据传输能力更高，因为数据发送和接收功能分别由两个独立的数据通道完成。最后，结点无需等待对方结点传输结束之后才能发送数据，每个结点都可以使用独立的线路发送数据。

2.2　传输介质及其主要特性

计算机网络物理层的主要目的是在计算机之间传输比特流(bit stream)。计算机网络可以使用的物理层传输介质有许多种，各种传输介质分别具有不同的特性，如带宽、传输时延、价格、是否易于安装与维护等。计算机网络传输介质总体上可分为两大类：导向传输介质(guided transmission media)和无导向传输介质(unguided transmission media)。

导向传输介质是指将信号在一条物理的线路上进行传输的介质，如双绞线、同轴电缆、光纤等。在导向传输介质中，信号能量沿一定方向的介质线路传播，如沿铜导线或光纤传播。在导向传输介质内，信号主要以电压、电流或者光子的形式进行传播。导向传输介质主要适用于点到点的网络通信。

无导向传输介质通过天线在大气、真空，或者水等自由空间传输信号，如地面无线通信、卫星通信、激光通信等。在无导向传输介质中，信号没有固定的传播路径，主要以电磁波的形式在自由空间进行传播。无导向传输介质主要用于广播式网络通信。

本节介绍几种常见的网络传输介质：双绞线、同轴电缆、光纤以及无线通信信道。

2.2.1　双绞线

在诸多网络传输介质中，人们最早使用并且至今仍然常见的传输介质是双绞线(twisted pair)。一对双绞线包含两根相互绝缘的铜导线，每根铜导线通常约 1 mm 粗。两根铜导线以螺旋方式互相缠绕，就像 DNA 的分子结构一样。因为两根平行的导线就能构成一个天然的天线，所以要将两根铜导线缠绕起来。当两根导线缠绕在一起之后，不同螺旋之间的电磁干扰相互消减，有效地降低了线缆整体的信号能量辐射。在双绞线中，信号通常是以两根导线间电压差的形式进行传输的，由于外部噪声对同一对双绞线内的两根导线的影响相同，两根导线之间的电压差不变，这使双绞线具有更好的抵抗外部噪声的能力。双绞线的结构如图 2.8 所示。

图 2.8　双绞线的结构

双绞线最常见的应用是电话网络系统，几乎所有的电话机是通过双绞线与电话公司连接的。语音传输以及 ADSL(Asymmetric Digital Subscriber Line，非对称数字用户环路)方式的 Internet 访问都可以通过双绞线完成。双绞线无需放大信号就可传输数千米长的距离，但是，一旦传输距离更长，信号就会衰减，当信号强度衰减到一定程度时就需要中继器(repeater)进行信号放大。

双绞线既可以传输模拟信号，也可以传输数字信号。双绞线的带宽取决于其导线的粗细以及传输的距离。通常在几千米的距离范围内，双绞线可以达到若干 Mb/s(1 Mb/s = 10^6 b/s)的传输速率。

双绞线分为两大类：屏蔽双绞线(Shielded Twisted Pair，STP)和非屏蔽双绞线(Unshielded Twisted Pair，UTP)。

屏蔽双绞线是 20 世纪 80 年代初由 IBM 公司推出的，其结构特点是每对导线以及整个线缆都有一个屏蔽层。因为屏蔽层能够有效地降低外部干扰带来的影响以及与相邻线缆之间的串扰，所以屏蔽双绞线的优点是能够提供高质量的信号，适用于对信号质量和系统性能有严格要求的应用环境。屏蔽双绞线的缺点是线缆外形粗大笨重，价格高，因此并未得到广泛使用。屏蔽双绞线的结构如图 2.9 所示。

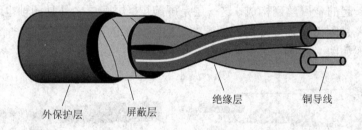

外保护层　　屏蔽层　　　　绝缘层　　　铜导线

图 2.9　屏蔽双绞线的结构

非屏蔽双绞线是使用非常广泛的传输介质。EIA/TIA(Electronic Industries Association / Telecommunications Industry Association，美国电子工业协会和美国通信工业协会)为双绞线定义了五种不同的类型，其中比较常用的是三类线(Category 3)和五类线(Category 5)。三类线简称 Cat 3，适用于语音传输和最高传输速率为 10 Mb/s 的数据传输，主要用于 10 Base-T 网络；五类线简称 Cat 5，适用于语音传输和最高传输速率为 100 Mb/s 的数据传输，主要用于 10 Base-T 和 100 Base-T 网络，是最常用的以太网传输介质。事实上，Cat 5 与 Cat 3 双绞线采用相同的导线，其中 Cat 5 双绞线缠绕的密度更大一些，即每厘米旋转的圈数更多，这样做的好处是能够减弱线缆的串扰，从而在更远的传输距离上获得更高的信号质量。相对于 Cat 3 双绞线，Cat 5 双绞线更适合于高速计算机网络通信，特别是 100 Mb/s 和 1 Gb/s 的高速以太局域网。

目前，大多数办公环境和家庭局域网采用的是 Cat 5 双绞线。一对 Cat 5 双绞线包括两根螺旋形缠绕的相互绝缘的铜导线。通常将四对这样的导线套在一个塑料保护层内，既集束了四对八根导线，又对这些导线起到了保护作用。非屏蔽双绞线的结构如图 2.10(a)所示，Cat 5 双绞线的结构和外观如图 2.10(b)所示。不同的局域网标准对双绞线内部导线的具体使用也不相同。例如，100 Mb/s 的以太网仅使用四对导线中的两对，每个数据传输方向使用一对。为了达到更高的传输速率，1 Gb/s 的以太网使用全部四对导线同时进行双向数据传输。

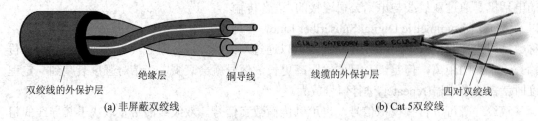

绝缘层　　　铜导线　　　　　　　线缆的外保护层

双绞线的外保护层　　　　　　　　　　　　　　　　　　　　　　　四对双绞线

(a) 非屏蔽双绞线　　　　　　　　　　　　　　(b) Cat 5双绞线

图 2.10　非屏蔽双绞线和 Cat 5 双绞线的结构

　　人们正在研究更高级别的双绞线，如六类线(Category 6)，甚至七类线(Category 7)。这些双绞线具有更高的带宽，并且对信号的传输质量和系统性能等诸多指标提出了更高的要求。六类线以及更高级别的双绞线支持 500 MHz 的信号传输频率，能够支持 10 Gb/s 的高速连接。

2.2.2　同轴电缆

　　除了双绞线之外，另一种常见的传输介质是同轴电缆(coaxial cable)，简称 coax。同轴电缆的线芯是一根铜导线，铜芯之外包着一层绝缘层。绝缘层之外套着一层圆柱形的导体，通常由交织在一起的金属丝网构成，这一层是屏蔽层。屏蔽层之外是同轴电缆的外保护层。称其为"同轴"是因为同轴电缆内部的铜芯导线与外部的屏蔽层共享同一个轴线。同轴电缆的结构和外观如图 2.11 所示。

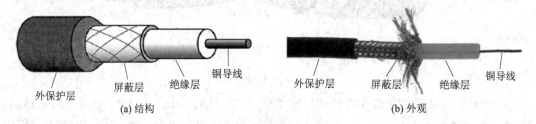

屏蔽层　　绝缘层　　　铜导线　　　　　外保护层　　　屏蔽层　　　绝缘层　　　铜导线

外保护层

(a) 结构　　　　　　　　　　　　　　　　　　(b) 外观

图 2.11　同轴电缆的结构和外观

　　目前广泛使用的同轴电缆有两种：基带同轴电缆(baseband coaxial cable)和宽带同轴电缆(broadband coaxial cable)。基带同轴电缆也被称为 50 Ω 同轴电缆，直径约 1 cm，比较轻，容易弯折。这种电缆之所以叫做"基带"，是因为在基带同轴电缆中比特流直接在线缆上传输，传输之前无需将信号搬移到不同的频带上。基带同轴电缆通常用于数字信号的传输，如局域网中。通常在学校或者办公室接入局域网的计算机所采用的传输介质要么是非屏蔽双绞线，要么就是基带同轴电缆。如果与网卡相连的接头与电话接头相似，并且网线外观与电话线类似，那么传输介质使用的是非屏蔽双绞线；如果与网卡相连的是一个"T"形接头，而且有网线从"T"形接头的两端接出来，那么传输介质使用的是基带同轴电缆。由于使用非屏蔽双绞线需要引入额外的网络设备，如集线器，因此在局域网中使用基带同轴电缆比使用非屏蔽双绞线的成本要低一些。

宽带同轴电缆也叫做 75 Ω 同轴电缆。相对于基带同轴电缆，宽带同轴电缆直径更粗，质量更大，而且更硬一些，不像基带同轴电缆那样容易弯折。这种同轴电缆之所以叫做"宽带"，是因为数字信号在传输之前首先由发送器搬移到某个特定的频带上，然后发送器将得到的模拟信号发送给一个或多个接收器。宽带同轴电缆通常用于模拟信号的传输和有线电视网络。宽带同轴电缆曾经广泛用于局域网中，如今在一些老的局域网中还能够看到宽带同轴电缆。目前，对局域网而言，基带同轴电缆更受欢迎，因为基带同轴电缆价格更低，而且更易于安装和布线。今天，在有线电视系统中还可以看到宽带同轴电缆的使用。从 20 世纪 90 年代中期开始，有线电视运营商开始通过同轴电缆提供 Internet 访问服务，这使 75 Ω 同轴电缆在数据通信中扮演着更加重要的角色。

相对于其他的无线电传输线路，同轴电缆具有明显的优势。在理想的同轴电缆中，承载信号的电磁场仅存在于内部的铜导线芯和外部的金属屏蔽层之间的空间里。因此，可以将同轴电缆铺设在金属物体的附近，这样做不会产生像其他无线电传输线路所产生的信号能量损失。同轴电缆还能够为信号提供防止外部电磁干扰的保护。

相对于非屏蔽双绞线而言，同轴电缆具有更好的干扰屏蔽性能，并且具有更大的带宽。同轴电缆能够以更高的传输速率将信号传播到更远的距离。

同轴电缆的结构，特别是其金属屏蔽层的构造和设计，使同轴电缆兼具高带宽和出色的噪声抗扰度两大优点。同轴电缆的带宽取决于线缆的质量和长度，当今的同轴电缆的带宽可以达到若干千兆赫兹。

同轴电缆的主要应用包括：连接无线电收发器与天线的馈线、计算机网络连接、有线电视信号传输等。过去，同轴电缆曾广泛应用于模拟电话网络、有线电视网络、传统的低速局域网(网络传输速率低于 10 Mb/s)中。现在，在电话网络中，曾经作为长距离电话传输线路的同轴电缆已经基本上被光缆所取代；在有线电视网络中，大多数同轴电缆也已被光缆取代，一般情况下仅有入户线仍然使用同轴电缆；而在计算机局域网中，同轴电缆已经被传输速率达到 100 Mb/s 的双绞线全面取代。

2.2.3　光纤

光纤(optical fiber)的物理结构与同轴电缆相似，但是没有同轴电缆的金属屏蔽层。光纤的中心是一根玻璃线芯，它是光在光纤中传播的通道。玻璃线芯之外包裹着一层比线芯的折射率更低的玻璃包层(cladding)，可使所有光线都在玻璃线芯内传播。包层之外是一层很薄的塑料保护层，用来保护线芯和包层。单根光纤的结构如图 2.12(a)所示。把多根光纤集束起来，并在外面包裹一层外保护层，这样集中了多根光纤的线缆称为光缆(optical fiber cable)。图 2.12(b)给出了一条包含三根光纤的光缆的结构。

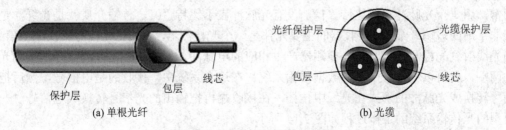

图 2.12　单根光纤和光缆的结构

图 2.13(a)描述了光线在光纤中发生全反射的过程。在图 2.13(b)中只画出了一条光线沿光纤利用全反射原理进行传输的过程。由于任何以大于临界值的入射角射入光纤的光线都可以发生全反射，因此可以在一根光纤中同时传播多路光线，每条光线采用不同的入射角(注：每个入射角都大于临界值)，其中每一条光线称为一个模(mode)。这种同时采用多条光线以不同的入射角度进行信号传输的光纤称为多模光纤(multimode fiber)。多模光纤的玻璃线芯直径通常为 50 μm 微米到几百微米，大概像人的头发丝一样粗。如果光纤的玻璃线芯更细，如直径仅为若干个光波波长时，光线在光纤中不再反射，而是沿直线传播。把采用一条光线以单一的入射角度进行信号传输的光纤称为单模光纤(single-mode fiber)。单模光纤的玻璃线芯直径为 8 μm～10 μm。相对于多模光纤，单模光纤价格更高，广泛应用于远距离传输。目前，实际应用中的单模光纤能够以 100 Gb/s 的传输速率将数据传输 100 km，中间无需中继放大。在实验室中，对于稍短一些的传输距离，单模光纤可以达到比 100 Gb/s 更高的数据传输速率。由多根光纤集束而成的光缆传输数据的速度在 180 000 km/s～200 000 km/s，每千米的时间延迟为 5.0 μs～5.5 μs。例如，采用光缆传输 1000 千米，往返只需 11 ms。

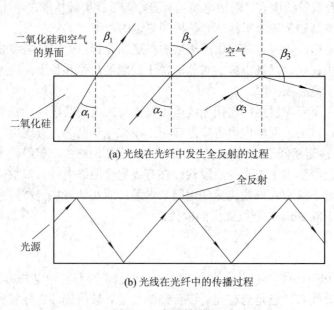

(a) 光线在光纤中发生全反射的过程

(b) 光线在光纤中的传播过程

图 2.13　全反射原理

目前，光纤主要应用于主干网络的长距离数据传输、高速局域网以及高速 Internet 接入。采用光纤通信的光传输系统由三部分组成：光发射器(optical transmitter)、传输介质与光接收器(optical receiver)。光发射器也被称为光源，负责把计算机输出的电信号转换成光信号。通常，用一个光脉冲表示比特"1"，没有光脉冲表示比特"0"。传输介质就是光纤，是一根非常细的玻璃纤维。光接收器的主要元件是一个光检测器，负责把光信号转换成电信号，当光线射到光检测器上时，光检测器产生相应的电脉冲。把光源和光检测器分别接到光纤的两端，就可以构成一个单向数据传输系统。在这个系统中，接收的是电信号，然后把电信号转换成光脉冲的形式在光纤中传播，在接收端再把输出的光信号转换成电信号。一个典型的光传输系统的工作过程如图 2.14 所示。

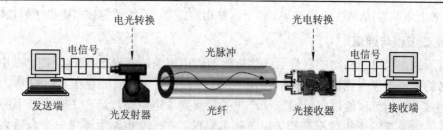

图 2.14　光传输系统的工作过程

双绞线和同轴电缆本质上都是用铜导线芯来传输信号的。相对于铜导线型的传输介质，光纤具有许多优点。

第一，光纤具有更高的带宽。许多高端网络出于对带宽的考虑必须使用光纤。

第二，光纤传输信号衰减较慢。采用光纤传输信号，大约每隔 50 km 需要一个中继器进行信号放大；如果采用铜导线型的传输介质，大约每隔 5 km 就需要一个中继器进行信号放大。中继设备的减少会极大降低整个网络系统的构造成本。

第三，光纤不受外部电压波动和电磁干扰等因素的影响。

第四，光纤能够更好地抵御空气中有害化学物质的腐蚀，这对于布线环境比较恶劣的网络系统非常重要。

第五，光纤非常细，而且质量很小。1 km 长的 1000 根双绞线质量约为 8000 kg。如果采用光纤，只需两根光纤就可以超过一千根双绞线的数据传输容量，而 1 km 长的两根光纤质量仅为 100 kg，是双绞线质量的 1/80。线缆质量的显著减少会极大地降低线路支撑系统的安装和维护费用。对于新铺设的通信线路来说，采用光纤无疑是更好的选择，因为其安装成本比双绞线或同轴电缆等铜质导线低得多。正因为光纤既细又轻，目前光纤在电话网络中得到了非常广泛的应用。

第六，光纤通信的安全性更高。光线在光纤内传输的过程中不散逸，从光纤外部很难窃听到传输的信号内容。

当然，光纤也有一些不足。

第一，光纤传输技术较新，并非所有的工程技术人员都能掌握相关的知识和技能。

第二，光纤不能过度弯折，否则很容易损坏。

第三，光传输从本质上是一种单向传输，双向通信系统必须要求两根光纤或者在一根光纤上划分两个频带。

第四，光纤接口比电接口价格更高。

虽然光纤有上述一些缺点，但是光纤的优点更加明显。目前，光纤通信是发展最快的通信技术。在未来的数据通信系统中，无论是短距离通信还是中远距离通信，光纤都势必得到广泛的应用。

2.2.4　无线通信信道

在信息时代，随着技术的不断发展，许多用户不再满足于只从固定的地点访问网络，而是希望随时随地都保持在线状态。对于这样的移动用户，传统的网络传输介质都无法满足其需求。这些移动用户希望能够摆脱地面通信设施的束缚，随时随地通过其移动设备(如笔记本、掌上电脑等)从网上获取信息。对于这些用户而言,无线通信技术提供了解决的方法。

1. 电磁波谱与通信

众所周知,当电子移动的时候会产生电磁波,电磁波能够沿空气(甚至在真空中)传播。英国著名的物理学家麦克斯韦(Maxwell)于1865年预言了电磁波的存在。1887年,德国物理学家赫兹(Hertz)首次通过实验的方法产生并观察到了电磁波,证实了麦克斯韦的预言。任何无线通信系统的工作过程都基于以下基本原理:在一个电路上连接一个合适大小的天线,通过天线将电磁波广播出去,在一定距离之外由接收器接收电磁波。

波在每秒内振动的次数称为频率,用f表示,单位为赫兹(Hz,用以纪念赫兹)。波的连续两个极大值(或极小值)之间的距离称为波长,通常用希腊字母λ表示。在真空中,无论频率如何,所有电磁波的传播速度都相同,这个速度称为光速,用c表示,约为3×10^8 m/s。光速是宇宙中的绝对速度上限,没有任何物体或信号能够移动得比光速更快。在铜质导线(如双绞线和同轴电缆)或光纤中,电磁波的传播速度降为光速的2/3,而且电磁波的传播速度变得与电磁波的频率相关。电磁波的频率f、波长λ和光速c这三个参数之间的基本关系如下:

$$\lambda \times f = c$$

由于光速c是一个常量,因此可以由已知的f求出λ,或者由已知的λ求出f。如果波长λ以m为单位,频率f以MHz为单位,则可以用以下经验公式粗略计算λ和f的值:

$$\lambda \times f \approx 300$$

例如,频率为100 MHz的电磁波的波长约为3 m,频率为1000 MHz的电磁波的波长约为0.3米;波长为0.1 m的电磁波的频率约为3000 MHz。

电磁波谱与各种传输介质类型之间的关系如图2.15所示。在电磁波谱中,无线电、微波、红外线和可见光都可以通过调制波的振幅、频率或者相位来传输信息。紫外线、X射线和γ射线由于频率更高,因此更加适合信息传输,但是其缺点是难以产生和调制,不便于穿越楼宇等大型建筑,并且对生物有一定的危险性。

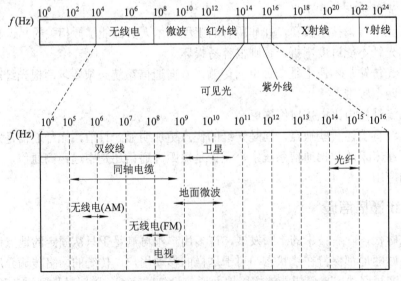

图2.15　电磁波谱与各种传输介质类型之间的关系

2. 无线电传输

无线电波容易生成，能够长距离传输，并且能够很容易地穿透楼宇等大型建筑物进行传播，因此无线电波被广泛应用于室内和室外的各种通信系统中。

无线电波的一个传输特点是全方向性，无线电波可以从信号源向所有方向传播，因此无线电波的发射器和接收器不必在物理上校准对齐。无线电波的另一个特点是其传输特性与波的频率相关。低频无线电波穿透障碍物的能力很强，但信号能量随传输距离的增加急剧衰减下降；高频无线电波通常沿直线传播，遇到障碍物会反弹，而且更易被雨以及其他障碍物吸收。无论是低频无线电波还是高频无线电波，都很容易受到来自电动机和其他电气设备的干扰。

无线电波的信号衰减与导向传输介质不同。对于导向传输介质，如光纤、同轴电缆、双绞线等，每单位距离的信号衰减幅度相同。例如，双绞线每传输 100 m，信号衰减为 20 dB。对于无线电波，信号传输距离每增加一倍，信号按照固定的幅度衰减，如传输距离每增大一倍，信号衰减 6 dB。这一特性意味着无线电波的传输距离更长，但是信号传输途中的干扰是一个很大的问题。正因为如此，各个国家对无线电波的使用都采取了非常严格的管制措施。

在频率较低的频段，如 VLF(甚低频)、LF(低频)、MF(中频)等，无线电波沿地面传播，称为地波，如图 2.16(a)所示。地波可以传播大约 1000 km。日常生活中的调幅广播就采用 MF 频段的无线电波，由于低频无线电波波长较长，很容易穿透楼房等建筑物，因此人们可以在室内清晰地收听广播。低频无线电波的地波传输也有一些缺点：首先，相距较远跨度较大的两地之间信号接收效果往往不是很好；其次，利用低频段无线电波进行数据通信通常带宽比较窄。

在频率较高的频段，如 HF(高频)和 VHF(甚高频)，无线电波的地波往往被地面吸收。但是，另一部分向天空方向传播的无线电波(称为天波)射向大气层中的电离层。电离层距地面高度为 70 km～500 km，其中含有大量离子和自由电子，能使无线电波改变传播速度，发生折射、反射和散射，足以反射电磁波。从地面发出的高频无线电波射向电离层之后，经电离层反射，又返回地面，如图 2.16(b)所示。业余无线电爱好者就使用这些频段进行远距离通信。此外，在军事领域内也常常使用 HF 和 VHF 频带进行通信。

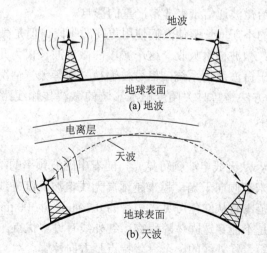

图 2.16　无线电地波和天波传输过程

3. 微波传输

如图 2.15 所示，微波通信利用的是电磁波谱中 1 GHz～30 GHz 的频段，通过简便换算公式可知微波通信对应的波长为 30 cm～1 cm。对于频率高于 100 MHz 的电磁波，其传输路线基本是直线传播，而且便于集束传播。由于微波的波长很短，如果将发射端的天线直接对准接收端的天线，则可将其集中成很窄的波束进行发射。因此，微波广泛应用于点到点式通信。由于发射端和接收端直接进行点到点的通信，相邻的微波设备可以使用相同的频率，不会出现低频无线电波那样的频率干扰。点到点式微波通信可以集中能量，信噪比较高，但是要求发射端和接收端的天线必须相互对准。事实上，在光纤通信出现之前的几十年中，微波通信一直是远距离电话传输系统的主要技术手段。目前，微波仍然广泛应用于远距离电话通信、移动电话、电视信号传输等领域。

面对光纤通信的迅猛发展，之所以微波通信仍然广为使用，是因为相对于光纤而言微波传输具有几个明显的优势。

首先，微波通信价格相对较低。采用微波通信，只需竖起两个发射塔并在塔上安装天线即可，其造价远比在拥挤的市区内或者穿山越岭铺设 50 km 长的光纤要低。

其次，不存在通信网络线路的使用权问题。采用微波通信，只需每隔 50 km 购买一小块足以竖立发射塔的地皮即可，不需要从电话公司那里租用通信网络线路的使用权。

这两点都极大地降低了微波通信系统的工程造价。

但是，微波传输也存在一些缺点。

第一，由于微波是直线传输，相邻的两个发射塔不能相距太远，否则会受到地球曲面的影响。如果两个相邻的发射塔相隔过远，中间需要安装微波信号中继器。发射塔越高，中继器之间的距离越远。如果发射塔高为 100 m，中继器之间的距离可以达到 80 km。

第二，微波穿透楼房等建筑物的能力较差。

第三，虽然在发射端微波是被集中成很窄的波束发射出来，但是在传输过程中仍然会发散。这些发散的波束经过低层大气的反射之后传输的路径变得更长，要比直接到达接收端的波束滞后一些。这些滞后的波束会对直接到达的波束产生影响，削弱微波信号，这种现象称为多径衰落(multipath fading)。多径衰落的程度受天气状况的影响，并且和微波频率相关。多径衰落往往会给微波通信带来非常严重的影响。

最后，对带宽要求的不断增长驱使人们使用更高的频段。但是微波频率高于 4 GHz 之后会产生一个新的问题：微波被水吸收。这个频段的微波波长仅为几厘米长，这样的微波很容易被雨水吸收。对于微波通信系统，信号传输被降雨等天气情况影响会带来非常严重的问题。其通常的解决方法是暂时关闭受雨水影响的微波传输线路，转由其他线路进行传输。

4. 红外线传输

从图 2.15 可以看出，从无线电波到可见光，随着电磁波频率的不断增长，其波长越来越短，电磁波的性质越来越倾向于光，越来越远离无线电波。红外线的波长比可见光的波长更长，红外线的波长范围是从红色可见光边缘的 0.74 μm 到 300 μm。

红外线的主要缺点是不能穿透固体障碍物。红外线有许多优点。

第一，由于波长较短，红外线的一个显著特点是方向性强。

第二，红外线比较容易获得，成本较低。

第三，正是由于红外线穿透性较差，因此相邻的红外线传输系统之间不会相互干扰，分别处于同一楼宇内不同房间里的红外线通信系统就不会互相产生干扰。

第四，相对于无线电波，红外线通信的安全性更高。这是因为较低的穿透性使得红外线传输很难被外部非法窃听。

由于红外传输相互干扰较小，而且安全性较高，因此各国政府对红外通信的限制比较宽松，不像对无线电通信那样采取严格的管制措施。

基于上述特点，目前红外线传输主要应用于短距离通信。红外线通信适合于高密度人口地区的室内通信应用。由于红外线不会穿透墙壁，因此不会干扰隔壁房间内的其他红外通信设备。红外线通信最常见的应用就是各种家用电器的遥控器，如电视机、录像机、音响等。红外线数据传输还应用于计算机与外部设备之间的短距离通信，这些设备通常符合IrDA(Infrared Data Association，红外数据标准协会)发布的各种标准。例如，笔记本电脑和打印机之间可以通过 IrDA 标准进行红外线数据通信。红外线传输只是通信领域的一个很小的分支，并非主流。

5. 光传输

从图 2.15 可以看出，在电磁波谱中，微波的右边很窄的一个频段是可见光。自由空间光通信(Free Space Optics，FSO)是指通过可见光在自由空间的传播来传输数据的光通信技术。这里的"自由空间"是指空气、外层空间、真空或者其他类似的环境。区别于前面所介绍的光纤或光缆，自由空间光通信是一种无导向的传输形式。自由空间光通信技术主要适用于那些由于造价或其他原因不适合铺设物理链接的应用场合。

在几个世纪之前，人们就已经开始使用自由空间光通信技术。今天，人们使用自由空间光通信技术连接两个楼宇内的局域网。例如，每栋楼内有一个局域网，在每栋楼顶上安装激光发射装置，通过激光进行两个局域网之间的数据通信。由于采用激光发射的光信号本质上是单向传输的，因此通信的每一端都必须有各自的激光发射器和光检测器。

采用自由空间光通信技术连接两个局域网有许多好处。

第一，光通信能够提供很大的带宽。

第二，采用无线光通信的方案，工程造价较低。

第三，由于非法入侵者很难窃听极窄的激光束上传输的数据，因此光通信的安全性相对较高。

第四，光通信系统易于安装，而且不需要微波传输设备所需的相关准入和认证手续。

光传输也有其缺点。

第一，为了集中能量，激光束非常窄，因此在发射器和光检测器之间进行光束瞄准非常困难。若要将 1 毫米粗的激光束瞄准相距 500 m 远而且只有针尖大小的目标，其难度非常大。为了解决这一问题，通常在发射端安装一个透镜，将激光束稍微发散一些，利于远距离瞄准目标。

第二，激光束的传播容易受天气状况的影响，风和气温的变化都会导致激光束扭曲，改变传输方向。例如，在炎热的夏日，白天屋顶气温升高会使热空气上升，上升的对流空气使光束发生偏移，导致光束在接收端无法瞄准光检测器。

　　第三，激光传输通常在晴天可以正常工作，但是激光束无法穿透雨和浓雾，因此降雨和大雾天气无法正常使用激光传输系统。

　　目前，自由空间光通信技术在计算机网络中的应用还不多见，是一种新的思路和尝试。在不远的将来，自由空间光通信技术将在计算机网络中得到快速的发展和更加广泛的应用。日常生活中有许许多多的摄像头(能感知可见光)与显示器(能显示可见光)，如果采用光通信技术构建一个低速的数据通信网络，将这些与可见光有关的设备连接起来，就可以通过这个光通信网络系统开发出许多崭新的应用。例如，通过光通信网络系统，救护车的警示灯发出的光信号可以对附近的交通信号灯产生影响，并且对救护车周围的其他车辆产生影响，进而通过某种协调机制和算法，使周围的车辆为救护车让出一条快速通道。

6. 卫星通信

　　通信卫星(Communication Satellite，COMSAT)是指太空中用于通信的人造卫星。人类对卫星通信的最早探索源于 20 世纪 50 年代到 60 年代初期，当时人们尝试利用镀有金属膜的气象气球来反射信号，从而构建通信系统。美国在 1960 年发射了名为 Echo 1 的金属气球卫星，直径 30.48 m，气球表皮仅有 12.7 μm 厚，里面充满空气。从地球发射的信号经气球卫星的金属气象气球表面反射之后返回地面，从而达到通信的目的，其本质是一个信号反射器。遗憾的是，经这种金属气象气球反射回来的信号太弱，几乎没有什么实际应用价值。之后，人们把目光投向太空中另一个永久的气象气球——月球。美国海军研究如何利用月球反射信号进行通信，最终获得了成功，美国海军建成了一个实用的舰到岸月球反射通信系统。

　　第一颗人造通信卫星的发射是人类空间通信技术研究的里程碑。人造卫星与真正的地球卫星之间的关键区别是：人造卫星在接收到地球发射来的信号后能够将信号放大，然后再将放大的信号发送回地球，这一点使得人造地球卫星可以构成功能强大的通信系统。

　　如果以最简单的方式描述通信卫星，可以把通信卫星想象成一个运行于太空中的巨大的微波信号中继器。每颗通信卫星上包含若干个转发器(transponder)，每个转发器负责收听某个频段的信号，并且将接收到的信号进行放大，然后将放大后的信号以另一个频率重新广播发送回地球。之所以将放大后的信号改变频率，是为了避免与接收信号产生干扰。通信卫星这种将信号接收、放大、改变频率传回的工作模式称为弯管(bent pipe)模式。通信卫星下行的波束覆盖范围既可以很广，如覆盖地球表面相当大的一个区域；也可以很窄，如只覆盖直径为几百千米的一个区域。

　　开普勒第三定律指出：各个行星绕太阳公转周期的平方与其椭圆轨道的半长轴的立方成正比。同理，人造通信卫星的轨道周期的平方与其轨道半径的立方成正比。简言之，通信卫星越高，其轨道周期就越长。在接近地球表面的高度，通信卫星的轨道周期约为 90 分钟。这种低轨道卫星会很快飞过视距范围，所以构成一个能够提供连续信号覆盖的通信系统需要许多颗这样的低轨通信卫星以及多个地面天线。在距地球表面 35 800 km 的高度，通信卫星的轨道周期约为 24 小时；在距地球表面 384 000 km(月球距地球表面的距离)的高度，通信卫星的轨道周期约为一个月。

　　除了轨道高度和轨道周期之外，部署通信卫星的另外一个考虑因素是地球辐射带对通信卫星的影响。地球辐射带是指由地球磁场俘获环绕地球周围空间的高能带电粒子而形成的位于地球磁层中的远近两个辐射区域。地球辐射带以美国科学家范·艾伦命名，分为内、外范·艾伦带(van Allen belt)。内范·艾伦带距离地球表面较近，高度在 1～2 个地球半径，东西半球不对称，最高处在 9000 千米处开始，外范·艾伦带距离地球表面较远，高度在 3～4 个地球半径，起始高度为 13 000 km～19 000 km，厚度约为 6000 千米，外带比较稀薄，其中带电粒子的能量比内带小。任何在这两个地球辐射带内飞行的通信卫星都会很快被其中的带电粒子毁坏。因此，只有三个区域可以安全部署通信卫星：高于外范·艾伦带的区域、内外范·艾伦带之间的区域以及低于内范·艾伦带的区域。在高于外范·艾伦带的区域运行的通信卫星称为地球同步轨道卫星，也称为对地静止轨道卫星，简称 GEO(Geostationary Earth Orbit)；运行于内外范·艾伦带之间的通信卫星称为中等地球轨道卫星，简称 MEO(Medium-Earth Orbit)；在低于内范·艾伦带的区域运行的通信卫星称为低地球轨道卫星，简称 LEO(Low-Earth Orbit)。随着通信卫星轨道高度的增加，每颗卫星所覆盖的地球表面范围不断扩大，因此构建覆盖全球的卫星通信系统的卫星个数越来越少。但是，随着卫星轨道高度的增加，信号传输的往返路径不断增长，导致往返路径延迟时间不断增大。这三个区域以及运行于其中的通信卫星类型和主要技术参数如表 2.2 所示。

表 2.2　通信卫星类型及其主要技术参数

通信卫星类型	运行区域	延迟时间/ms	全球覆盖所需卫星数
GEO	高于外范·艾伦带	270	3
MEO	内外范·艾伦带之间	35～85	10
LEO	低于内范·艾伦带	1～7	50

　　早在 1945 年，英国著名的科幻小说作家和发明家 Arthur Charles Clarke 就提出了卫星通信的设想。他计算出在赤道上空距地球表面 35 800 km 高度的地球卫星相对于地面观察者而言是静止不动的。以此为基础，他进一步描述了一个完整的由若干颗这种相对于地面看似静止的卫星构成的通信系统，包括该卫星通信系统的轨道、太阳能板、无线电频率，甚至卫星的发射步骤等细节。令人遗憾的是，经过进一步思考，他最终得出的结论是卫星通信系统的方案并不切实可行。他认为，将那些耗费巨大能量而且非常脆弱的真空管放大器送入太空是不可能的。因此，尽管他写了许多关于卫星通信的科幻小说，但他并没有真正把这个构想切实向前推进。仅仅两年之后，人类第一个晶体管于 1947 年在 Bell 实验室诞生了。晶体管的发明改变了一切，Clarke 所担心的不可能很快就变成了现实。人类第一颗人造通信卫星(Telstar)于 1962 年 7 月发射成功。从那以后，地球同步轨道卫星得到了迅速的发展。

　　按照现有的技术条件，地球同步轨道卫星在 360° 的赤道平面上的分布受到一定的限制，两颗卫星之间相隔应不小于 2°，其目的是避免相邻卫星之间的相互干扰。由于存在这样的空间间隔限制，赤道平面上最多只能有 180 颗地球同步轨道卫星。虽然在轨卫星的数量有上限，但是可以通过其他的技术手段增强卫星的通信能力，如每个卫星转发器可以使用多个频率和多种极化方式来增加带宽。现代的地球同步轨道卫星体积非常庞大，质量超过 5000 kg，同时消耗大量的电能。地球同步轨道卫星的太阳能面板可以为卫星的运转与工作提供若干千瓦的电能。每颗地球同步轨道卫星大约有 40 个转发器，带宽通常为 36 MHz。

远在地球同步轨道卫星之下，运行在内外范·艾伦带之间的是中等地球轨道卫星 (MEO)。从地球表面观察，这些卫星缓慢地绕地球转动，大约每 6 小时环绕地球一圈。由于 MEO 相对地球是转动的，而不再是静止的，因此必须对在天空中绕地球移动的卫星进行跟踪。由于 MEO 比 GEO 低得多，因此 MEO 在地球表面的信号覆盖范围比 GEO 小，所需发射器的功率也更小一些。目前 MEO 主要应用于卫星导航领域，而不是通信领域。日常生活中的全球定位系统(Global Positioning System，GPS)就是由大约 30 颗 MEO 构成的卫星系统，这些 MEO 在距地面 20 200 km 的轨道上绕地球转动。

在中等地球轨道卫星 MEO 之下运行的是低地球轨道卫星 LEO。一方面，由于 LEO 移动速度很快，因此要构成一个完整的卫星通信系统需要许多颗 LEO 卫星；另一方面，由于 LEO 距地表非常近，因此地面站不需要太高的功率，而且信号的往返延迟时间仅为几毫秒。此外，相对于 GEO 和 MEO，LEO 的发射成本要低得多。

2.3　数字调制技术

在了解了常见的有线与无线通信信道的特性之后，接下来研究如何在这些通信信道上传输数字信息。在计算机内部，数据是以二进制形式表示和存储的，即离散的 0、1 比特序列。有线和无线的信道传送模拟信号(如连续变化的电压、光强或声强)时，必须研究如何用模拟信号来表示 0、1 比特。在 0、1 比特与表示它们的信号之间相互转换的过程称为数字调制(digital modulation)。

首先，将 0、1 比特序列直接转换为信号的方法称为基带传输(baseband transmission)。在基带传输中，信号占用的频率从 0 到某个由传信率决定的最大值。基带传输常用于有线信道。其次，通过调整载波的振幅、相位或者频率的形式来传送 0、1 比特序列的方法称为通带传输(passband transmission)。在通带传输中，信号占用的频带在载波信号频率附近。通带传输常用于无线信道和光通信信道，适用于信号必须在给定的频带范围内的情况。

常见的基带传输和通带传输的编码方案如图 2.17 所示。

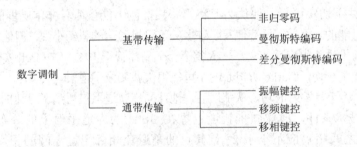

图 2.17　常见的基带传输和通带传输的编码方案

2.3.1　基带传输

1. 非归零码

最简单和最直接的数字调制的方式是用正电平表示"1"，用负电平表示"0"。对于光纤传输,可以用有光线表示"1",用无光线表示"0"。这种编码方案称为非归零码(Non Return to Zero,NRZ)。非归零码的例子如图 2.18 所示。在发送端,原始数据的比特序列采用非归零码编码之后,信号在通信线路上传输。接收端通过周期性的信号采样将信号转换回原始的比特序列。接收端收到的信号与发送端发出的信号不会完全一样。这是由于信号在传输过程中会不断衰减并且受到信道以及噪声的干扰。在解码时,接收端将采样得到的信号样本映射到最接近的符号上。对非归零码而言,接收端采样得到一个正电平信号样本表示发送端发送了一个"1",采样得到一个负电平信号样本表示发送端发送了一个"0"。

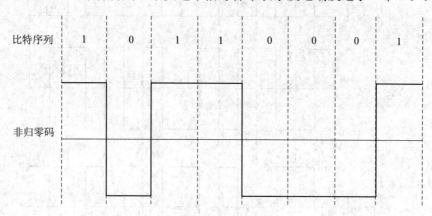

图 2.18　非归零码信号波形示例

为了能够正确地对接收到的信号进行解码,接收方必须知道何时一个符号结束,何时下一个符号开始。对于非归零码而言,符号仅仅是一连串的高低电平。因此,一长串连续的"1"或者一长串连续的"0"导致信号为一连串的高电平或者一连串的低电平,即信号电平高低保持长时间不变。如果遇到这种情况,经过一段时间之后,很难将不同的比特区分开来。例如,18 个连续的比特"1"和 19 个连续的比特"1"看上去非常相似,如果没有精确的时钟帮助,很难做出准确的区分。采用精确的时钟可以解决这一问题,但代价太高。此外,目前数据链路上每秒高达若干兆位的数据传输速率对时钟的精度也提出了很高的要求。另一种思路是向接收方发送单独的时钟信号。专用的时钟信号传输线路对于计算机总线或者短距离数据传输线缆这类具有多条并行通信线路的系统而言并不是什么大问题,但是对于大多数计算机网络连接而言,专门使用一条传输线路发送时钟信号显然是一个很大的浪费。

2. 曼彻斯特编码

对于非归零码编码方案不含时钟信号的问题,一个巧妙的解决办法是将时钟信号与数据信号混合起来,将这两种不同的信号进行异或运算(XOR),从而可以省去专门的时钟信号发送线路。曼彻斯特编码(Manchester code)就是这样一种编码方案。对于曼彻斯特编码,有两种不同的数据表示规定,如图 2.19 所示。

第一种曼彻斯特编码数据表示规定由 G.E. Thomas 于 1949 年发表,其对如何用高低电平表示比特序列做了如下约定:将一个比特周期 T 分为前后两个 $T/2$,对于比特"0",前半周期用低电平表示,后半周期用高电平表示,即"低—高"电平变换代表逻辑"0";而对于比特"1",前半周期用高电平表示,后半周期用低电平表示,即"高—低"电平变换代表逻辑"1"。在这种曼彻斯特编码数据表示规定出现之后，许多专家学者都以此为标准，如计算机网络领域的权威 Andrew S. Tanenbaum 在其计算机网络专著中就以此为曼彻斯特编码的数据表示方案。

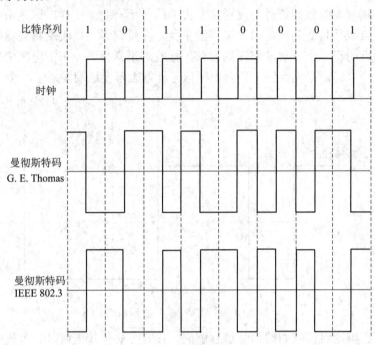

图 2.19　曼彻斯特编码波形示例

第二种曼彻斯特编码数据表示规定与上述的数据表示规定刚好相反，用信号的"高—低"电平变换代表比特"0"，用信号的"低—高"电平变换代表比特"1"。这种数据表示方案也得到了许多专家学者的支持，如计算机科学领域的著名学者 William Stallings。此外，这种曼彻斯特编码数据表示规定在局域网中也得到了广泛的应用，如 IEEE 802.4 标准(令牌总线)和 IEEE 802.3 标准(以太网)都采用了这种编码方案。

3. 差分曼彻斯特编码

差分曼彻斯特编码(differential Manchester encoding)将数据和时钟信号融合在一起，形成两电平自同步数据流。称之为"差分"是因为这种编码方案使用有或没有电平跳变来表示不同的逻辑值。

在差分曼彻斯特编码中，每个比特周期被分成两个半周期，分别表示时钟和数据。表示时钟的半周期由电平跳变表示，或者从低变到高，或者从高变到低；表示数据的半周期用有电平变换代表某个逻辑值，用没有电平变换代表另一个逻辑值。因此，差分曼彻斯特编码有两种编码方法。例如，第一种方法可以用存在电平变换代表比特"0"，用没有电平变换代表比特"1"；另一种方法可以用存在电平变换代表比特"1"，用没有电平变换代表比特"0"。典型的差分曼彻斯特编码波形如图 2.20 所示。图 2.20 用存在电平变换代表比特"0"，用没有电平变换代表比特"1"。为了更好地比较曼彻斯特编码和差分曼彻斯特编码的相同点与区别，图 2.20 中同时给出了原始比特序列的曼彻斯特编码(按照 G.E. Thomas 数据表示规定)波形。

IEEE 802.5 标准定义了差分曼彻斯特编码，并将该编码方案应用于令牌环局域网中。此外，差分曼彻斯特编码还应用于其他多种磁存储设备和光存储设备中。

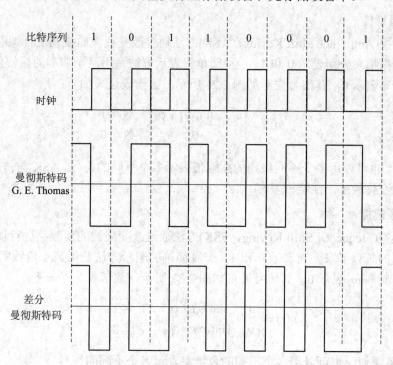

图 2.20　差分曼彻斯特编码波形示例

2.3.2　通带传输

人们通常希望在通信信道上使用一定的频率范围来发送信息，这一范围内的频率不是从零开始的。采用无线通信信道传输极低频率的信号是不实际的，因为天线的大小是信号波长的一定比例，由于频率和波长成反比，如果用极低的频率传输信号，势必导致天线尺寸的极度增加。即使是有线通信信道，将某个信号加载到某一频带内也可以使多个信号在同一通信信道上共存。此类传输方式称为通带传输，其特点是在同一个通信信道上可以允许使用多个不同的频率来传输信号。

在通带传输中，可以在发送端将待发送的基带信号(如频率为 0 到 B Hz)变换到某一通带频率范围[如频率为 S 到 $(S + B)$ Hz]。虽然此时的信号看似与原来的基带信号有些不同，但是这一变换并没有改变信号所携带的信息量。在接收端，再将通带信号变换回基带信号。

在调制过程中，首要的任务是选择通带的载波(carrier wave，简称为 carrier)信号。载波是为了传输信息而根据输入信号对其进行调制的一种波形，通常为正弦波。载波的频率通常比输入信号的频率高很多。载波的功能有两点：第一，在空间内以电磁波的形式传输信息(如无线电通信)；第二，允许多个不同频率的信号共享一个公共的物理传输介质(如有线电视系统)。正弦载波信号可以写为

$$u(t) = u_{\mathrm{m}} \cdot \sin(\omega t + \phi_0) \tag{2-1}$$

式中，u_{m} 为正弦波的振幅；ω 为角频率，ϕ 为相位(ϕ_0 代表初相)。

通带传输中的数字调制是通过对载波信号的变换或者调制来完成的，对载波的三个参量进行调制，可以得到三种不同的调制方法。下面分别介绍这三种调制方法。

1. 振幅键控

振幅键控(Amplitude Shift Keying，ASK)方法通过改变载波的振幅进行调制，可以采用两个不同的振幅来分别表示 0 和 1。一种简单的表示方法是用某个非零的振幅值 u_m 表示 1，用振幅值为零表示 0，其信号波形如图 2.21 所示，数学表达式如下：

$$u(t) = \begin{cases} u_m \cdot \sin(\omega t + \phi_0) & \text{数字1} \\ 0 & \text{数字0} \end{cases} \tag{2-2}$$

事实上，也可以用多个不同级别的振幅值表示多个不同的符号。ASK 与信号幅度有关，对信道特性变化敏感，性能较差。

2. 移频键控

移频键控(Frequency Shift Keying，FSK)方法通过改变载波的角频率进行调制，可以采用两个不同的角频率来分别表示 0 和 1。一种简单的表示方法是用某个角频率 ω_1 表示 1，用另一个角频率 ω_2 表示 0，其信号波形如图 2.21 所示，数学表达式如下：

$$u(t) = \begin{cases} u_m \cdot \sin(\omega_1 t + \phi_0) & \text{数字1} \\ u_m \cdot \sin(\omega_2 t + \phi_0) & \text{数字0} \end{cases} \tag{2-3}$$

与 ASK 类似，也可以用多个不同的角频率表示多个不同的符号。

移频键控是信息传输中使用得较早的一种调制方式，它的主要优点是比较容易实现，其抗噪声与抗衰减性能较好，广泛应用于中低速数据传输。移频键控系统的缺点是频带利用率较低。

3. 移相键控

移相键控(Phase Shift Keying，PSK)方法通过改变载波的相位进行调制。移相键控可以进一步分为两种：绝对调相和相对调相。绝对调相采用相位的绝对值表示 1 和 0，而相对调相采用相位的相对偏移值表示 1 和 0。这里主要介绍绝对调相方法，采用两个不同的相位来分别表示 1 和 0，即用某个相位 ϕ_1 表示 1，用另一个相位 ϕ_2 表示 0。一种简单的方案是令 ϕ_1 为 0，ϕ_2 为 π，其信号波形如图 2.21 所示，数学表达式如下：

$$u(t) = \begin{cases} u_m \cdot \sin(\omega t + 0) & \text{数字1} \\ u_m \cdot \sin(\omega t + \pi) & \text{数字0} \end{cases} \tag{2-4}$$

用两个不同的相位表示符号 0 和 1 的方法称为二相移相键控(Binary Phase Shift Keying，BPSK)。需要注意的是，这里的"binary"是指这种编码方法采用了两个不同的相位值，而不是指该符号能够表示两位数据。为了提高数据传输的速率，经常采用多个不同的相位表示多个不同的符号，这种方法称为多相调制。例如，一种能够比二相移相键控更有效地利用信道带宽的编码方案是采用四个不同的相位(如 45°、135°、225°和 315°)来表示一个符号，因此每个符号可以表示两位数据。这种编码方法称为四相移相键控(Quadrature Phase Shift Keying，QPSK)，其信号波形如图 2.21 所示，数学表达式如下：

$$u(t) = \begin{cases} u_{\mathrm{m}} \cdot \sin\left(\omega t + \dfrac{1}{4}\pi\right) & \text{数字 00} \\[2mm] u_{\mathrm{m}} \cdot \sin\left(\omega t + \dfrac{3}{4}\pi\right) & \text{数字 01} \\[2mm] u_{\mathrm{m}} \cdot \sin\left(\omega t + \dfrac{5}{4}\pi\right) & \text{数字 10} \\[2mm] u_{\mathrm{m}} \cdot \sin\left(\omega t + \dfrac{7}{4}\pi\right) & \text{数字 11} \end{cases} \tag{2-5}$$

移相键控有较高的频带利用率，判决门限与接收机输入信号的幅度无关，对信道变化不敏感。

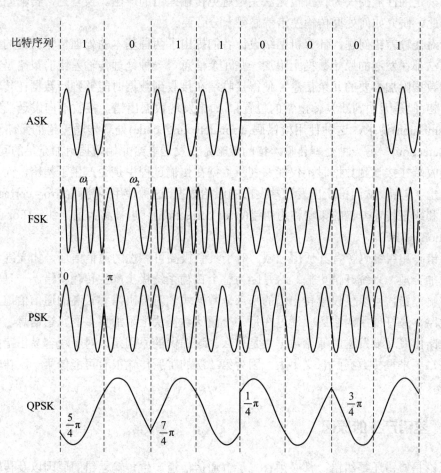

图 2.21 ASK、FSK、PSK、QPSK 编码信号波形示例

2.4 差错控制方法

可靠性是计算机网络非常重要的一个设计指标，设计出具有高可靠性的计算机网

络能够使网络顺畅、正确地运转。但是，计算机网络的可靠性由许多因素决定，而这些构成因素本身往往并不可靠。以一个在计算机网络中传输的数据包的比特序列为例，由于可能受到突发电噪声、随机无线信号、硬件缺陷、软件差错等因素的影响，因此数据包中的某些比特可能在接收端接收时已经遭到损坏(反转)，这种现象称为传输差错。

各种网络通信信道具有不同的物理特性，有些通信信道的差错率非常低，如通信网络中的光纤，在光纤通信的网络中传输差错极其罕见。但是，其他的通信信道，特别是无线连接线路和年久老化的本地回路，这些信道的传输差错率往往会高出光纤传输差错率许多个数量级。对于这些传输差错率高的通信信道，数据传输过程中产生差错是很常见的现象，即使以一定的性能损失为代价也无法完全避免传输差错的产生。换言之，传输差错一定会有，因此，研究如何处理传输差错就显得十分必要。

针对传输差错问题，计算机网络设计者们提出了两种基本的处理传输差错的策略，这两种方法都在发送的原始数据上附加一些冗余信息。一种处理传输差错的策略是在发送端给原始数据附加必要的冗余信息，使得接收端在接收到数据时能够判断数据在传输过程中是否出错(但是无法判断具体出错的位置)，如果发现数据出错，接收端向发送端发出重传(retransmission)请求，这种使用检错码(error-detecting code)处理传输差错的策略称为检错(error detection)。另一种处理传输差错的策略是在发送端给原始数据附加充足的冗余信息，使得接收端在接收到数据时不仅能够判断数据在传输过程中是否产生了差错，而且能够判断哪里出了差错，从而推断出发送端发出的原始数据，这种使用纠错码(error-correcting code)来发现和纠正传输差错的策略称为纠错(error correction)，也被称为前向纠错(Forward Error Correction，FEC)。

检错码和纠错码各有其适用领域。对于具有极高可靠性的通信信道，如光纤，使用检错码更加合理，系统开销更低。这是因为整个传输系统极少产生传输差错，一旦发生极个别的传输差错，可以仅仅重传出错的那部分数据块。对于出错率较高的通信信道，如无线连接线路，最好使用纠错码。通过在每一个原始数据块上附加更多的冗余信息，使接收端能够推断出发送端发送的原始数据块是什么。这样做的原因是：对于较容易出错的通信信道而言，要求重传数据的意义不大，因为第二次的重新传输很有可能像第一次传输一样产生差错。

2.4.1　差错产生的原因

无论是检错还是纠错，都必须首先了解通信信道产生传输差错的原因以及传输差错的类型。通信信道产生传输差错的原因有两种。产生传输差错的第一种原因是热噪声(thermal noise)。短暂而偶发的极端热噪声值破坏了原始数据信号，导致孤立的单比特错误的出现。产生传输差错的第二种原因是突发的外部电磁干扰，如无线信道中出现的突然信号衰减，或者有线信道的突发随机电磁干扰等。由此引发的传输差错不是单个孤立的错误，往往是阵发的错误。传输差错产生的过程如图 2.22 所示。

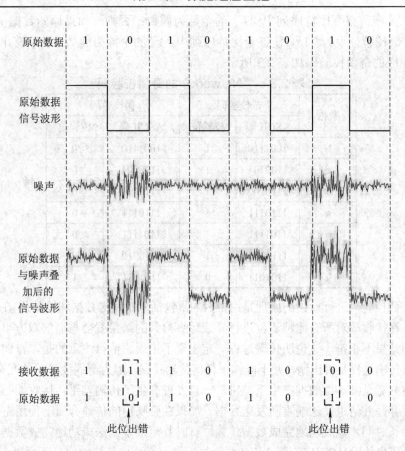

图 2.22　传输差错产生的过程

2.4.2　检错码

　　检错码原理简单，易于实现，编码与解码速度较快，适用于光纤或者其他高质量的基于铜线的传输介质。相对于无线信道，这些传输介质误码率要低得多，因此采用检错和重传机制处理偶尔出现的个别传输差错比采用纠错码更加有效。目前，常用的检错码主要有两类：奇偶校验码和循环冗余校验码。

1. 奇偶校验码

　　在通信和计算领域，奇偶性是指给定比特序列中"1"的个数是奇数还是偶数。这一结果取决于比特序列中的所有位，其值可以通过对所有比特逐位进行异或(XOR)运算得到，结果为 0 代表偶校验，结果为 1 代表奇校验。

　　奇偶校验码是通过在原始数据之后附加一位冗余数据来实现检错功能的，这一位数据称为校验位(parity bit)。奇偶校验具体分为奇校验(odd parity)和偶校验(even parity)，相应地，校验位也分为奇校验位(odd parity bit)和偶校验位(even parity bit)。对于奇校验，如果原始数据中"1"的个数是偶数个，校验位设为"1"，使得整个比特序列(原始数据和校验位)中"1"的个数为奇数；否则，如果原始数据中"1"的个数是奇数个，校验位设为"0"，使整个比特序列中"1"的个数为奇数。对于偶校验，如果原始数据中"1"的个数是偶数个，校验位设为"0"，使得整个比特序列中"1"的个数为偶数；否则，如果原始数据中"1"的个数是奇数个，校验位设为"1"，使整个比特序列中"1"的个数为偶数。以字符串"Network"为例，其相应的奇偶校验码如表 2.3 所示。

表 2.3 "Network"的奇偶校验码

数据	奇校验码		偶校验码	
	ASCII 码	校验位	ASCII 码	校验位
N	1001110	1	1001110	0
e	1100101	1	1100101	0
t	1110100	1	1110100	0
w	1110111	1	1110111	0
o	1101111	1	1101111	0
r	1110010	1	1110010	0
k	1101011	0	1101011	1

利用奇偶校验码进行检错的原理是：如果数据(包括原始发送数据和校验位)在传输过程中产生差错，在接收端对所有比特逐位进行异或运算得到的结果就会与通信双方事先约定好校验码预期的结果不相符，这说明传输过程一定出现了错误。值得注意的是，奇偶校验码只能够发现数据传输过程是否出错，并不能纠正任何传输错误，因为奇偶校验码的冗余信息有限，不足以判定究竟是哪一位数据产生了差错。一旦发现产生了传输差错，接收端必须将收到的数据全部丢弃，并请求发送端重新发送数据。如果在强噪声的传输介质上使用奇偶校验码，可能需要很长时间才能成功地完成数据传输，有时甚至根本无法成功地完成数据传输。有时用奇偶校验码来传输 ASCII 字符，字符本身占 7 位，第 8 位是校验位。下面以表 2.3 中传输的字符串"Network"的第一个字符"N"为例，说明采用奇偶校验码进行检错的过程。字符"N"的 7 位 ASCII 码为 1001110，假定最右边第 8 位为校验位。接下来，以偶校验为例，用符号"∧"代表异或运算，分正确传输和传输出错两种情况介绍用偶检验码进行检错的过程。

第一种情况，如果数据传输过程中没有差错产生，数据传输和检错过程如下：

(1) 发送端 A 要给接收端 B 发送的原始数据：1001110；

(2) 发送端 A 计算校验位的值：$1 \wedge 0 \wedge 0 \wedge 1 \wedge 1 \wedge 1 \wedge 0 = 0$；

(3) 发送端 A 在原始数据之后附上校验位，实际发送的数据：10011100；

(4) 接收端 B 正确接收到发送端 A 发送的数据：10011100；

(5) 接收端 B 计算校验位的值：$1 \wedge 0 \wedge 0 \wedge 1 \wedge 1 \wedge 1 \wedge 0 \wedge 0 = 0$；

(6) 校验位的值为 0 代表偶校验，其值为 1 代表奇校验；

(7) 接收端 B 根据上一步计算的结果为 0 得出结论：符合偶检验码的约定，传输正确，无传输差错产生。

第二种情况，如果数据传输过程中产生了错误，数据传输和检错过程如下(出错位用粗体加下划线表示)：

(1) 发送端 A 要给接收端 B 发送的原始数据：1001110；

(2) 发送端 A 计算校验位的值：$1 \wedge 0 \wedge 0 \wedge 1 \wedge 1 \wedge 1 \wedge 0 = 0$；

(3) 发送端 A 在原始数据之后附上校验位，实际发送的数据：10011100；

(4) 数据传输过程中产生了差错，接收端 B 实际收到的数据：1**1**011100；

(5) 接收端 B 计算校验位的值：1∧**1**∧0∧1∧1∧1∧0∧0 = 1；

(6) 接收端 B 根据上一步计算的结果为 1 得出结论：不符合偶检验码的约定，数据传输不正确，传输过程中一定产生了差错。

奇偶校验码的检错能力相当有限，一位校验位的冗余信息只能保证发现奇数个差错，如果传输差错的个数为偶数，奇偶校验码仍然判断数据传输正确。仍以上述例子中传输的数据为例，假定此次传输过程中产生了两个错误(偶数个)，采用奇偶校验码进行检错会得出错误的结论，整个数据传输和检错过程如下(出错位用粗体加下划线表示)：

(1) 发送端 A 要给接收端 B 发送的原始数据：1001110；

(2) 发送端 A 计算校验位的值：1∧0∧0∧1∧1∧1∧0 = 0；

(3) 发送端 A 在原始数据之后附上校验位，实际发送的数据：10011100；

(4) 数据传输过程中产生了两个差错，接收端 B 实际收到的数据：1**1**01**0**100；

(5) 接收端 B 计算校验位的值：1∧**1**∧0∧1∧**0**∧1∧0∧0 = 0；

(6) 接收端 B 根据上一步计算的结果为 0 得出结论：符合偶检验码的约定，数据传输正确，传输过程中没有产生差错。

而这一结论是错误的，事实上，数据传输过程中不但产生了差错，而且还是两个差错。

奇偶校验码原理简单，容易实现，是一种最简单的检错码。奇偶校验常应用于多种硬件系统中，如 SCSI 和 PCI 总线中就使用奇偶校验码来发现传输差错，许多微处理器的指令高速缓存也包含奇偶校验保护。除此之外，奇偶校验还应用于串行数据传输系统中，常用的数据传输格式是 7 位数据位，后跟 1 位校验位。这种格式非常适合传输 7 位 ASCII 码字符，7 位数据位加 1 位校验位刚好是一个 8 位整字节。当然，也可以使用其他的数据传输格式，如 8 位数据位加 1 位校验位。在串行通信系统中，校验位通常是由接口硬件产生，并且由接口硬件进行校验。在接收端，校验的结果通过接口硬件的一个硬件寄存器中的状态位反馈给 CPU，进而反馈给操作系统。发现数据传输过程出现差错之后，错误恢复往往通过数据重传来实现，这些过程的细节通常由相应的软件来实现，如操作系统的输入/输出例程。奇偶校验码的检错能力较低，只能发现奇数个差错，无法发现偶数个差错。因此，奇偶校验码往往适用于对通信质量要求不高的通信系统。

2. 循环冗余校验码

循环冗余校验(Cyclic Redundancy Check，CRC)码是目前应用较为广泛的检错码编码方法之一，其检错能力比奇偶校验码更强。

循环冗余校验码的基本思路是：把由"0"和"1"构成的比特序列看作多项式的系数。一个包含 k 位的数据帧被视为一个包含 k 项的多项式系数的列表，该多项式包括从 x^{k-1} 到 x^0，总共 k 项。最高位(最左端)代表 x^{k-1} 这一项的系数，次高位代表 x^{k-2} 这一项的系数，依此类推，最低位(最右端)代表 x^0 这一项的系数。例如，比特序列 1001110 总共有 7 位，代表一个包含 7 项的多项式，该多项式的系数为 1、0、0、1、1、1、0，即 $1x^6 + 0x^5 + 0x^4 + 1x^3 + 1x^2 + 1x^1 + 0x^0$。

在生成 CRC 码的过程中，多项式计算采用二进制模二算法(modulo 2)：加法不进位，减法不借位。按照这种规定，多项式加法和减法都与异或运算(XOR)相同。例如，大写字母 "C" 的 ASCII 码为 1 0 0 0 0 1 1，大写字母 "N" 的 ASCII 码为 1 0 0 1 1 1 0，对其进行模二算法的过程如下：

```
  1 0 0 0 0 1 1          1 0 0 0 0 1 1              1 0 0 0 0 1 1
+ 1 0 0 1 1 1 0        - 1 0 0 1 1 1 0        XOR   1 0 0 1 1 1 0
-----------------      -----------------            -----------------
  0 0 0 1 1 0 1          0 0 0 1 1 0 1              0 0 0 1 1 0 1
```

在实际进行数据传输之前，发送方和接收方必须事先约定好一个生成多项式(generator polynomial)，记为 $G(x)$。生成多项式的最高位和最低位必须为 1。

CRC 码的基本原理是：对于含有 m 位比特序列的数据帧，按照前述方法将其视为一个含有 m 项的多项式 $M(x)$，该数据帧必须比生成多项式更长。在原始数据帧之后附加一段冗余信息，使得整体数据(包含原始数据和冗余信息)可以被生成多项式 $G(x)$ 整除。接收方用接收到的数据(包含原始数据和冗余信息)去除生成多项式 $G(x)$，如果可以整除则表示传输过程中没有出现差错，否则表明传输过程产生了差错。具体生成 CRC 码的算法步骤如下：

(1) 假定 r 为生成多项式 $G(x)$ 的次数。在原始数据帧的低端附加 r 位 "0"，使得整体数据包含 $m + r$ 位数据，相当于在原始数据多项式 $M(x)$ 上乘以 x^r，得到的整体数据对应于多项式 $x^r M(x)$。

(2) 用生成多项式 $G(x)$ 所对应的比特序列去除多项式 $x^r M(x)$ 所对应的比特序列，计算采用模二除法。

(3) 将第(2)步除法得到的余数(长度总是等于或小于 r 位)从多项式 $x^r M(x)$ 所对应的比特序列中减去，计算采用模二减法。计算得到的结果是实际传输的校验和数据帧，将此多项式记为 $T(x)$。

以原始数据帧 1101011111 为例，假定生成多项式 $G(x) = x^4 + x + 1$，计算 CRC 码的过程如图 2.23 所示。

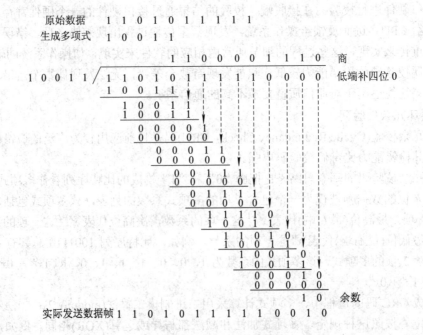

图 2.23　CRC 码计算过程示例

在图 2.23 中，最后计算出的实际发送数据帧是由作为被除数的多项式 $x^r M(x)$(此例中为 "11010111110000")减去余数(此例中为 "10")得到的。显然，如果采用模二除法，实际发送数据帧 $T(x)$ 一定能够被生成多项式 $G(x)$ 整除。因为在除法运算中，将被除数减去余数，其结果肯定能够被除数整除。例如，被除数 25535 除以除数 256，可得余数为 191，如果将被除数 25535 减去余数 191，其结果(25344)确实可以被 256 整除。

CRC 码的检错能力如何？或者说 CRC 码能够发现哪些类型的传输差错呢？假设在数据传输过程中产生了传输差错，那么接收端实际收到的数据就不再是发送端发出的 $T(x)$ 了，而是 $T(x)+E(x)$，在这里 $E(x)$ 也是一个多项式，代表传输差错。在 $E(x)$ 中的每一个 "1" 代表该位发生了反转，即产生了错误。如果 $E(x)$ 中总共有 k 位 "1"，表明数据传输过程中一共产生了 k 位传输差错。

接收端在收到带有校验和的数据帧之后，用生成多项式 $G(x)$ 去除它，即做除法运算：$[T(x)+E(x)] / G(x)$。由于 $T(x)$ 一定能够被 $G(x)$ 整除，因此 $T(x) / G(x)$ 等于 0。于是，$[T(x)+E(x)] / G(x)$ 运算的结果简化为 $E(x) / G(x)$。显然，所有那些碰巧含有 $G(x)$ 因子的传输差错 $E(x)$ 会躲过 CRC 码的检查，其余的传输差错 $E(x)$ 都会被 CRC 码检查出来。

以传输过程中产生单个差错为例，传输差错多项式 $E(x) = x^i$，其中的 i 表示发生错误的位在数据比特序列中的位置。如果生成多项式 $G(x)$ 多于两项，$E(x)$ 肯定无法被 $G(x)$ 整除。因此，可以得出如下结论：当生成多项式 $G(x)$ 的次数大于等于 2 时，CRC 码可以检查出所有的单个错。

CRC 码所使用的生成多项式 $G(x)$ 的结构及其检错能力是经过严格的数学分析得到的。有些生成多项式已经成为国际标准，如在 IEEE 802 标准中使用的生成多项式 $G(x)$ 为

$$x^{32} + x^{26} + x^{23} + x^{22} + x^{16} + x^{12} + x^{11} + x^{10} + x^8 + x^7 + x^5 + x^4 + x^2 + x^1 + 1$$

此生成多项式具有较强的检错能力，它能够检查出所有长度少于 32 位的突发错，还能够检查出所有奇数个错。

虽然生成 CRC 码的计算过程看上去非常复杂，但是在实际应用中可以通过带有简单的移位寄存器电路的硬件来很容易地实现 CRC 码的计算和校验。事实上，几乎所有的网络标准全都采用硬件来实现各自 CRC 码的计算和校验，包括几乎所有的局域网(如以太网、IEEE 802.11 等)以及点到点式连接网络。

2.4.3　纠错码

纠错码目前广泛应用于无线连接线路。无线信道与光纤相比易受噪声干扰，非常容易产生传输差错。在无线信道传输中，如果不使用纠错码，则很难成功地进行有效的数据传输。

汉明码(Hamming code)是 1950 年由 Richard Hamming 首先提出的可以纠正单个随机差错的线性纠错码。与奇偶校验码相比较，汉明码具有明显的优势。作为一种简单的检错码，奇偶校验码仅仅能够检查出奇数个错码，并不具有纠错能力，而汉明码能够检查出两个错码，并且可以纠正一位错码。下面介绍汉明码的基本原理。

在偶数监督码中，由于使用了一位监督位 a_0，因此它能和信息位 $a_{n-1} \cdots a_1$ 一起构成一个代数式 $a_{n-1} \oplus a_{n-2} \oplus \cdots \oplus a_0 = 0$，即监督位 a_0 的加入规则是使码组中 "1" 的数目为偶数。在接收端解码时，实际上就是在计算：

$$S = a_{n-1} \oplus a_{n-2} \oplus \cdots \oplus a_0 \qquad (2\text{-}6)$$

若 $S = 0$，则认为无错；若 $S = 1$，则认为有错。式(2-6)称为监督关系式，S 称为校正子。由于校正子 S 的取值只有这两种情况，因此它只能代表有错和无错这两种信息，而不能指出错码的位置。不难推想，如果监督位增加一位，即变成两位，则能增加一个类似于式(2-6)的监督关系式。由于两个校正子可能有 4 种组合(00、01、10、11)，因此能表示 4 种不同信息。若用其中一种表示无错，则其余 3 种就有可能用来指示一位错码的 3 种不同位置。同理，r 个监督关系式能指示一位错码的 $2^r - 1$ 个可能位置。

一般来说，若码长为 n，信息位数为 k，则监督位数 $r = n - k$。如果希望用 r 个监督位构造出 r 个监督关系式来指示一位错码的 n 种可能位置，则要求：

$$2^r - 1 \geqslant n \quad \text{或} \quad 2^r \geqslant k + r + 1 \qquad (2\text{-}7)$$

下面通过一个例子来说明具体如何构造这些监督关系式。

设分组码 (n, k) 中 $k = 4$。为了纠正一位错码，由式(2-7)可知，要求监督位 $r \geqslant 3$。若取 $r = 3$，则 $n = k + r = 7$。用 $a_6 a_5 \cdots a_0$ 表示这 7 个码元，用 S_1、S_2、S_3 表示三个监督关系式中的校正子，则 $S_1 S_2 S_3$ 的值与错码位置的对应关系可以规定为表 2.4 所列(也可以规定成另一种对应关系，这并不影响讨论的一般性)。

表 2.4　校正子与错误位置的对应关系

$S_1 S_2 S_3$	错码位置	$S_1 S_2 S_3$	错码位置
001	a_0	101	a_4
010	a_1	110	a_5
100	a_2	111	a_6
011	a_3	000	无错

由表 2.4 中的规定可见，仅当一位错码位置在 a_2、a_4、a_5 或 a_6 时，校正子 S_1 为 1；否则 S_1 为 0。这就意味着 a_2、a_4、a_5 和 a_6 四个码元构成偶数监督关系：

$$S_1 = a_6 \oplus a_5 \oplus a_4 \oplus a_2 \qquad (2\text{-}8)$$

同理，a_1、a_3、a_5 和 a_6 四个码元构成偶数监督关系：

$$S_2 = a_6 \oplus a_5 \oplus a_3 \oplus a_1 \qquad (2\text{-}9)$$

以及 a_0、a_3、a_4 和 a_6 四个码元构成偶数监督关系：

$$S_3 = a_6 \oplus a_4 \oplus a_3 \oplus a_0 \qquad (2\text{-}10)$$

在发送端编码时，信息位 a_6、a_5、a_4 和 a_3 的值取决于输入信号，因此它们是随机的。监督位 a_2、a_1、a_0 应根据信息位的取值按监督关系来确定，即监督位应使上三式中 S_1、S_2 和 S_3 的值为 0(表示编成的码组中应无错码)：

$$\begin{cases} a_6 \oplus a_5 \oplus a_4 \oplus a_2 = 0 \\ a_6 \oplus a_5 \oplus a_3 \oplus a_1 = 0 \\ a_6 \oplus a_4 \oplus a_3 \oplus a_0 = 0 \end{cases} \qquad (2\text{-}11)$$

由式(2-11)经移项运算，解出监督位：

$$\begin{cases} a_2 = a_6 \oplus a_5 \oplus a_4 \\ a_1 = a_6 \oplus a_5 \oplus a_3 \\ a_0 = a_6 \oplus a_4 \oplus a_3 \end{cases} \tag{2-12}$$

给定信息位后，可直接按式(2-12)计算出监督位，其结果如表 2.5 所示。

表 2.5　根据信息位计算监督位

信息位	监督位	信息位	监督位
$a_6\ a_5\ a_4\ a_3$	$a_2\ a_1\ a_0$	$a_6\ a_5\ a_4\ a_3$	$a_2\ a_1\ a_0$
0000	000	1000	111
0001	011	1001	100
0010	101	1010	010
0011	110	1011	001
0100	110	1100	001
0101	101	1101	010
0110	011	1110	100
0111	000	1111	111

接收端收到每个码组后，先按式(2-8)～式(2-10)计算出 S_1、S_2 和 S_3，再按照表 2.4 判断错码情况。例如，若接收码组为 0000011，按式(2-8)～式(2-10)计算可得 $S_1 = 0$，$S_2 = 1$，$S_3 = 1$。由于 $S_1\ S_2\ S_3$ 等于 011，因此根据表 2.4 可知 a_3 位有一错码。

按照上述方法构造的码称为汉明码。表 2.5 所列的(7, 4)汉明码的最小码距 $d_0 = 3$，这种码能纠正一个错码或检测两个错码。由式(2-7)可知，汉明码的编码效率等于 $k/n = (2^r - 1 - r)/(2^r - 1) = 1 - r/(2^r - 1) = 1 - r/n$。当 n 很大时，编码效率趋近于 1。可见，汉明码是一种高效码。由于汉明码编码非常简单，容易实现，编码效率高，因此使用非常广泛，特别是在计算机的存储和运算系统中经常用到。

········· 本 章 小 结 ·········

本章主要讲述了以下内容：

(1) 介绍了与计算机网络技术相关的一些数据通信的基本概念；介绍了信息和数据的基本概念，ASCII 码编码方案的基本知识，并通过实例比较了信息和数据的异同点；介绍了信号的基本概念及分类，重点讲述了数字信号和模拟信号的基本概念与特点，分析了数字信号和模拟信号的优缺点，并通过这两种信号间相互关系的讨论介绍了调制和解调的概念；介绍了数据通信的基本方式，包括串行通信与并行通信以及单工通信与双工通信。

(2) 介绍了计算机网络常见的物理传输介质及其主要特性。首先，介绍了计算机网络传输介质的总体分类方法；其次，分别介绍了几种常见的计算机网络传输介质，包括双绞线、同轴电缆、光纤以及无线通信信道，并阐述了这些传输介质的基本结构、工作原理、传输特性、分类以及适用环境。

(3) 介绍了数字调制技术。首先，介绍了几种常见的基带传输编码方案，包括非归零码、曼彻斯特编码与差分曼彻斯特编码；其次，介绍了常见的通带传输编码方案，包括振幅键控(ASK)、移频键控(FSK)与移相键控(PSK)的基本概念、编码原理与数学表示，并给出了编码波形的示例。

(4) 讨论了常见的差错控制方法。首先，分析了差错产生的原因，介绍了差错的分类方法，讨论了不同类型差错的特点；其次，以奇偶校验码和循环冗余校验(CRC)码为例介绍了检错和检错码的基本概念与工作原理，并通过实例详细讲述了编码的基本步骤与具体过程；最后，以汉明码为例介绍了纠错码的基本概念与工作原理。

✦✦✦✦✦✦ 习 题 2 ✦✦✦✦✦✦✦

一、填空题

1. 目前最为流行的数据编码标准是美国信息交换标准代码，通常称为＿＿＿＿＿码，它用来表示计算机、通信设备以及其他设备中的文本数据。

2. 在计算机网络通信中，信号是指数据在信道传输过程中的电信号表示形式，信号分为＿＿＿＿和＿＿＿＿两种。

3. 在通信和计算机科学领域内，数据通信按照发送数据时所采用的通信信道的个数可以分为＿＿＿＿和＿＿＿＿两种方式。

4. 常见的网络传输介质包括＿＿＿＿、＿＿＿＿、＿＿＿＿以及＿＿＿＿。

5. 双绞线分为＿＿＿＿和＿＿＿＿两大类。

6. 光纤通信利用光学中的＿＿＿＿原理进行信号传输。

7. 在通带传输中，数字调制是通过对基带信号的变换或者调制来完成的，可以对载波的三个参量进行调制，得到三种不同的调制方法：＿＿＿＿、＿＿＿＿和＿＿＿＿。

8. 在计算机网络中传输的数据包可能受突发电噪声、硬件缺陷、软件差错等因素的影响，导致某些比特可能在接收时遭到损坏或反转，这种现象称为＿＿＿＿。

9. 奇偶校验码是通过在原始数据之后附加一位冗余数据来实现检错功能的，奇偶校验分为两种：＿＿＿＿和＿＿＿＿。

10. 目前常用的检错码主要有两类：＿＿＿＿和＿＿＿＿。

二、单项选择题

1. 无导向传输介质通过大气、真空或者水等自由空间传输信号，以下不属于无导向传输介质的是＿＿＿。

A. 地面无线通信　　　　　　B. 光纤通信
C. 激光通信　　　　　　　　D. 卫星通信

2. 以下属于纠错码的是＿＿＿。

A. ASCII 码　　　　　　　　B. 奇偶校验码
C. 汉明码　　　　　　　　　D. CRC 码

3. 相对于铜导线型的传输介质，光纤具有许多优点，以下＿＿＿不是光纤通信的优点。

A. 带宽高　　　　　　　　　　　　B. 信号衰减较慢

C. 抗干扰能力强　　　　　　　　　D. 价格低廉

4. 假定采用奇校验，校验位在最右边，大写字母"N"的 ASCII 码编码的二进制比特序列是____。

A. 10011100　　　　　　　　　　　B. 11011101

C. 10011101　　　　　　　　　　　D. 10010100

5. 在以下几种传输介质中，____不是双绞线。

A. UTP　　　　　　　　　　　　　B. 五类线

C. Coax　　　　　　　　　　　　　D. STP

三、判断题

判断下列描述是否正确(正确的在括号中填写 T，错误的在括号中填写 F)。

1. ASCII 码采用 8 位二进制比特编码，总共可以定义 256 个字符的编码，包括可打印字符和不可打印的控制字符。（　　）

2. 模拟信号是指任何特征值随时间连续变化的信号，模拟信号通常使用传输介质的某种物理特性来传达信号所表示的信息。（　　）

3. 在半双工通信系统中，只有一端发送数据，另一端只负责接收数据，日常生活中的无线电广播和电视就是典型的半双工通信的例子。（　　）

4. 双绞线只能够传输数字信号，不可以传输模拟信号。（　　）

5. 移相键控(PSK)通过改变载波的相位进行调制，它可进一步分为两种：绝对调相和相对调相。（　　）

6. 奇偶校验码是一种常用的纠错码。（　　）

四、简答题

1. 在某计算机网络中，如果结点 A 要给结点 B 发送"Internet"(注意首字母大写)这样的文本，试写出经过 ASCII 码编码的二进制比特序列。

2. 什么是信号？信号分为哪几种类型？

3. 根据在同一时刻系统中允许数据传输方向的情况，双工通信又可以进一步分为哪两种模式？各有什么特点？

4. 网络传输介质从整体上可以分为哪两大类？各有什么特点？

5. 常见的基带传输和通带传输的编码方案有哪些？

6. 简述曼彻斯特编码和差分曼彻斯特编码的主要区别。

五、问答题

1. 串行通信和并行通信各有哪些特点？它们的区别是什么？

2. 数字信号和模拟信号各有哪些特点？它们的主要区别是什么？

3. 传输差错产生的原因有哪些？传输差错产生的过程是什么？

4. 光纤通信的基本原理是什么？光纤通信有哪些优缺点？

5. 循环冗余校验(CRC)码的基本思路是什么？具体生成 CRC 码的算法步骤是什么？

第 3 章

计算机网络体系结构

3.1 计算机网络体系结构的基本概念

计算机网络协议与计算机网络体系结构是计算机网络技术中两个非常重要的基本概念。本章首先通过举例介绍与网络协议和网络体系结构相关的几个基本概念；接着介绍和分析 OSI 参考模型与 TCP/IP 参考模型及其各层的主要功能；最后，给出对 OSI 参考模型与 TCP/IP 参考模型的评价以及对这两种参考模型的对比分析。本章的内容是本书的重点，其中所介绍的基本概念将贯穿全书，也是学习计算机网络的核心所在。

3.1.1 层次

现代计算机网络是一个极其复杂的大型系统，包含许许多多的组成要素，如种类繁多的网络应用程序与各种网络协议、各种不同类型的终端系统、终端系统之间以及终端系统与路由器之间的各种连接方式、各种类型链路级的传输介质等。面对这样一个极度复杂的庞大系统，如何有效地组织其体系结构成为计算机网络设计的一个重要问题。

在现代计算机网络的设计中，为了降低计算机网络设计的复杂度，大多数计算机网络往往被分解为由多个层次(layer)或级别(level)组成的多层堆栈结构，计算机网络的每一层都是建立在其下一层的基础之上的。对于不同的计算机网络而言，整个多层堆栈结构中层次的总数，每一层的名称、内容和功能都可能不尽相同。但是，无论是哪一种计算机网络，分层结构中每一层的目的都是一样的：一方面向高层提供某种服务，另一方面屏蔽所提供服务的实现细节。从某种意义上讲，计算机网络分层结构中的每一层都可视为一个虚拟机，其功能是向其上一层提供某种服务。计算机网络中的每一层通过以下两种方式向其上层提供服务：① 在本层内部进行某些操作；② 使用该层下面一层提供的服务。

事实上，分层或分级的概念是计算机科学不同领域内十分常见的一种思想方法。在不同的领域对这个概念可能有不同的称谓，如在一些领域称之为信息隐藏、抽象数据类型，而在另一些领域称之为数据封装、面向对象编程等。但是，这些不同的名称背后蕴含着共同的核心思想：某个软件(或硬件)向其用户提供某种服务，但是将其实现该服务的细节(如内部状态和具体算法等)封装和隐藏起来。换言之，用户只需知道该层能够提供什么服务，至于该服务是如何实现的则不必了解。

采用分层结构来分解一个大的复杂系统有利于对该系统进行分析与研究，对大系统复杂度的简化具有很高的实际意义。对一个采用分层体系结构的复杂系统，很容易对某层提供服务的实现方式进行更改。只要该层向其上层提供的服务不变，而且该层使用其下层提供的服务不变,该层本身服务实现方式的改变并不会改变整个系统的功能。值得注意的是,改变某服务的实现方式与改变某服务是截然不同的两个概念。

层次结构体现了人们处理复杂问题时的一种基本思想方法,即"分而治之"(divide and conquer)的方法,将一个规模较大、比较难处理的问题分解成多个规模小、易处理的小问题,然后各个击破,最后通过综合这些小问题的解得到原始问题的解。

3.1.2　协议

有了层次的概念,还需要进一步了解什么是协议(protocol)。协议是指通信双方对于如何进行通信所做的约定。当一台计算机上的第 n 层与另一台计算机上的第 n 层进行交流时,该通信过程中所使用的规则与约定统称为"第 n 层协议"。事实上,"protocol"一词含有"礼仪"和"外交礼仪"的意思。例如,在某社交场合,当一位女士被介绍给一位男士的时候,这位女士可能选择伸出手来,接下来,这位男士会根据她的身份和当时的场合选择不同的礼仪。如果该女士是一位美国律师,而当时的场合是一次商务会谈,那么这位男士可能会选择握手礼。如果该女士是欧洲某个国家的公主,而当时的场合是一次正式的社交舞会,那么这位男士可能会选择吻手礼。如果不遵循相应的"礼仪"(或者协议),双方的交流将会变得非常困难,有时甚至会严重阻碍双方的正常交流。

为了深入了解什么是计算机网络协议,我们首先举一个日常生活中使用协议的例子。在日常生活中,人们经常使用各种协议,如向别人询问时间这一过程中所使用的协议如图 3.1(a)所示。首先,甲向乙打招呼说"你好",主动发起一次会话交流。接着,乙向甲回答"你好",表明乙有意进行进一步的交谈,甲据此判断可以进一步询问当前时间。接下来,甲乙双方通过两次会话,询问和回答当前的时间信息。如果乙没有向甲回答"你好"(如语言不通,或者明确表明不愿继续交流),那么甲只有放弃询问。值得注意的是,在这个人类日常活动协议的例子中,协议既包括通信双方发送的具体消息,还包含在接收到特定的应答消息或遇到其他事件之后相应的行为动作。清晰准确地发送和接收消息,在发出或接收到消息之后采取特定的行为动作,当其他事件发生之后采取某些相应的行为动作是人类日常活动协议的重要组成部分。

计算机网络协议与上述的人类日常活动协议很相似,只不过在计算机网络协议中相互交流消息和完成某种操作的实体是计算机网络中的硬件或软件。在计算机网络中,所有包括两个或更多个远程通信实体的活动都是通过网络协议控制的,如路由器中的路由协议决定数据包从源结点到目的结点的传输路径、两台物理上连接在一起的计算机网卡通过硬件实现的协议控制着两台计算机之间线路上的比特流、拥塞控制协议控制着发送方与接收方之间数据包的传输速率。事实上,在计算机网络中处处可以遇到各种各样的网络协议,计算机网络协议是本章同时也是本书的一个重点内容。

对比人类日常生活中询问时间过程所使用的协议,举一个大家都比较熟悉的计算机网络协议的例子:通过计算机浏览网页的过程。人们在 Web 浏览器的地址栏中输入所要访问网页的网址 URL,这意味着向某 Web 服务器发出访问请求,在这一过程中产生了哪些消息,伴随着哪些行为动作呢?在这一过程所使用的协议如图 3.1(b)所示。首先,用户上网使用的客户机向所要访问的 Web 服务器发送一条"连接请求"消息,随后转入等待状态,等待 Web 服务器的应答。接下来,Web 服务器在收到"连接请求"消息之后,向客户机返回一条"连接应答"消息。客户机在收到此"连接应答"消息之后，得知 Web 服务器已经同意访问其上的 Web 文档。接下来，客户机向 Web 服务器发送一条"GET"消息，其中指明要从 Web 服务器上得到的网页的名称。最后，Web 服务器将用户所要访问的网页文档内容发送给用户的客户机。

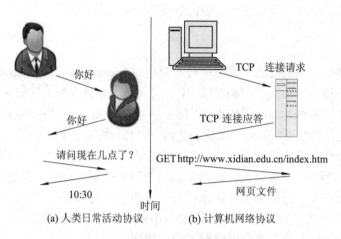

图 3.1　人类日常活动协议与计算机网络协议举例

　　通过图 3.1 中所示的两个协议的例子可以看出，定义"协议"这个概念的两个关键要素分别是：① 通信实体之间的消息传递；② 伴随消息发送和接收所产生的行为动作。以此为基础，可以给出协议较为正式的定义：协议规定了参与通信活动的双方或多方实体所交换的消息格式和时间顺序，并且指明通信实体在发送和(或)接收到一条消息或者当某种事件发生之后所采取的行为动作。

　　计算机网络，如 Internet，使用了大量的协议。不同的协议具有不同的功能，负责完成不同的通信任务。随着本书内容的不断展开，读者会发现有些协议简单明了，而有些协议非常复杂深奥。从某种程度上讲，学习和掌握计算机网络技术的过程实际上也是学习和了解各种计算机网络协议的过程。

3.1.3　接口

　　在了解了网络层次结构和网络协议的基本概念之后，这里给出一个含有五个层次的计算机网络体系结构，如图 3.2 所示。计算机网络的通信过程在一台主机内沿垂直方向划分为五个层次，通信双方(主机 A 和主机 B)的层次划分完全相同。把不同计算机上组成对应的相同层次的实体称为对等实体(peer)。对等实体既可以是软件进程，也可以是硬件设备，甚至还可以是人。换言之，计算机网络通信本质上是网络中的对等实体在利用相应的网络协议进行交流，如图 3.2 中水平方向的虚线箭头所示。

　　在实际的网络通信中，数据并不是直接从一台计算机的第 n 层传输给另一台计算机的第 n 层，而是从发送数据的主机开始，每一层将所需发送的数据及相应的控制信息传递给紧邻的下一层，依此类推，直至整个体系结构的最底层。从图 3.2 中可以看出，整个计算机网络通信体系结构的最底层是物理传输介质，真正的传输数据是通过这一层完成的。在计算机网络通信过程中，数据实际的传输线路对应于图 3.2 中所示的垂直方向的实线箭头。

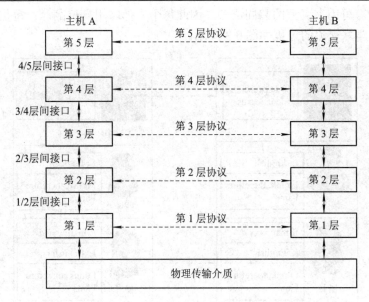

图 3.2　计算机网络层次、协议和接口

在同一计算机内的相邻两层之间是接口(interface)。接口定义了下一层能够给上一层提供服务的内容，并且定义了这些服务的实现途径。计算机网络设计者在决定一个计算机网络体系结构中应该包含多少层以及每一层应该实现哪些功能的时候，最重要的考虑因素之一就是在层与层之间定义清晰的接口。要做到这一点，需要明确每一层应该完成哪些特定的功能。在计算机网络的设计中，层与层之间所需传递的信息应该越少越好。清晰明确的层间接口使得层的替换更加简单，用一个使用完全不同的协议或者实现方式的层去替换原来的层，只要新的层对其上层提供的服务与被替换层对其上层提供的服务完全相同即可。在现实的计算机网络中，不同的主机常常可能使用同一网络协议的不同实现版本，这些不同的实现版本分别由不同的网络公司编写。事实上，某些层中的某些网络协议也可以改变，只要这一改变不影响该层向其紧邻上层提供的服务以及使用其紧邻下层提供的服务即可，有时上层和下层甚至不会发觉该协议的改变。

3.1.4　网络体系结构

通常把计算机网络层次结构模型、各层的网络协议以及层与层之间的接口这个大的集合统称为计算机网络体系结构(network architecture)。一个计算机网络体系结构的说明必须包含足够的信息，使网络实现者能够据此写出每一层相应的软件或构建出相应的硬件，从而使每一层都能遵循该层相关的网络协议。但是，软硬件实现的细节以及层间接口的详细说明规范并不属于计算机网络体系结构的一部分，因为这些实现细节都隐藏于计算机内部，从外部是看不到的。只要网络中的计算机都能够正确使用所有的网络协议，网络接口并不需要完全一样。在某个计算机网络系统中所使用的所有网络协议(每层一个网络协议)称为协议栈(protocol stack)。

为了更好地理解多层网络体系结构中的通信过程，下面举一个两个哲学家交流的例子。假设其中的一个哲学家(哲学家 A)只会讲法语，另一个哲学家(哲学家 B)只会讲中文。由于两位哲学家没有可用来交流的共同语言，因此每个人都聘用一位翻译，每位翻译聘用一位秘书。两个哲学家交流的过程如图 3.3 所示。

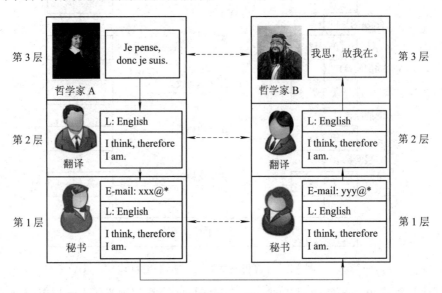

图 3.3 采用分层结构的哲学家交流过程

哲学家 A 想向远方的哲学家 B 传达"我思，故我在。"这样一个消息，由于哲学家 A 只会讲法语，因此消息的原始文本为"Je pense, donc je suis."。哲学家 A 通过第 3 层与第 2 层之间的接口将"Je pense, donc je suis."消息传递给处于第 2 层的翻译。为了能够成功地进行通信交流，哲学家 A 的翻译和哲学家 B 的翻译事先约定好使用同一种双方都认识的中间语言，此例中为英语。因此，在第 2 层，原始文本"Je pense, donc je suis."被译为英文版的"I think, therefore I am."。我们在前面介绍过，为了成功地进行通信而必须遵循的约定与规则就是协议，显然，"使用英语作为双方翻译共同采纳的中间语言"就是该过程中第 2 层的协议。事实上，采用何种语言作为中间语言完全是第 2 层的对等实体之间的事情，其上层(第 3 层)和下层(第 1 层)并不需要了解这一协议的具体实现细节。

在第 2 层的处理结束之后，翻译将该消息依次向下传递给哲学家 A 一方的秘书，接下来由秘书将消息发送给对方。这里有两点值得注意。首先，翻译交给秘书的数据已经不同于哲学家 A 交给翻译的数据。在原始消息数据之前加上了一些附加信息"L: English"，其含义是指明双方第 2 层对等实体之间约定采用的中间语言为英语。这一信息叫做头信息(header)，用来表达该层协议所需的附加信息。其次，双方秘书采用何种具体方式发送和接收消息文本完全是第 1 层对等实体之间的约定与规则，即第 1 层协议。例如，双方的秘书既可以通过电子邮件发送和接收消息，也可以通过传真发送和接收消息，或者采用其他的传输方式，第 2 层的实体并不需要知道这些第 1 层协议的实现细节。

当消息到达哲学家 B 一方的秘书后，秘书将其交给本方的翻译，翻译将消息从英文翻译成中文，之后通过第 2 层与第 3 层之间的接口将其交给哲学家 B，至此完成了一次完整的通信过程。

在图 3.3 所示的通信过程中，通信分为虚拟通信和实际通信两种。虚拟通信表示对等实体之间概念上的交流，用虚线表示；实际通信表示通信一方内部不同层之间进行的数据流动，用实线表示。

图 3.3 仅给出了分层体系结构中数据传输的基本概念与大致流程。接下来，我们深入分析在分层计算机网络体系结构中数据传输的具体过程，重点关注不同层次的协议数据单元(Protocol Data Unit，PDU)的变化情况。PDU 是指计算机网络体系结构中每个层次的对等层实体之间传递信息的单位，PDU 中既可以包含控制信息(如地址信息)，也可以包含用户数据。以图 3.2 所示的五层计算机网络体系结构为例，通过分析该网络数据传输过程中不同层次 PDU 的变化情况，详细说明分层计算机网络体系结构中数据传输的具体过程，如图 3.4 所示。

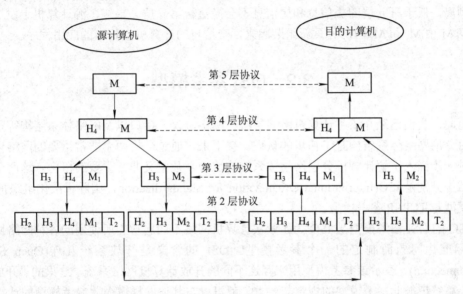

图 3.4　分层计算机网络体系结构中数据传输的具体过程

如图 3.4 所示，假设运行在源计算机最高层(第 5 层)上的某个应用程序产生了一条消息 M，此消息即为该网络的第 5 层 PDU，一般记为 5-PDU。如同程序设计语言里的数据结构或数据库中的记录里包含不同的数据域一样，消息 M 本身可能包含许多不同的数据域，而消息 M 内的这些数据域的定义和解释完全由产生和使用此消息的相关应用程序来完成。消息 M 内这些数据域可能有多种功能和用途，如既可以包含数据发送方身份标识信息，也可以包含表示该消息类型的类别代码，或者是其他的一些附加信息。

在源计算机一端，第 5 层将消息 M 作为一个整体全部传递给处于协议栈下一层次的第 4 层。第 4 层在消息 M 之前附加上一段本层的头信息(H_4)，然后将其作为一个整体(原消息 M 以及头信息 H_4)传递给处于协议栈下一层次的第 3 层。头信息中包含控制信息，如地址等，使目的计算机上的第 4 层能够据此将该消息发送给正确的接收者。不同层次中头信息往往可以包含不同的控制信息，如序列号、消息大小和时间等。

在许多网络中，对于在第 4 层协议中所传输消息的大小没有限制，但是往往都对第 3 层协议中所传输消息的大小进行了限制。因此，数据在从第 4 层传递给第 3 层时，受到本层协议对消息大小的限制，第 3 层必须将收到的消息拆分成更小的单元(称为分组)，并在每个分组之前附加一段第 3 层协议头信息(H_3)。第 3 层协议头信息是源计算机和目的计算机双方的第 3 层对等实体之间为了实现第 3 层协议所需的附加控制信息。在图 3.4 中，消息 M 被拆分成 M_1 和 M_2 两部分，分别独立进行传输。换言之，第 4 层的一个 4-PDU 在第 3 层中分解为两个 3-PDU。

依此类推，第 3 层将含有 M_1 和 M_2 的两个 3-PDU 向下传递给协议栈下一层次的第 2 层。第 2 层不仅给接收到的每个 3-PDU 附加一段第 2 层协议的头信息 H_2，而且还在尾部附加一段第 2 层协议的尾信息(trailer)，标记为 T_2。之后，第 2 层将结果数据交给第 1 层。在计算机网络体系结构中，第 1 层是物理层，负责对数据进行物理传输。

数据到达目的计算机之后，数据逐层向上传递。在层层上移的过程中头信息和尾信息逐层剥离，低于第 n 层的头信息和尾信息不会提交给第 n 层。最终，源计算机上发送的原始消息 M 由 M_1 和 M_2 两部分重新组装起来，交给目的计算机上相应的应用程序。

3.2　OSI 参考模型

至此，我们已经介绍了计算机网络层次、网络协议、接口以及网络体系结构等基本概念，对分层网络体系结构有了初步的认识。接下来，通过分析两个非常重要的网络体系结构来进一步深入了解计算机分层网络体系结构这一复杂但又非常重要的概念。这两个网络体系结构分别是 ISO(International Organization for Standardization，国际标准化组织)的 OSI 参考模型与 TCP/IP 参考模型。

ISO 的 OSI 参考模型是 ISO 为了解决计算机网络不同层次中所使用的各种网络协议的国际标准化问题而制定的一个参考模型。OSI 的含义是开放系统互连(Open System Interconnection)，表示该参考模型用来互连不同的开放计算机网络系统。这里的"开放"是指只要系统遵循此参考模型的规定与要求，就可以与其他同样遵循此参考模型的计算机网络系统进行通信交流。ISO 的 OSI 参考模型通常也简称为 OSI 模型，其结构如图 3.5 所示。

OSI 参考模型将一个通信系统中最具代表性与标准化的功能以抽象层次的形式描述出来。在参考模型中，一些相似的通信功能被归于同一个逻辑层次中。系统中的每一层向其上层提供服务，同时使用其下层提供的服务。

如图 3.5 所示，OSI 参考模型共分为七层，由低到高分别是：第 1 层物理层(physical layer)、第 2 层数据链路层(data link layer)、第 3 层网络层(network layer)、第 4 层传输层(transport layer)、第 5 层会话层(session layer)、第 6 层表示层(presentation layer)和第 7 层应用层(application layer)。在划分 OSI 参考模型的层次时，设计者主要是基于对以下几个基本原则的考虑：

(1) 参考模型中的每一层应该完成一个意义明确的功能，此功能具有明晰的定义。

(2) 当需要不同的系统功能抽象时，应该新建一层。

(3) 参考模型每一层的功能选择应该着眼于是否有利于定义国际标准化的协议。

(4) 层与层的边界的选择应着眼于使通过层间接口的信息流最小。

(5) 参考模型中层数的确定应该遵循以下原则：首先，层数不宜太少，以防每一层的内容过多，从而导致整个参考模型的结构过于复杂和庞大；其次，层数要足够大，不要使明显不同的功能受层数限制挤在同一层内。

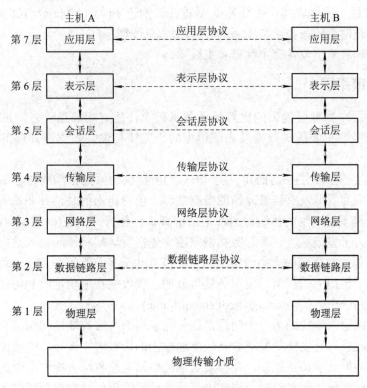

图 3.5　OSI 参考模型的结构

3.2.1　物理层

在物理层，数据传输的单位是比特。物理层关注的是如何在一个通信信道上传输原始的比特流。物理层设计的主要问题是如何确保当通信的一方发出的数据是 "1" 时，通信的另一方收到的数据就是 "1"，而不会收到 "0"。物理层主要针对网络通信设备在机械、电气、过程以及物理传输介质等方面的接口特性做出了规定。在机械特性方面，物理层规定了网络连接设备的规格尺寸、引脚数量与排列情况，如一个网络连接设备有多少引脚，每个引脚的功能等。在电气特性方面，物理层规定了信号电平的大小、阻抗匹配、传输速率、距离限制等，如在物理传输介质上采用何种电信号来表示 "1" 和 "0"，每一比特持续多少纳秒等。在过程特性方面，物理层规定了在通信信道上传输比特流的操作规程与动作顺序，如是否支持双向同时数据传输，初始连接如何建立，数据传输完成之后数据连接如何拆除等。

物理层的主要功能是为数据端设备提供传输数据的通路。这里的数据通路既可以是单个物理传输介质，也可以由多个物理传输介质组成。一次完整的数据传输过程包括建立连接、传输数据与拆除连接三部分。在传输数据过程中，物理层要形成适合数据传输所需要的实体，为数据传输服务：一要保证数据能在数据连接上正确通过；二要提供足够的带宽，以减少信道拥塞。传输数据的方式应能满足点到点、一点到多点、串行或并行、半双工或全双工、同步或异步传输的需要。

除上述功能之外，物理层还负责管理网卡与网络之间的硬件接口，包括数据传输线缆的类型(如双绞线、同轴电缆、光纤等)、数据传输的速率(如 10 Mb/s、100 Mb/s 等)、电信号的电压值以及网络的拓扑结构(如星型、环型、总线型等)。

常见的物理层网络设备有中继器和集线器。

3.2.2　数据链路层

数据链路层在物理层提供的比特流服务基础上，建立相邻结点之间的数据链路，通过相应的差错控制机制提供数据帧在信道上的无差错传输。数据链路层的数据传输单位为帧(frame)。

数据链路层的主要任务是把其下层(物理层)所提供的原始粗糙的传输线路经过加工处理，将其改变成为看似没有传输差错的数据线路。值得指出的是，并非没有错误产生，而是数据链路层将下层产生的传输差错在本层屏蔽掉，使得其上层(网络层)看不到这些低层的传输差错。为了完成这一任务，数据链路层首先在发送端将原始输入数据拆分成数据帧(data frame)，每个数据帧的大小通常为几百字节到几千字节不等。之后，将这些数据帧顺序发送。如果下层提供的数据传输服务是可靠的，接收端在成功地收到每个数据帧之后都会向发送端返回一个确认帧(acknowledgement frame)。

在数据链路层须解决的另一个问题是如何在发送端与接收端之间保持合理的数据传输速度，避免出现发送速度快的发送者将接收速度慢的接收者"淹死"的现象。因此，必须研究某种网络数据流量调控机制，使得发送端能够知道接收端所能够承受的数据接收速度的情况。这个问题称为流量控制。事实上，流量控制不仅仅是数据链路层才有的问题，在数据链路层之上的大多数层次都面临流量控制的问题。

对于广播式网络，数据链路层还面临另一个问题：如何控制对系统中共享通信信道的访问权。通常，在数据链路层内专门有一个介质访问控制(Medium Access Control，MAC)子层来解决这个问题。

换言之，数据链路层在不可靠的物理介质上提供可靠的传输，该层的主要作用包括物理地址寻址、数据的成帧、流量控制、数据的检错与重传等。数据链路层的主要功能是为其上层(网络层)提供数据传输服务，这种服务依靠数据链路层所具备的诸多功能来实现。首先，数据链路层负责链路连接的建立与拆除；其次，由于数据链路层的数据传输单元是帧，而不同网络协议的帧长度与接口各不相同，因此必须对帧进行定界，数据链路层负责帧定界与帧同步处理；再次，数据链路层还负责数据帧的顺序控制，控制数据帧发送与接收的顺序；最后，数据链路层负责数据传输过程中的差错检测与恢复，以及链路标识、流量控制等工作。

常见的数据链路层网络设备有网桥和交换机。

3.2.3　网络层

网络层关注数据在网络中传输所使用的路径。在计算机网络中进行通信的两个计算机之间可能会经过多条数据链路，也可能经过多个通信子网。网络层的任务就是选择合适的网间路由与交换结点，确保数据及时传输。网络层负责提供将变长数据序列从一个网络中的源主机传送到位于不同网络内的目的主机上所需的功能性与过程性方法，并且在数据传输的过程中保证其上层(传输层)所提出的服务质量要求。

网络层负责控制通信子网的运作,其主要问题是数据包(packet)从源结点到目的结点采用什么路径,即路由选择问题。路由选择的策略有多种。首先,路由选择可以是高度静态的,如可以基于固化到网络硬件当中的静态路由表来实现。但是,这种路由选择策略对网络路由状态极少更新,不能及时准确地反映网络的真实路由状态。其次,路由选择的方法可以是介于静态和动态之间的某种方式,如可以在通信双方每次会话开始的时候进行路由选择。典型的例子是用终端机远程登录到某台主机上时,在远程登录过程开始时进行一次路由选择,在本次远程访问过程持续期间不必再做进一步的路由选择。最后,路由选择也可以通过高度动态的方式来实现,如以每一个数据包为对象进行路由选择,这样做固然能够及时反映当前的网络负载情况,但是算法的效率势必要受到一定的影响。

除了路由选择问题之外,网络层的另外一个主要功能是拥塞控制(congestion control)。如果同时存在于通信子网内的数据包过多时,这些数据包有可能会相互阻塞,构成系统传输的瓶颈(bottleneck)。处理和解决通信子网中的拥塞问题也是网络层的责任。此外,诸如延迟、传输时间、抖动等服务质量指标都是网络层要考虑的问题。

对于异构网络(heterogeneous networks),当一个数据包从一个网络的源结点传输到处于另一个异构网络中的目的结点时,网络层还必须处理许多问题。例如,目的结点所在网络的网络寻址方式可能与源结点所在网络的寻址方式不同,目的结点也可能因为数据包大小问题而拒绝接收源结点发来的数据包,两个网络采用的协议不同,等等。为了能够使异构网络互联互通,网络层必须解决所有类似的问题。

显然,对于广播式网络而言,路由选择问题就变得非常简单,因为广播式网络的网络层往往非常单薄,有时甚至不存在网络层。

路由器是典型的工作在网络层的网络设备,数据通过路由器的层层转发可以传送到全球范围内 Internet 上的任何一台计算机。

3.2.4　传输层

传输层是两台计算机经过网络进行数据通信时第一个真正的端到端(end-to-end)的层次,它将数据从源端移动到目的端。换言之,源计算机上的一个应用程序通过一系列的消息头信息以及控制信息与目的计算机上的另一个类似应用程序进行对话交流。在传输层之下的低三层中,每一层的协议都只局限于该计算机与其紧邻的计算机之间的通信,而不是针对源计算机与目的计算机之间的通信,这是因为源计算机与目的计算机之间可能是由若干个路由器分隔开的。传输层是介于低三层通信子网系统与高三层通信子网系统之间的一层,同时也是很重要的一层,因为它是从源结点到目的结点进行数据传输控制的最后一层。

传输层的基本功能是从其上层(会话层)接收数据,如果这些数据太大,它会将这些数据分割成更小的单元,然后将这些分割后的数据单元传递给其下层(网络层),并且采取一定的措施与方法确保所有的数据单元都能正确地到达目的端。在完成上述功能时,一要注意实现的效率,二要能够将底层硬件随时间变化而产生的实现细节的变化对其上各层屏蔽掉。

当传输层的下一层(网络层)所提供的服务质量较低时,传输层需将服务质量提高,以满足高层的服务质量要求;反之,当网络层能够提供较高的服务质量时,传输层只需做很少的工作。从这个意义上来说，传输层具有服务质量缓冲的作用。传输层还可进行复用，即在一个网络连接上创建多个逻辑连接。

传输层决定了向其上层(会话层)所提供服务的类型，从而也决定了最终向网络用户所提供服务的类型。最流行的传输连接类型是无差错的点到点(point-to-point)通信信道，这种信道能够以原始发送顺序传输数据。事实上，完全无差错的信道是不存在的，通常所说的"无差错信道"仅仅是指信道的出错率非常小，小到在实际应用中可以忽略的程度。此外，现实中还存在多种其他的传输服务。例如，将大的原始数据分割成多个小的数据消息分别发送，在发送过程中并不保证每个数据消息的传输顺序。再如，将一条消息广播发送给多个目的结点。选择何种传输服务类型需要在数据传输连接建立的时候确定下来。

现有的各种通信子网在性能上存在着相当大的差异，如电话交换网、分组交换网、公用数据交换网、局域网等通信子网虽然都可互联互通，但是所提供的传输速率、数据延迟、吞吐量以及通信费用等指标各不相同，甚至差异很大。对于传输层的上层(会话层)来说，却要求具有一个相对恒定的性能接口。传输层承担了这一功能，它采用分段/合并、复用/解复用等技术来调节和屏蔽上述不同通信子网之间的差异，使会话层感受不到低层通信子网性能等方面的差异。

3.2.5　会话层

顾名思义，会话层允许不同计算机上的用户彼此之间建立会话过程。像传输层一样，一次会话可以用来进行普通的数据传输。会话层的特点(或者会话层与传输层的区别)在于通过会话可以提供多种功能更强的服务，这些服务对于实现某些应用非常有用。

第一，可以通过会话提供对话控制(dialog control)服务，即在通信双方的对话过程中记录和维持双方数据传递的先后顺序。

第二，可以通过会话提供令牌管理(token management)服务，防止通信双方同时进行某种临界操作。某些网络协议要求通信双方不许同时进行某些相同的操作，因为这些操作可能会使用某些相同的临界资源。为了解决这一问题，会话层提供了令牌这一机制。通信双方可以相互交换令牌，但是只有持有令牌的一方才能够进行某种操作。

第三，可以通过会话提供同步(synchronization)服务，在大块数据传输中如果遇到故障可以记录断点以便在稍后的错误恢复过程中只从上次故障点进行重传。例如，在两台计算机之间进行文件传输，假设整个传输过程需要 50 分钟，而系统的平均故障时间间隔为 30 分钟。当文件传输进行过半的时候，系统出现故障，本次文件传输被迫放弃。问题是，当下次重新从头开始文件传输时，同样的情况又会再次发生，即当文件传输进行过半时系统出现故障，本次文件传输再次被迫放弃。为了解决这一问题，可以利用会话层提供的会话机制在文件传输的数据流中插入一些断点，这样一来，每次出现故障之后，只需将上次断点之后传输的数据进行重传即可。

会话层不参与具体的数据传输，其意义在于提供包括访问验证与会话管理在内的建立和维护应用之间通信的会话机制。有了基于会话的服务作为基础，许多网络应用很容易实现。例如，一台计算机登录到远程的分时系统，以及在两台计算机之间进行文件传输都是典型的基于会话的网络应用。另外，日常生活中常见的服务器验证用户登录的过程就是由会话层完成的。

3.2.6　表示层

OSI 参考模型的第一层到第五层都只是关注如何将比特流可靠地从一个结点传送到另一个结点。数据对于这些层而言仅仅是由"0""1"构成的比特流，至于这些数据的构成语法是什么、代表什么含义，这些层并不关心。表示层关注的是所传信息的语法与语义。

大多数用户程序并不是互相交换一些毫无意义的二进制比特流。用户程序往往交换的是一些诸如姓名、年龄、日期、金额等有一定格式与明确含义的信息。这些数据项通常由字符串、整数、浮点数以及由简单数据类型复合而成的数据结构表示。但是，不同的计算机对于字符串与整数等数据类型往往有不同的内部编码方法。为了使采用不同内部数据表示方法的计算机能够相互通信，可以用一种抽象的方式定义计算机之间交换的数据结构，同时附上一个标准的编码方案。表示层的功能就是管理这些抽象的数据结构，并且负责计算机内部所使用的数据表示方法与网络标准表示方法之间的格式转换。

3.2.7　应用层

应用层是 OSI 七层参考模型中最靠近用户的一层，这意味着 OSI 的应用层和用户都与软件应用程序直接进行交互。应用层直接与实现了某种通信构件的软件应用程序进行交互。但从严格意义上讲，这些应用程序本身已经超出了 OSI 参考模型的范围。应用层的功能通常包括三个方面：标识通信伙伴、判断资源的可用性与通信同步。标识通信伙伴是指应用层确定数据发送方应用程序的通信伙伴身份信息及其可用性。在判断资源可用性时，应用层必须确定当前是否具有足够的满足通信所需的网络资源。在进行通信同步时，应用层负责管理不同应用之间的合作与协调。

应用层是操作系统或网络应用程序提供访问网络服务的接口，应用层包含了各种各样的用户常用网络协议。事实上，现实生活中使用最广泛的应用层协议就是超文本传输协议(HyperText Transfer Protocol，HTTP)，该协议是万维网(World Wide Web，WWW)的基础与核心。首先，当要浏览某一网页时，需向浏览器的地址栏内输入网址；然后，浏览器将所要访问网页的名称通过 HTTP 协议发送给包含该网页的服务器；最后，服务器将该网页发送给用户所在的浏览器。

为了解决各种不同终端类型不兼容的问题，可以定义一个网络虚拟终端，每种不同类型的终端都以软件的形式在网络虚拟终端与真正的终端之间进行功能映射，这种虚拟终端软件就是典型的应用层软件。

文件传输也属于应用层，不同的文件系统往往具有不同的文件命名规则、不同的文本行表示方法。因此，在两个不同的文件系统之间进行文件传输需要解决诸如此类的不兼容性问题。该文件传输工作就是典型的应用层功能。此外，日常生活中常用的电子邮件也是典型的应用层的应用。

3.2.8　OSI 参考模型中的数据传输过程

图 3.6 描述了 OSI 参考模型中数据传输的过程。

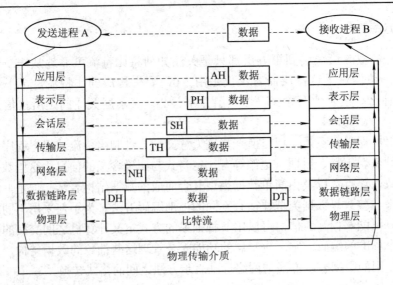

图 3.6　OSI 参考模型中数据传输的过程

发送进程 A 要给接收进程 B 发送一些数据。首先，发送进程 A 将数据交给发送端的应用层。应用层在原始数据之前加上本层协议头信息，在图 3.6 中用 AH(Application Header) 表示，组成应用层的协议数据单元，然后将其向下传递给表示层。

表示层在接收到这个数据单元后，同样在数据之前加上本层的协议头信息 PH(Presentation Header)，组成表示层的协议数据单元，再将其向下传递给会话层。依此类推，数据传送到传输层。值得注意的是，表示层在接收到应用层传来的数据时，并不知道哪一部分是 AH，哪一部分是真正的用户数据。

传输层接收到这个数据单元后，在数据之前加上本层的协议头信息 TH(Transport Header)，构成传输层的协议数据单元。传输层的协议数据单元通常称为报文(message)。

当传输层的报文传送到网络层时，由于网络层对数据单元的长度有限制，长报文会被分成多个较短的数据段，每个数据段之前加上网络层的协议头信息 NH(Network Header)，构成网络层的协议数据单元。网络层的协议数据单元通常称为数据包或者分组(packet)。

当网络层的数据包传送到数据链路层时，数据链路层在数据包之前加上本层的协议头信息 DH(Data Link Header)，并且在数据包之后加上尾信息 DT(Data Link Trailer)，构成数据链路层的协议数据单元。数据链路层的数据单元称为帧(frame)。

数据链路层的帧传送到物理层后，物理层将这些数据视为"0""1"构成的比特流。物理层通过网络体系结构最底层的物理传输介质将这些数据传输出去。

当比特流到达目的计算机时，从物理层依次上传。每层对该层的协议头信息进行处理与剥离，将用户数据上交给高层，最终将发送进程 A 的原始数据传送给接收进程 B，完成一次完整的 OSI 数据传输过程。

在 OSI 参考模型内数据传输的整个过程中，实际的数据传输过程是一个纵向垂直流动的过程，即图 3.6 中实线所示的数据流动方向。但是，对于 OSI 模型的每一层而言，在概念上似乎是对等层之间的横向水平的交流过程，这种虚拟的数据流动在图 3.6 中用虚线表示。

3.3　TCP/IP 参考模型

　　TCP/IP 参考模型是另一种计算机网络体系结构参考模型。从所有广域网的鼻祖 ARPANET 到其继承者——至今最流行的全球范围的 Internet，都采用 TCP/IP 参考模型。可以说 TCP/IP 参考模型是美国国防部(Department of Defense，DoD)的国防高级研究项目局(Defense Advanced Research Projects Agency，DARPA)从 20 世纪 70 年代早期开始进行的计算机网络研究和开发项目的成果。ARPAnet 是由 DARPA 资助的一个研究性网络，从最初只有四个结点最终发展成为连接了成百上千个高等院校和政府机构的大型网络。最初，网络中的结点通过租用的电话线路进行连接。随着网络技术的进步与网络规模的扩大，不断有卫星通信网络与无线电通信网络加入 ARPAnet。例如，Robert Kahn 在 1972 年加入 DARPA 的信息处理技术办公室之后，就开展了卫星分组网络与地基无线电分组网络的研究工作，并且认识到在多种不同通信网络之间进行互联互通的意义和价值。ARPAnet 原有的协议很难支持这些新型通信网络的互联。为了解决这一问题，需要研究新的网络体系结构参考模型。因此，几乎从 ARPAnet 诞生之初，在多个不同的网络之间进行无缝互联的能力就是人们关注的网络设计主要目标之一。这个诞生于 ARPAnet，成熟于 Internet 的计算机网络体系结构参考模型后来被称为 TCP/IP 参考模型，该名称来自参考模型中两个主要的协议名称——TCP 协议与 IP 协议。

　　由于计算机网络中宝贵的网络资源，如主机、路由器、网关等很有可能在非常短的时间内遭受军事打击而损毁。因此，基于军事安全的考虑，美国国防部在 ARPAnet 项目中另一个主要的网络设计目标是使网络在通信子网遭受打击和损失的情况下，仍然能够保持当前正在进行的通信交流过程。换言之，美国国防部希望通信的双方(源计算机与目的计算机)能够正常运转，即使中间的某些计算机或者传输线路突然发生故障无法正常工作也不会影响通信双方的通信连接。同时，在构想与设计具有各种需求的网络应用时，需要研究与制定一种新的、更灵活的网络参考模型。1973 年春，ARPAnet 中 NCP(Network Control Protocol，网络控制协议)的开发者 Vinton Cerf 加入了 Robert Kahn 的研究工作，一起研究了一个开放的网络互联体系结构模型。他们最初的目标是设计出 ARPAnet 的下一代网络协议体系结构模型。

　　到 1973 年夏初，Robert Kahn 和 Vinton Cerf 已经制定出了新一代网络参考模型的基本框架。在该框架结构中，使用一个公共的网络互联协议来隐藏不同网络协议之间的差异。此外，与原来的 ARPAnet 不同，在新的网络参考模型中不只是网络对数据传输的可靠性负责，主机也要对可靠性负责。从 1973 年到 1974 年，Vinton Cerf 小组研究出了实现该参考模型基本思想的细节，产生了第一个 TCP 规范。之后，DARPA 资助 BBN 公司、斯坦福大学与伦敦大学学院研究和开发了能够在不同的硬件平台上实际运行的协议，总共开发出了四个版本的协议：TCP v1、TCP v2、TCP v3 和 IP v3 以及 TCP/IP v4，其中最后一个版本(TCP/IP v4)直到今天仍在使用。

　　协议制定出来之后，紧跟着是试验与验证工作。1975 年，在斯坦福大学与伦敦大学学院之间进行了两个网络之间的 TCP/IP 通信试验。随后，1977 年 11 月，在美国、英国与挪

威三个国家的三地之间进行了三个网络之间的 TCP/IP 通信试验。从 1978 年到 1983 年，随
着协议的产生与通信试验的进行，多个研究机构也相继开发出了许多其他的 TCP/IP 原型系
统。1983 年 1 月 1 日，随着新的 TCP/IP 协议的永久性启动，ARPAnet 正式完成了其向 TCP/IP
的转变。

　　TCP/IP 参考模型是一个抽象的分层模型，该模型中所有的 TCP/IP 网络协议都被归纳
到四个抽象的层次中。每一抽象层次建立在低一层次所提供服务的基础上，并且为其高层
提供服务。TCP/IP 参考模型共分为四层：链路层(link layer)、互连层(internet layer 或
internetwork layer)、传输层(transport layer)与应用层(application layer)，其层次结构如图 3.7
所示。在图 3.7 中，为了更好地理解 TCP/IP 参考模型与 OSI 参考模型的区别与联系，相应
地画出了对应的 OSI 参考模型各层。从图 3.7 的对比中可以看出，相对于 OSI 参考模型，
TCP/IP 参考模型在层数上有了很大的简化，OSI 参考模型中的表示层、会话层与物理层在
TCP/IP 参考模型中不再出现。可以理解为 OSI 参考模型的高三层(应用层、表示层和会话
层)对应于 TCP/IP 参考模型中的应用层，而 OSI 参考模型的最低两层(物理层和数据链路层)
对应于 TCP/IP 参考模型中的链路层。

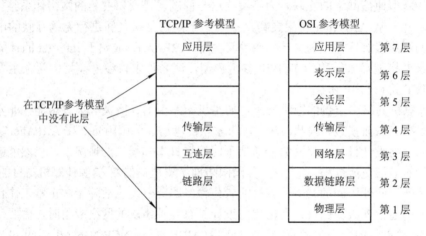

图 3.7　TCP/IP 参考模型

　　下面自底向上逐层介绍 TCP/IP 参考模型每一层的主要功能。

3.3.1　链路层

　　相对于原有的网络体系结构模型，TCP/IP 参考模型的一个显著特点是它是一种跨越不
同网络的基于无连接服务的分组交换网络。链路层是 TCP/IP 参考模型的最底层，描述了数
据链路(如串行线路和典型的以太网)必须怎样做才能满足无连接互连层的需求。

　　链路层的功能是在由同一链路连接的两个不同主机的互连层接口之间传送分组数据。
在给定的链路上发送与接收分组数据的过程既可以由网卡上的设备驱动软件控制，也可以
由硬件或专用的芯片组控制。无论是通过软件还是硬件，链路层都要完成必要的数据链路
功能，如给数据包加上头信息，通过物理传输介质实际传输数据帧等。TCP/IP 参考模型只
是给出了将 IP 协议中的网络层地址转换成数据链路层地址(如 MAC 地址)的规范，对于其
他方面都假定由链路层来实现。由于对链路层并未做出明确定义与规定，因此链路层的实

现具有很大的灵活性与多种可能性。

实际上，链路层并不是严格意义上的一个层次，它只是主机与传输链路之间的一个接口。TCP/IP 参考模型关于这一层言之甚少，只是指出主机与本地网络连接，并且能够通过某种协议向网络中发送 IP 分组。TCP/IP 参考模型的设计目标之一是要网络模型与硬件独立，链路层的宽松规定使得 TCP/IP 协议目前几乎能够实现于任何网络硬件技术平台上。

3.3.2 互连层

在 TCP/IP 参考模型中，互连层是整个网络体系结构的核心，它将模型的四层结构连成一个整体。如图 3.7 所示，TCP/IP 参考模型中的互连层大体上对应于 OSI 参考模型中的网络层。

互连层负责将数据包发送到网络中，使这些数据包各自独立地从源结点传输到目的结点，在这一过程中数据包有可能跨越多个不同的网络。多个数据包分别传输有可能导致它们到达目的结点的顺序与发送时的顺序截然不同。一旦出现这种情况，并且应用层要求是有序传输，高层必须重新排列数据包的顺序。

互连层的核心内容就是在本层定义了一个 IP 协议(Internet Protocol，网际协议)。首先，IP 协议定义了两个地址编码系统，用来对网络中不同的主机进行编址与定位。ARPAnet 与 Internet 使用的是第 4 版的 IP 协议地址系统(IPv4)，IPv4 使用的是 32 位长的 IP 地址，因此可以对大约 40 亿个网络主机进行编址。1998 年 12 月，随着第 6 版 IP 协议地址系统(IPv6)标准的正式发布，这一地址空间的上限被取消了。IPv6 使用 128 位长的 IP 地址，目前 IPv6 正处在不断发展和完善的过程中。现在的 Internet 正在逐渐从 IPv4 向 IPv6 过渡，在不久的将来，IPv6 将取代目前被广泛使用的 IPv4，每个人将拥有更多的 IP 地址。其次，IP 协议主要完成以下两点基本功能：① 主机地址标识。IP 协议通过分层结构的 IP 地址来完成主机的地址标识工作。② 分组路由选择。这是本层的一个基本任务，要将数据分组(数据报)从源结点发送到目的结点，实际上是通过在途中的每一站将分组发送给离最终目的结点更近一些的下一网络结点(路由器)来完成的。

IP 协议提供的仅仅是一种尽力而为(Best Effort，BE)的数据传输服务。在 BE 传输服务中，网络并不对数据是否成功送达做出任何保证，也不对用户提供任何服务质量(或服务优先级)的保证。在提供 BE 服务的网络中，所有用户得到的都是一种尽力而为的服务，这意味着网络速度、传输时间等服务指标无法事先得到任何保证，完全取决于当时的网络负载情况。在传统的邮政系统中，发送平信的过程就是一种典型的 BE 服务。平信的邮递任务并不经过特别的事先规划，邮局并不会为此信的投递预先计划分配任何资源，邮递员尽力去送信，但是如果突然有许多信件同时到达邮局，这封信的投递很有可能要推迟。平信还意味着即使该信没有成功投递到收信人手中，发信人也不会收到邮局的任何通知。

3.3.3 传输层

TCP/IP 参考模型中互连层的上一层是传输层，该层的主要功能是建立主机与主机之间的连接，使得源结点与目的结点的对等通信实体之间能够进行通信交流。TCP/IP 参考模型中传输层的功能与 OSI 参考模型中传输层的功能相似，负责处理数据传输的细节，并不关心用户数据的结构以及信息交换的目的。传输层不仅负责独立于底层网络的端到端的消息传递，还负责差错控制、数据分段、流量控制、拥塞控制与应用编址(通过端口号)等方面的功能。

可以将传输层想象成某种具体的传输机制或设备，如可以将传输层想象成运载车辆，负责将所承载的内容(人员或者货物)安全运达目的地。除非有更高层的协议专门负责数据传输的安全性，否则传输层要对数据传输的安全性负责。

从另一个角度看，可以说传输层提供了一个基本的数据通道，高层的各种应用都需使用这个基本数据通道传输各种各样的应用数据。为了区分同一主机上不同的应用，在传输层使用端口(port)这一概念。端口是一个逻辑结构，其具体实现形式为数字编号，用以根据不同的应用需求标识不同的通信通道。对于多数常用服务而言，服务所对应的端口号事先定义好并形成标准，这样在标识服务器上进行特定服务时可以避免服务公告与服务查询等操作。

在 TCP/IP 参考模型的传输层中设计了以下两种端到端的传输协议：传输控制协议(Transmission Control Protocol，TCP)和用户数据报协议(User Datagram Protocol，UDP)。

TCP 协议是一种可靠的面向连接的协议，它能够将一台计算机上的字节流(byte stream)无差错地传输到网络中任何一台目的计算机。TCP 协议首先在数据发送端将应用层传来的输入字节流拆分成多个数据段，然后将这些离散的数据段传给其下的互连层。在目的结点上，接收端的 TCP 协议进程将接收到的多个数据段还原成输出字节流，并将其交给应用层。此外，TCP 协议还负责通信双方的流量控制，协调收发双方的发送与接收速度，确保不会出现发送速度快的发送方将接收速度慢的接收方"淹死"的现象。

UDP 协议是一种不可靠的无连接协议。像互连层的 IP 协议一样，UDP 协议提供的是一种 BE 服务。UDP 协议通常用于媒体的传输应用，如语音传输、视频传输等，在这类应用中数据到达的时间性要求远比数据传输的准确性更重要。此外，UDP 协议还常用于简单的请求/应答式查询应用，如域名系统(Domain Name System，DNS)查询。在此类应用中建立与维护可靠连接的开销相对于应用的需求过于庞大。

由于传输层定义了上述两种不同的传输协议，相应地，端到端的消息传输以及在传输层进行应用程序的连接也分为两类：通过 TCP 协议实现的面向连接的服务与通过 UDP 协议实现的无连接的服务。具体采用哪一种传输层协议，取决于高层(应用层)应用的具体需求。

3.3.4　应用层

TCI/IP 参考模型没有表示层与会话层，OSI 参考模型的实践表明这两层对于大多数应用而言几乎没有用处。因此，在 TCI/IP 参考模型中，传输层之上直接就是应用层。原来OSI 参考模型中设计的表示层与会话层的功能在 TCI/IP 参考模型中由应用自身根据需要来实现。应用层包含大多数应用进行网络通信所使用的高层协议，如用于文件传输的文件传输协议(File Transfer Protocol，FTP)、用于发送电子邮件的简单邮件传输协议(Simple Mail Transfer Protocol，SMTP)等。常见的应用层协议如表 3.1 所示。每一个应用层协议在传输层一般都会用到 TCP 或 UDP 两种协议之一，而有些应用层协议在传输层可能会使用 TCP与 UDP 两种协议。

表 3.1　常见的应用层协议

协议名称	英文名称	功　能	传输层使用的协议	
			TCP	UDP
超文本传输协议	HyperText Transfer Protocol(HTTP)	WWW 浏览	✓	
文件传输协议	File Transfer Protocol(FTP)	文件传输	✓	
简单邮件传输协议	Simple Mail Transfer Protocol(SMTP)	发电子邮件	✓	
虚拟终端协议	Teletype over the Network(Telnet)	远程登录	✓	
网络时间协议	Network Time Protocol(NTP)	网络同步		✓
域名服务	Domain Name Service(DNS)	域名与地址之间的映射	✓	✓
简单网络管理协议	Simple Network Management Protocol (SNMP)	网络管理		✓
动态主机配置协议	Dynamic Host Configuration Protocol (DHCP)	动态配置 IP 地址		✓

虽然应用层协议往往知道其下层(传输层)所使用连接的主要技术参数，如目的结点的 IP 地址与端口号等，但是应用层协议通常将传输层及其以下各层视为一个能够提供用于通信的稳定网络连接的黑盒(black box)系统。在 TCP/IP 参考模型中，每一层的定义和层与层之间的划分并不是非常清晰和明确的。应用层协议通常用于客户机-服务器模式的应用。对于服务器一方，所提供的服务类型往往与一个公认的端口号相联系。这些常见的服务器应用程序的端口号称为周知端口(well-known port)，由互联网号码分配局(Internet Assigned Numbers Authority，IANA)进行分配。HTTP 协议使用的端口号为 80，Telnet 使用的端口号为 23，SMTP 协议使用的端口号为 25，FTP 协议使用的端口号为 20，传输控制命令使用的端口号是 21。有时客户端往往倾向于使用一些临时的端口号，而客户端在需要使用端口号时从一个指定的端口号区间内临时申请一个随机生成的端口号，使用完毕后随即释放掉。

3.4　OSI 参考模型与 TCP/IP 参考模型

介绍完 OSI 参考模型和 TCP/IP 参考模型之后，接下来分别分析两种参考模型的缺点与不足，对两种参考模型进行评价。通过分析 OSI 参考模型和 TCP/IP 参考模型的共同点与区别，对两种参考模型进行比较。最后，基于对 OSI 参考模型和 TCP/IP 参考模型的对比分析，介绍一种综合了这两种经典参考模型优点的混合参考模型。

3.4.1　对 OSI 参考模型的评价

无论是 OSI 参考模型还是 TCP/IP 参考模型，模型本身与其所包含的协议都并非完美的，已经有研究者对这两种参考模型提出了不少批评意见。

20 世纪 80 年代末，许多计算机网络领域的专家非常看好 OSI 参考模型及其协议族，认为 OSI 参考模型将在不久的将来成为网络体系结构的全球性标准。但是，后来的发展却并非如此。回顾历史，OSI 参考模型未获得成功的原因可以归结为以下几点。

　　(1) OSI 模型标准制定的时机有问题。制定与颁布标准的时间对标准的成功与否至关重要。任何一种新技术出现之后，首先要经历一个理论研究高峰，之后会经历一个商业投资高峰。在理想情况下，这两个高峰之间应该存在一个低谷。根据麻省理工学院的 David Clark 关于标准制定时机的理论，最佳的制定与颁布相关技术标准的时机应该是在理论研究高峰与商业投资高峰之间的低谷时期。如果过早地制定标准，由于此时理论研究还并未完全成熟，匆匆制定与颁布的标准肯定不是好的标准；相反，如果制定标准过晚，由于业界已经在该技术中进行了大量的投资，已经采用各种不同的方法开始了项目的技术实施工作，迟来的标准肯定会被大家忽略并抛弃。如果理论研究与商业投资这两个高峰之间相距过近，标准的制定就会非常仓促，所制定的标准很可能以失败告终。事实上，OSI 参考模型的协议标准就是以失败告终了。在 OSI 标准出台之前，许多高等院校和研究机构就已经在广泛使用 TCP/IP 参考模型的网络协议了。业界很快从中看到巨大的商机，开始推出基于 TCP/IP 协议的网络产品。后来，当 OSI 参考模型标准迟迟出台之后，大家已经不愿再从正在使用的 TCP/IP 参考模型转向支持新的 OSI 参考模型了。因此，OSI 参考模型并未得到真正的推广与应用。

　　(2) OSI 参考模型与协议在技术上存在不足。首先，OSI 七层参考模型层次数量的选择与各层内容的分配不是很合理。例如，表示层与会话层这两层的内容很少使用，几乎是空的，而数据链路层与网络层的内容又过于拥挤。整个参考模型的层次结构不均衡。其次，整个 OSI 参考模型(连同其相关的协议与服务定义)过于庞杂，很难理解。将所有的 OSI 参考模型协议和标准打印出来几乎接近一米高。这样复杂的系统实现起来非常困难，即使能够实现，其运转效率也很低。最后，如寻址、流量控制、差错控制等功能在 OSI 参考模型的每一层中都反复出现，这势必极大地降低整个系统的效率。事实上，为了获得更高的系统效率，像差错控制这样的功能必须在系统最高层进行，在低层重复出现既没必要又会降低系统效率。

　　(3) OSI 参考模型与协议的实现问题。OSI 参考模型与协议本身如此庞大复杂，其实现也难免存在一些问题。事实上，OSI 参考模型最初的实现版本十分庞大和笨重，而且速度很慢，使用者深受其苦，人们很快将"OSI 参考模型"与"质量低劣"联系起来。即使后来的产品随时间的推移有所改善，人们仍然保留了 OSI 参考模型"低质量"的印象。与此形成鲜明对比的是，TCP/IP 参考模型最初是 Berkeley 版 Unix 的一部分，非常好用，同时还是免费的。用户很快投入 TCP/IP 参考模型的阵营，使用者的大量增加促使技术的不断改进，技术的改进又进一步吸引更多的使用者。这样的良性循环最终使 TCP/IP 参考模型战胜了 OSI 参考模型，成为事实上的国际标准。

　　(4) OSI 参考模型的官方背景对标准的推广产生了负面影响。由于 TCP/IP 参考模型的实现最初是以 Berkeley 版 Unix 的一部分推出的，因此许多人(特别是学术界的使用者)将 TCP/IP 参考模型视为 Unix 的一部分，而 Unix 在 20 世纪 80 年代的学术界占有非常重要的地位。可以说 TCP/IP 参考模型和 Unix 的结合形成了良性循环，最终取得了双赢。反观 OSI 参考模型，其背后的官方背景包括欧洲电信部门、欧盟以及后来加入的美国政府，都使人们认为 OSI 参考模型是政府部门的官员将一个技术上很蹩脚的标准强加给那些真正在实际开发计算机网络的研究者和程序员。当然，这样的看法也并非完全正确。但是人们的这一观念对于 ISO 推广 OSI 参考模型并未起到积极的推动作用。OSI 参考模型最终只是成为学术与法律意义上的国际标准,现实生活中被广泛使用的还是 TCP/IP 参考模型。

3.4.2 对 TCP/IP 参考模型的评价

作为最终的赢家,TCP/IP 参考模型与协议也并非完美无瑕,它们也存在自身的一些问题。下面从五个方面分析 TCP/IP 参考模型及其协议的不足之处。

(1) TCP/IP 参考模型没有清晰地区分服务、接口与协议这几个概念。软件工程要求将功能的定义与功能的具体实现区分开来,在这一点上 OSI 参考模型做得非常细致,而 TCP/IP 参考模型做得不好。因此,TCP/IP 参考模型可以说是对已有 TCP/IP 协议族的一个系统归纳与理论概括,对采用新技术设计新型网络并不具有理论上的指导意义。

(2) TCP/IP 参考模型仅适合描述 TCP/IP 协议栈,不是一个通用的参考模型。试图用 TCP/IP 参考模型去描述 TCP/IP 协议栈之外的网络协议是完全不可能的。

(3) 从严格意义上说,链路层并不能算是一个层次,它只是网络与数据链路层之间的一个接口而已。接口与层这两个概念有明显的区别,在这一点上 TCP/IP 参考模型略显草率。

(4) 物理层与数据链路层的划分是必要并且合理的,但是 TCP/IP 参考模型却将这两个具有截然不同功能的层次混在同一层里。物理层关注的是诸如铜导线、光纤以及无线信道等传输介质的物理传输特性;而数据链路层的任务是标识数据帧的起始与结束位置,并且将数据帧以一定的可靠性指标从一个结点传输到另一个结点。合理的网络模型应该将物理层与数据链路层划分成独立的层次。

(5) TCP/IP 参考模型中最核心的两个协议(IP 协议和 TCP 协议)确实是经过精心设计的,其实现也非常好。但是,TCP/IP 协议族中许多其他的协议却并非都是如此精心设计和实现的结果。这些协议往往是由一两个热心于网络开发的研究生集中开发一段时间的产物,协议实现之后立刻作为免费软件发布到网上。由于这些免费协议应用非常广泛,因此很难轻易将其替换掉。如何替换掉那些设计或实现并不完善但又已经深深植根于网络中的协议,成为 TCP/IP 参考模型面临的一个尴尬问题。

3.4.3 OSI 参考模型与 TCP/IP 参考模型的比较

OSI 参考模型与 TCP/IP 参考模型有许多相似的地方。首先,OSI 参考模型与 TCP/IP 参考模型均采用层次结构,按功能划分系统模型的层次,都是基于独立协议栈的概念;其次,OSI 参考模型和 TCP/IP 参考模型对等层的功能大体相似,如两个参考模型中的传输层(及其以上各层)的功能都是为通信进程提供端到端的与网络无关的传输服务,这些层构成整个通信系统的传输服务提供者;最后,在 OSI 参考模型与 TCP/IP 参考模型中,传输层以上的各层都是面向不同具体应用的传输服务的使用者。

OSI 参考模型与 TCP/IP 参考模型也存在以下几个方面的区别。

(1) OSI 参考模型对服务、接口与协议这三个概念给出了非常清晰明确的定义。模型中的每一层向其上层提供某种服务。服务定义标明了该层所做内容,即提供什么服务。但是,服务定义并不涉及上层如何调用该服务以及该层如何实现服务。每一层的接口标明上层进程如何访问该层的服务,如调用服务时使用的参数以及预期的返回结果等。但是,接口不涉及该层如何实现该服务。对等层之间使用什么协议完全由该层本身决定。只要能够完成本层的服务,该层可以使用任何协议,甚至更换协议也不会影响高层软件。而 TCP/IP 参考模型从一开始就没有清晰地区分服务、接口与协议这三个概念。相比之下，OSI 参考模型给出清晰的服务、接口与协议的概念，更符合现代面向对象程序设计(Object-Oriented Programming，OOP)的理念，具有更好的信息隐藏特性，更易于替换。

(2) OSI 参考模型是在相关协议被开发之前设计出来的。这意味着 OSI 参考模型并不是针对某个或某一组特定的协议而设计的，因此它具有较强的通用性。但是，先有模型后有协议也存在一定的问题。由于模型的设计者在设计模型的时候对于具体协议的内容并不十分熟悉，因此对于应该将哪些功能放到哪一层并没有很成熟的想法。与 OSI 参考模型相反，TCP/IP 参考模型是先有协议后有模型。TCP/IP 参考模型实际上只是已有协议的一个理论概括和归纳而已。因此，TCP/IP 协议与 TCP/IP 参考模型十分契合。TCP/IP 参考模型仅适合于 TCP/IP 协议栈，该模型对其他的非 TCP/IP 网络并不适用。换言之，TCP/IP 参考模型的通用性较差。

(3) 两个参考模型的层数不同。OSI 参考模型有七层，而 TCP/IP 参考模型只有四层。两个模型共有的层次是应用层、传输层与网络层(互连层)。除了这三层之外，两个模型其他的层次各不相同。

(4) 两个参考模型在提供面向连接(connection-oriented)通信和无连接(connectionless)通信方面有所不同。OSI 参考模型在网络层中既提供面向连接通信又提供无连接通信，而在传输层只提供面向连接通信；与之相对，TCP/IP 参考模型在网络层中仅提供无连接通信，而在传输层既提供面向连接通信(TCP 协议)又提供无连接通信(UDP 协议)。

3.4.4　混合参考模型

OSI 参考模型的优点在于其模型本身，OSI 参考模型提出的服务、接口和协议等基本概念以及网络体系结构框架对于研究和分析计算机网络具有非常重要的理论意义。与之相对，TCP/IP 参考模型的优点在于它所包含的那些网络协议。长期以来，TCP/IP 参考模型的众多网络协议已经被众多计算机网络用户广泛使用。

通过前面的分析可以看到，OSI 参考模型和 TCP/IP 参考模型既有各自的优点，也存在一些明显的问题和不足之处。那么，有没有一种既能避免这两种参考模型的缺点，又能吸收和融合其优点的网络参考模型呢？许多计算机网络研究人员对此进行了深入的思考和研究，提出了一些比较好的参考模型。其中，最具有代表性的是计算机网络领域的知名学者 Andrew S. Tanenbaum 所提出的混合参考模型，如图 3.8 所示。该模型包含五个层次，自底向上分别是物理层、链路层、网络层、传输层和应用层。在本书后续的章节中，如无特别说明，我们将使用该参考模型作为讨论网络体系结构的框架。

在图 3.8 所示的混合参考模型中，物理层规定如何在各种不同的传输介质上将比特流作为电信号(或其他模拟信号)进行传输。

链路层解决如何在直接相连的计算机之间以指定的可靠性级别传输有限长度的报文。以太网和 IEEE 802.11 都是典型的链路层协议。

网络层解决如何将多个链路构建成网络，以及如何将多个网络组成网际网络，我们可以通过这些网络向远程计算机发送数据包。网络层的主要任务之一是为数据包的发送寻找合适的路径。IP 协议是典型的网络层协议。

传输层在传输保证方面对网络层提供的数据传输服务进一步加强。传输层通常比网络层所提供的传输服务具有更高的可靠性，从而满足不同应用的各种需求。TCP 协议是典型的传输层协议。

应用层包含了各种使用网络的程序和所有的高层协议，如早期的 Telnet、FTP、SMTP，以及后来逐步加入的其他一些协议，如将主机名映射为物理地址的 DNS，从 WWW 上获取网页的 HTTP，以及用于传输实时语音、图像等多媒体数据的 RTP 协议。

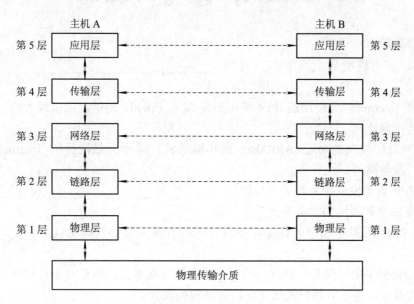

图 3.8　混合参考模型

········· **本 章 小 结** ·········

本章主要讲述了以下内容：

(1) 介绍了网络体系结构的基本概念，包括"分而治之"的基本思想和网络层次、网络协议与网络接口等基本概念。在此基础上，引入网络体系结构的概念，并通过举例详细描述了多层网络体系结构中的通信过程。以不同层次的协议数据单元(PDU)的变化情况为主线，深入分析了分层计算机网络体系结构中数据传输的具体过程。

(2) 介绍了 ISO 的 OSI 七层参考模型，包括 OSI 参考模型的基本概念、结构特点以及该模型的基本设计原则。按照 OSI 参考模型从低到高的顺序分别介绍了物理层、数据链路层、网络层、传输层、会话层、表示层和应用层的基本概念与主要功能。分析了 OSI 七层参考模型中数据传输的过程。

(3) 介绍了 TCP/IP 参考模型。简要介绍了 TCP/IP 参考模型的发展历史，讨论了 TCP/IP 参考模型与 OSI 参考模型各层的对应关系。自底向上逐层介绍了 TCP/IP 参考模型各层的基本概念与主要功能，包括链路层、互连层、传输层与应用层。介绍了 TCP/IP 参考模型关键层次的核心网络协议，包括网络层的 IP 协议、传输层的 TCP 协议与 UDP 协议以及应用层的 FTP 协议和 SMTP 协议等。

(4) 分别讨论了 OSI 参考模型和 TCP/IP 参考模型的缺点与不足。从四个方面归纳总结了 OSI 参考模型在计算机网络发展过程中未获得成功的原因。分析了 TCP/IP 参考模型及其协议的五点不足之处。通过分析 OSI 参考模型和 TCP/IP 参考模型的共同点与区别，对两种参考模型进行了比较。

✦✦✦✦✦✦✦ 习　题　3　✦✦✦✦✦✦✦

一、填空题

1. OSI 参考模型从上到下一共包括_____、_____、_____、_____、_____、_____和_____七层。

2. 目前 Internet 广泛使用的 IPv4 采用的是 32 位长的 IP 地址，可以对大约_____个网络主机进行编址。

3. 从所有广域网的鼻祖 ARPAnet 到其继承者，即今天最流行的 Internet，都采用_____参考模型。

4. TCP/IP 参考模型从上到下一共包括_____、_____、_____和_____四层。

5. 常见的物理层网络设备有_____和_____。

6. 在 TCP/IP 参考模型的传输层中设计了两种端到端的传输协议：_____和_____。

7. IP 协议提供的仅仅是一种_____的数据传输服务，网络并不对数据是否成功送达做出任何保证，也不对用户提供任何服务质量的保证。

8. 现实生活中使用最广泛的应用层协议是_____，该协议是万维网的基础与核心。

9. 在 OSI 七层参考模型中，_____是最靠近用户的一层，该层直接与各种应用程序软件交互。

10. 日常使用的文件传输和电子邮件服务所对应的应用层网络协议分别是_____和_____。

二、单项选择题

1. 在以下网络设备中，属于物理层的网络设备是_____。
A. 路由器　　　　　　B. 网桥　　　　　　C. 集线器　　　　　　D. 网关

2. 以下不属于数据链路层所应完成的功能是_____。
A. 数据检错　　　　　B. 路由选择　　　　C. 流量控制　　　　　D. 数据重传

3. 数据链路层的数据传输单位是_____。
A. 比特　　　　　　　B. 分组　　　　　　C. 数据帧　　　　　　D. 报文

4. 在以下网络设备中，典型的网络层网络设备是_____。
A. 中继器　　　　　　B. 集线器　　　　　C. 网桥　　　　　　　D. 路由器

5. 在以下多种网络协议中，不属于应用层协议的是_____。
A. HTTP　　　　　　B. SMTP　　　　　C. FTP　　　　　　　D. IP

三、判断题

判断下列描述是否正确(正确的在括号中填写 T，错误的在括号中填写 F)。

1. 目前 Internet 广泛使用的 IPv4 使用的是 32 位长的 IP 地址，而 IPv6 使用 128 位长的

IP 地址，在 IPv6 取代 IPv4 之后，IP 地址将扩展到现在 IP 地址容量的四倍。　　　（　　）

2. 物理层关注如何在一个通信信道上传输原始的比特流，该层的数据传输单位是比特。　　　　　　　　　　　　　　　　　　　　　　　　　　　　　　　　　（　　）

3. 网关是典型的网络层设备，数据通过网关的层层转发可以传送到全球 Internet 上的任何一台计算机。　　　　　　　　　　　　　　　　　　　　　　　　　　　　（　　）

4. 网络层在物理层提供的比特流服务的基础上，建立相邻结点之间的数据链路，通过相应的差错控制机制提供数据帧在信道上的无差错传输。　　　　　　　　　　　（　　）

5. OSI 意为"开放系统互连"，这里的"开放"是指只要系统遵循此参考模型的规定和要求，就可以与其他同样遵循此参考模型的计算机网络系统进行通信交流。　　　（　　）

6. TCP 协议是一种不可靠的无连接协议，像互连层的 IP 协议一样，TCP 协议提供的是一种 BE 服务，因此它是不可靠的。　　　　　　　　　　　　　　　　　　　（　　）

四、简答题

1. 什么是网络协议？

2. 什么是网络层次结构中的接口？接口主要完成哪些功能？

3. 简述什么是网络体系结构。

4. 简述 TCP/IP 参考模型传输层中的 TCP 协议与 UDP 协议的主要区别。

5. 简述网络体系结构中"层次"的概念与"分而治之"的思想方法。

五、问答题

1. 在 OSI 七层参考模型中，网络层所要完成的主要功能有哪些？

2. 论述网络体系结构中网络层次、协议与接口之间的相互关系。

3. 举例描述在分层计算机网络体系结构中数据传输的具体过程。

4. 论述 OSI 参考模型中数据传输的整个过程。

5. 比较分析 OSI 参考模型和 TCP/IP 参考模型的相同点与不同点。

第4章

局域网基本工作原理

4.1　局域网的技术特点和拓扑结构

局域网技术是计算机网络研究的热点问题之一，也是发展最快的一个领域。本节分析与总结局域网的主要技术特点，介绍常见的局域网拓扑结构，并简要分析每种拓扑结构的优缺点。

4.1.1　局域网的技术特点

在计算机网络研究的早期，人们将局域网的主要技术特点归纳为以下三个方面：

(1) 局域网是一种数据通信网络；

(2) 连入局域网的数据通信设备范围较广，包括计算机、终端以及各种外部网络设备；

(3) 局域网通常覆盖一个比较小的地理范围，如一个办公室、一幢楼房或者几千米范围内的一个区域。

与广域网相比，局域网最显著的特点在于它能提供更高的数据传输速率，覆盖的地理范围有限，无需租用通信线路进行数据通信。

随着计算机网络相关理论研究的不断深入以及高速局域网技术的迅速发展，目前传输速率为 100 Mb/s 的以太网(Ethernet)已经得到广泛应用，传输速率为 1 Gb/s 的高速以太网也已进入实用阶段。今天，局域网的技术特点发生了很大的变化，从局域网应用角度看，当前局域网的技术特点主要表现在以下五个方面：

(1) 局域网覆盖有限的地理范围，适用于机关、校园、公司、工厂等有限地域范围内的计算机、终端以及各种信息处理设备进行网络互联；

(2) 局域网具有较高的数据传输速率(10 Mb/s～10 Gb/s)，局域网数据传输的误码率较低，能够提供高质量的数据传输环境；

(3) 局域网通常归属于某个单位，易于网络的构建、维护与扩展；

(4) 局域网的技术特性主要由网络拓扑结构、物理传输介质和介质访问控制方法三个方面决定；

(5) 局域网从介质访问控制方法的角度可以分为两类：共享介质式局域网和交换式局域网。

局域网设计的主要考虑因素是如何使网络能够在有限的地理范围内更好地运行，如何使网络资源得到更高效地利用，如何确保传输的信息更加安全，以及如何使网络的操作与维护更加简单便捷。这些设计要求决定了局域网的主要技术特点。局域网的网络拓扑结构、物理传输介质以及介质访问控制方法这三方面共同确定了局域网传输信息的形式、数据传输的速率与效率、通信信道的容量以及网络所支持的应用服务类型等方面。

4.1.2　局域网的拓扑结构

　　计算机网络的拓扑结构对网络性能有很大影响。选择网络拓扑结构，首先应考虑采用何种介质访问控制方法，因为特定的介质访问控制方法通常仅适用于特定的网络拓扑结构；其次，在选择网络拓扑结构时还应综合考虑网络性能、可靠性、成本、可扩展性、实现的难易程度以及传输介质的长度等因素。常见的局域网拓扑结构有星型(star)、环型(ring)、总线型(bus)以及混合型(hybrid)等。下面分别介绍这几种常见的局域网拓扑结构。

1. 星型拓扑结构

　　目前在局域网中应用最广的是星型拓扑结构。一般企业的局域网中绝大多数采用星型拓扑结构。星型拓扑结构因网络中的各个结点通过一个网络集中设备(如集线器或交换机)连接在一起，各结点呈星形分布而得名。采用星型拓扑结构的网络最常用的传输介质是双绞线，如三类双绞线、五类双绞线等。典型的星型拓扑结构如图 4.1 所示。

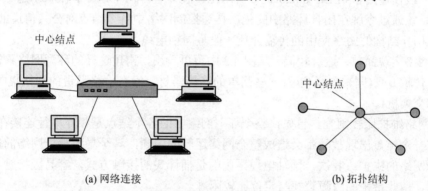

(a) 网络连接　　　　　　　　　　　　　　　　(b) 拓扑结构

图 4.1　星型拓扑结构

　　采用星型拓扑结构的网络主要有以下几方面的特点：

　　(1) 造价低，易于构建网络。星型拓扑结构的网络所采用的传输介质一般是比较通用的双绞线。相对于同轴电缆和光纤，双绞线价格较低，易于构建网络。

　　(2) 易于扩展，结点移动方便。对网络中的结点进行扩展时只需从集线器(或交换机)中引出一条线路即可；移动一个结点时只需把相应结点移到新的位置即可，不必像环型拓扑结构的网络那样进行复杂的环维护工作。

　　(3) 容易维护。当网络中某个结点出现故障时，可以很容易地拆走故障结点进行维修，不会影响网络中其他结点的连接与正常工作。

　　(4) 采用广播式数据传输。任何一个结点发出的数据整个网络中的其他结点都可以接收。

　　(5) 数据传输速率快。目前最新的以太网的数据传输速率已经达到 1 Gb/s～10 Gb/s 的量级。

2. 环型拓扑结构

　　环型拓扑结构的网络主要用于令牌网络中。在采用环型拓扑结构的网络中，各个结点是通过通信线路以点到点的串接形式构成的，最后形成一个闭合环路，整个网络发送的数据在闭合环路中传递，通常把此类网络称为"令牌环网"(token ring network)。典型的环型拓扑结构如图 4.2 所示。

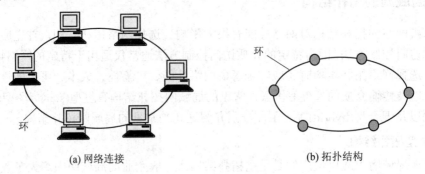

(a) 网络连接　　　　　　　　　　　　(b) 拓扑结构

图 4.2　环型拓扑结构

采用环型拓扑结构的网络主要有以下几方面的特点：

(1) 一般仅适用于 IEEE 802.5 的令牌环网。在令牌环网中，令牌(token)是一个特殊的控制帧，系统通过令牌在闭合环路中的依次传递控制网络中各个结点对公共信道的使用权。采用环型拓扑结构的网络使用的传输介质一般是同轴电缆。

(2) 网络实现简单，造价较低。从图 4.2 中可以看出，构建这样的环型网络只需要计算机结点、传输介质(同轴电缆)以及一些简单的连接器材，没有价格昂贵的网络集中设备(如集线器和交换机)。

(3) 网络维护比较困难。首先，整个环型网络中的各个结点是相互串行连接在一起的，环中任何一个结点出现故障都会造成整个网络运转的中断，甚至导致整个网络的瘫痪，非常不便于网络的维护；其次，同轴电缆采用的是插针式的接触方式，容易因接触不良导致网络中断，由此带来的故障查找与定位比较困难。

(4) 系统扩展性较差。相对于星型拓扑结构，环型拓扑结构的网络的扩展性较差，无论是向网络中添加新结点还是从网络中移除旧结点，都必须进行比较复杂的环维护工作，导致网络系统的可扩展性较差。

3. 总线型拓扑结构

在采用总线型拓扑结构的网络中，所有结点都直接与一条公共的数据传输通道(总线)相连。总线型网络采用的传输介质通常是同轴电缆，目前也有一些总线型网络采用光纤作为传输介质。典型的总线型拓扑结构如图 4.3 所示。

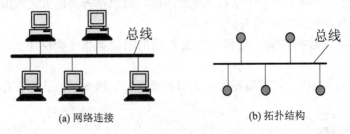

(a) 网络连接　　　　　　　　　　　　(b) 拓扑结构

图 4.3　总线型拓扑结构

采用总线型拓扑结构的网络主要有以下几方面的特点:

(1) 组网成本较低。由于采用总线型拓扑结构的网络不需要其他网络设备,各个结点直接与总线进行连接,因此构建网络的成本比较低。

(2) 在采用总线型拓扑结构的网络中,由于各个结点共享公共总线的带宽,因此每个结点的数据传输速率会随着接入网络结点的增多而下降。

(3) 网络具有较强的可扩展性。当需要在网络中添加新结点时,只需增加级联集线器。

(4) 网络易于维护。网络中单个结点的故障不会影响整个网络的正常运转与通信。

(5) 总线型拓扑结构的缺点是系统一次仅能允许一个结点发送数据,其他结点必须等待,直到获得总线的使用权。

4. 混合型拓扑结构

混合型拓扑结构是由星型拓扑结构和总线型拓扑结构相结合而形成的一种网络结构。该结构主要针对网络规模的扩展问题,综合了星型拓扑结构与总线型拓扑结构的优点,既解决了星型网络在传输距离上的限制,又解决了总线型网络在连接结点数量上的限制。

混合型拓扑结构主要适用于规模较大的局域网。例如,某单位有若干栋在地理位置上分布较远的办公楼,如果只用星型拓扑结构组建整个单位的局域网,由于受到星型网络传输介质(双绞线)单段传输距离上限为 100 m 的限制,无法满足要求;如果单纯采用总线型拓扑结构组建整个单位的局域网,单个总线上很难承受单位所有计算机的数据通信速率的要求。综合星型与总线型两种拓扑结构的优点,在同一栋楼的每一层内采用星型拓扑结构,在同一栋楼的不同楼层之间采用总线型拓扑结构,进而在楼与楼之间也采用总线型拓扑结构,形成一种混合型拓扑结构。当然,具体采用哪种传输介质还要根据传输距离而定。如果传输距离较近(185 m 以内),可以采用细同轴电缆作为传输介质;如果传输距离更远一些(500 m 以内),则可采用粗同轴电缆作为传输介质;如果传输距离超过 500 m,可以考虑采用光纤或者粗缆加中继器来实现。

采用混合型拓扑结构的网络主要有以下几方面的特点:

(1) 网络应用非常广泛。这种结构的网络克服了单纯的星型拓扑结构与总线型拓扑结构的不足,能够满足较大规模局域网的实际组网需求。

(2) 网络具有较强的可扩展性。这一特点主要源于星型拓扑结构的优点。

(3) 源于总线型拓扑结构的特性,采用混合型拓扑结构的网络具有网络传输速率随网络结点数的增加而下降的缺点。

(4) 网络不容易维护。首先,总线型拓扑结构决定了一旦总线出现故障,整个网络就会瘫痪;其次,整个网络结构较为复杂,不便于维护。

(5) 由于其骨干传输介质一般采用同轴电缆或光纤,因此采用混合型拓扑结构的网络通常具有较高的数据传输速率。

4.2　IEEE 802 参考模型

本节首先介绍常用的局域网传输介质,之后介绍几种常用的局域网介质访问控制方法,最后介绍 IEEE 802 委员会制定的 IEEE 802 参考模型及其相关标准。

1. 局域网的传输介质

传输介质是网络中信息传输的载体，是网络通信的物质基础之一。传输介质的特性对数据传输速率、通信距离、网络结点数以及数据传输的可靠性等方面都有很大的影响。因此，应该根据不同的通信要求合理选择传输介质。目前，在局域网中常用的传输介质有同轴电缆、双绞线、光纤以及无线通信信道。

在计算机网络早期的应用中使用较多的传输介质是同轴电缆。根据直径的不同，同轴电缆可分为粗缆和细缆两种。粗缆接头的制作与安装比较复杂，在中小型局域网中很少使用；细缆由于数据传输速率较低，其数据传输的稳定性与可维护性较差，因此在局域网中也很少使用。

随着网络技术的发展，双绞线在局域网中得到了广泛的应用。由于价格相对比较便宜，安装与维护较为简单，目前双绞线已经成为局域网传输介质的主流。

光纤具有传输频带宽、通信容量大、传输距离长、抗干扰能力强、误码率低、抗化学腐蚀能力强等优点，主要用于长距离数据传输和组建大型局域网的主干线路。由于价格比较昂贵，目前常见的中小型局域网选择光纤作为传输介质的相对比较少。但是，光纤所具有的诸多优点决定了它是局域网传输介质未来发展的方向。随着成本的不断降低，在不远的将来，光纤到楼、到户，甚至到桌面都会成为现实，光纤将给人们带来全新的高速网络体验。

随着技术的进步与各种新型应用的出现，越来越多的移动结点出现在各种局域网应用中。结点的移动性使无线通信信道成为一种必要的传输介质。

2. 局域网的介质访问控制方法

对于广播式网络，OSI 参考模型中数据链路层的一个重要任务是解决介质访问控制方法问题，即如何控制和协调网络中多个结点对公共通信信道的访问。常见的共享物理传输介质的网络类型有总线型网络、环型网络、星型网络以及无线网络。

目前，常见的局域网介质访问控制方法有以下三种：

(1) 带有冲突检测的载波侦听多路访问(Carrier Sense Multiple Access with Collision Detection，CSMA/CD)方法；

(2) 令牌总线(Token Bus)方法；

(3) 令牌环(Token Ring)方法。

在 4.3 节将结合 IEEE 802 参考模型和标准详细介绍这三种局域网介质访问控制方法。

3. IEEE 802 参考模型

1980 年，IEEE 成立了局域网/城域网标准委员会(LAN/MAN Standards Committee)，又称为 IEEE 802 委员会，该委员会致力于研究局域网与城域网的物理层和介质访问控制子层中定义的服务与协议。IEEE 802 委员会负责起草局域网与城域网相关标准的草案，并将其提交给美国国家标准协会(American National Standards Institute，ANSI)批准，成为美国国内标准。此外，IEEE 还把 IEEE 802 委员会起草的标准提交给国际标准化组织(International Organization for standardization，ISO)，ISO 把 IEEE 802 制定的一系列规范称为 ISO 802 标准。因此，许多 IEEE 标准也是 ISO 标准，如 IEEE 802.3 标准也是 ISO 802.3 标准。

IEEE 802 委员会制定的服务与协议标准对应于 OSI 七层参考模型的最低两层：物理层

和数据链路层。事实上，IEEE 802 模型将 OSI 参考模型的数据链路层进一步划分成两个子层：逻辑链路控制(Logical Link Control，LLC)子层和介质访问控制(Medium Access Control，MAC)子层。逻辑链路控制子层集中了与介质访问无关的功能，其主要功能包括建立与释放数据链路层的逻辑连接，作为其上层(网络层)与其下层(介质访问控制子层)之间的接口，进行流量控制以及差错控制等。介质访问控制子层提供了编址与信道访问控制机制，使多个终端或网络结点能够在包含共享介质的多路访问网络(如以太网)中进行通信。IEEE 802 参考模型与 OSI 参考模型的对应关系如图 4.4 所示。

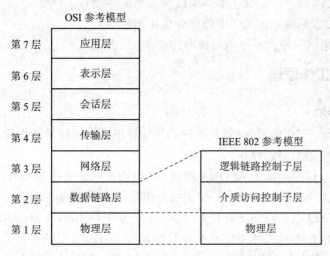

图 4.4　IEEE 802 参考模型与 OSI 参考模型的对应关系

　　IEEE 802 委员会制定了一系列的标准，其中应用最广泛的标准有以太网(IEEE 802.3 标准)、令牌环网(IEEE 802.5 标准)、无线局域网(IEEE 802.11 标准)等。IEEE 802 系列标准中的每一个标准都由 IEEE 802 委员会中的一个专门工作组负责。表 4.1 列出了 IEEE 802 系列标准中主要标准的名称及其主要功能。

表 4.1　IEEE 802 主要标准的名称及其主要功能

标准名称	主 要 功 能
IEEE 802.1 标准	局域网/城域网的网络体系结构、网络互联、链路安全、网络管理
IEEE 802.2 标准	定义逻辑链路子层的功能与服务
IEEE 802.3 标准	定义以太网的介质访问控制子层与物理层的规范
IEEE 802.4 标准	定义令牌总线介质访问控制子层与物理层的规范
IEEE 802.5 标准	定义令牌环介质访问控制子层与物理层的规范
IEEE 802.6 标准	定义城域网的规范
IEEE 802.7 标准	定义采用同轴电缆作为传输介质的宽带局域网技术
IEEE 802.8 标准	定义采用光纤作为传输介质的令牌传递局域网技术
IEEE 802.9 标准	定义综合语音与数据局域网技术
IEEE 802.10 标准	定义局域网/城域网的安全性规范
IEEE 802.11 标准	定义无线局域网技术
IEEE 802.12 标准	定义 100VG-AnyLAN 技术

4.3　共享介质局域网工作原理

局域网根据其采用的介质访问控制方法可以分为两类：交换式局域网与共享介质局域网。在 IEEE 802 系列标准中制定了三个共享介质局域网的标准，它们分别如下：

(1) IEEE 802.3 标准，即以太网，定义了 CSMA/CD 介质访问控制方法；

(2) IEEE 802.4 标准，定义了令牌总线介质访问控制方法；

(3) IEEE 802.5 标准，定义了令牌环介质访问控制方法。

下面分别介绍这三种共享介质局域网的基本工作原理。

4.3.1　以太网工作原理

1. 以太网基础

以太网是起源于 20 世纪 80 年代的一系列计算机局域网技术的统称。以太网标准对应于 OSI 参考模型中的数据链路层。

以太网的基本思想起源于 ALOHA 网络。ALOHA 网络是在 Norman Abramson 的带领下于美国夏威夷大学开发的人类第一个无线分组数据计算机网络，该网络于 1971 年 6 月开始实际运转。在 ALOHA 网络的研究人员中，有一位名叫 Robert Metcalfe 的哈佛大学博士研究生，他对 ALOHA 的技术非常感兴趣并将其作为自己博士论文的研究内容。从哈佛大学毕业后，Robert Metcalfe 来到 Xerox(施乐公司)工作，在这里研究人员正在设计和制造日后被称为个人电脑(Personal Computer，PC)的计算机。在当时，这些个人电脑之间是相互孤立的。Robert Metcalfe 利用在 ALOHA 网络研究中学到的知识，与同事 David Boggs 一起设计并实现了人类第一个局域网，他们把这个计算机网络系统称为以太网。最初的以太网使用一根很长的粗同轴电缆作为网线，网络传输速率为 3 Mb/s。

很快，以太网获得了很大的成功。1978 年，Robert Metcalfe 促使 DEC(Digital Equipment Corporation)、Intel 与 Xerox 三家公司共同推动将以太网作为局域网的标准。这三家公司共同起草了一个 10 Mb/s 以太网的标准，被称为 DIX 标准(代表 DEC/Intel/Xerox)。DIX 标准于 1980 年 9 月正式发布，其全称为"局域网以太网的数据链路层和物理层规范"。DIX 标准分别针对数据链路层和物理层对以太网的主要技术特征进行了定义。例如，在数据链路层 DIX 标准规定以太网的数据传输速率为 10 Mb/s，网络中两个结点之间的距离上限为 2.5 千米，网络结点数上限为 1024，采用带有屏蔽层的同轴电缆作为传输介质进行基带信号传输等。在物理层，DIX 标准规定以太网的介质访问控制方法采用 CSMA/CD 方法，消息传递协议采用可变长的数据帧，并且提供 BE 传输服务。1983 年，IEEE 802 委员会在 DIX 标准的基础上稍加改动形成了 IEEE 802.3 标准。

遗憾的是，Xerox 除了帮助 Robert Metcalfe 制定以太网标准之外，对以太网的技术前景并不感兴趣。1979 年 Robert Metcalfe 离开 Xerox，成立了在计算机网络发展史上著名的 3Com 公司，该公司致力于对包括以太网在内的计算机网络技术进行开发与产品转化。20 世纪 80 年代初期，Robert Metcalfe 将以太网技术与当时深受用户欢迎的 PC 结合起来，3Com 公司为 IBM 的 PC 开发了以太网网卡。事实证明，以太网技术与 PC 的嫁接取得了双赢的结果。截至 2000 年 1 月，3Com 公司的市场总资本已达 150 亿美元，拥有员工一万三千余人。

以太网分为两类：传统以太网(classic Ethernet)和交换式以太网(switched Ethernet)。传统以太网采用本节稍后介绍的 CSMA/CD 介质访问控制方法解决多路访问问题。交换式以太网以集线器(hub)或交换机(switch)为中心连接不同的计算机，实际上是一种星型拓扑结构网络。值得注意的是，虽然这两种网络都被称为以太网，但是它们之间存在很大的差别。传统以太网是以太网技术最初的形式，其网络传输速率为 3 Mb/s～10 Mb/s。交换式以太网是传统以太网经过不断的技术改进和完善最终形成的，其网络传输速率可以达到 100 Mb/s、1000 Mb/s，甚至高达 10 Gb/s。交换式以太网有多种不同的称谓，如快速以太网(fast Ethernet)、千兆以太网(gigabit Ethernet)以及 10G 以太网等。目前，实际使用的以太网只有交换式以太网。

以太网的拓扑结构主要有总线型与星型两种。传统以太网多使用总线型拓扑结构，该结构连接简单，所需的电缆较少，价格便宜，但是管理成本高，不易隔离故障点，采用共享的访问机制易造成网络拥塞。这种以太网采用同轴电缆作为传输介质，通常在小规模的网络中不需要专用的网络设备，但由于其固有缺陷，目前已经逐渐被以集线器和交换机为核心的星型拓扑结构以太网所取代。交换式以太网采用专用的网络设备(如集线器或交换机)作为中心结点，通过双绞线将局域网中的各台计算机连接到中心结点上，形成星型拓扑结构。星型结构的以太网便于管理，易于扩展，但是需要专用的网络设备作为网络的中心结点，因此需要更多的网线，而且对中心设备的可靠性要求较高。与总线型以太网相比，星型以太网虽然需要更多的线缆，但其布线成本与连接器价格比总线型以太网便宜。此外，星型拓扑结构可以通过级联方式很方便地对网络规模进行扩展，因此得到了广泛的应用，目前绝大部分以太网采用星型拓扑结构。

以太网可以采用多种物理传输介质，包括同轴电缆、双绞线以及光纤等。其中双绞线多用于从主机到集线器或交换机的连接，而光纤则主要用于交换机之间的级联以及交换机到路由器之间点到点的连接。同轴电缆作为以太网早期的主要传输介质目前已经逐渐趋于被淘汰。

今天，以太网已经成为局域网市场的主流技术。早在 20 世纪 80 年代和 90 年代初期，以太网曾经受到其他一些局域网技术的挑战，如令牌总线网络、令牌环网络、FDDI 以及 ATM 等，而且这些局域网技术中的某些技术在一段时间内确实成功地获得了部分局域网市场的份额。但是，自从 20 世纪 70 年代中期以太网诞生之后，以太网就不断发展与成长，始终占据局域网领域的主导地位。随着 IEEE 802.3 标准的制定，以太网无疑是当今使用最广泛的局域网技术，而且在可预见的将来仍然会是局域网领域的主流技术。以太网在局域网领域的主导地位相当于 Internet 在全球网络领域的主导地位。

2. CSMA/CD 基本工作过程

传统以太网的网络结构如图 4.5 所示，是一种总线型拓扑结构的网络，网络中所有的计算机都连到一根长长的线缆上。传统以太网最初采用的传输介质是粗同轴电缆(粗缆)，后来逐渐被细同轴电缆(细缆)所取代，因为细缆直径较细，弯曲灵活，更易于布线。相对于粗缆，细缆价格更低，更易于安装，但是每段网线最长只能到 185 米，而且每段网线上最多只能连接 30 台计算机。如果使用粗缆作为传输介质，每段网线最长可以达到 500 米，每段网线上最多能够连接 100 台计算机。

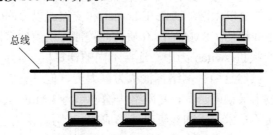

图 4.5 传统以太网的网络结构

传统以太网采用 CSMA/CD 介质访问控制方法。在详细介绍 CSMA/CD 方法的基本原理和具体工作过程之前，先以人类对话交流为例分析通信的一些基本规则。在日常的人类交谈过程中，除了基于礼貌的考虑，为了减少对话双方的冲突，增加信息交流的总量，人们通常遵守以下两条重要的通信协议：

(1) 先听后说。如果对方正在说话，一般要等待对方说完之后再说。在计算机网络中，把这一过程称为载波侦听(carrier sensing)，即一个结点在使用信道传输数据之前先对信道进行侦听。如果此时其他结点正在利用信道传输数据，该结点需要等待一段时间，然后再次对信道进行侦听。如果侦听到信道处于空闲状态，结点则开始占用信道进行数据传输，否则该结点应继续等待，重复等待过程，直到信道变为空闲状态。

(2) 如果在交谈中双方同时开始说话，那么自己应立即停止说话。在计算机网络中，把这一过程称为冲突检测(collision detection)，即一个结点在使用信道传输数据的同时还要对信道进行侦听。如果该结点检测到其他结点正在向信道上发送干扰数据帧，它应立即停止当前的数据传输，并且根据某种协议的规定决定何时再次进行数据传输。

CSMA/CD 方法包含了上述两个基本规则，是传统以太网的基础与核心，其基本原理是：网络中所有欲发送数据帧的结点都侦听传输介质的忙闲状态，一旦传输介质为闲立即发送数据；结点在发送数据的同时还要监测信道是否产生冲突，如果检测到冲突则立即中止数据传输，等待随机长度的时间后再次进行数据传输。

CSMA/CD 方法的具体工作过程比较复杂，可以概括为以下几个步骤：

(1) 当某个结点要发送数据时，首先需要侦听是否有其他结点正在使用总线传输数据。如果某个其他结点正在使用总线传输数据，总线为忙(busy)，否则总线为闲(idle)。

(2) 如果侦听到总线当前为闲状态，该结点通过总线把数据发送出去。此时，所有连接到总线的结点都能够收听到该数据信号。

(3) 如果侦听到总线当前为忙状态，该结点进入等待状态，一直等到总线变为闲状态，然后使用总线发送数据。

(4) 假定在同一时刻，多个结点同时使用总线发送数据，多个数据帧同时被发送到物理传输介质上并且完全或部分重叠时，就发生了冲突(collision)。当冲突发生时，物理传输介质上的数据都不再有效。如果检测到发生了冲突，冲突结点将停止当前的数据发送工作，然后等待一段时间(此时间长度为随机值)之后再次尝试发送数据。

值得注意的是，检测到冲突之后结点等待时间的长度必须为一个随机值。如果等待时间是固定值，冲突双方(或多方)在等待时间过后同时开始发送数据，又会产生新的冲突，如此循环往复，陷入恶性循环。

上述 CSMA/CD 工作过程第(4)步中的冲突检测是一个模拟过程，可以通过将接收信号的强度(或脉冲宽度)与发送信号进行比较来实现。发送结点的硬件在传输数据时必须时刻侦听传输信道上的信号，如果读入的信号与其发出的信号不同，那么可以判定发生了冲突。冲突检测过程的基本原理对信号与编码提出两点要求。第一，相对于发送信号，接收信号的强度不能太小。这一点对于无线传输信道很难实现，因为无线传输中接收信号的强度往往只有发送信号强度的百万分之一。第二，必须选择特殊的编码(调制)方案，使得系统能够区分不同的发送与接收信号。

与其他许多局域网协议一样，CSMA/CD 采用图 4.6 所示的概念模型。

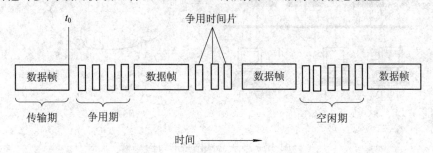

图 4.6　CSMA/CD 的概念模型

图 4.6 中的 t_0 表示网络中某结点刚刚结束其数据帧的传输，在 t_0 时刻之后，网络中其他准备发送数据帧的结点开始尝试使用总线发送数据。如果两个(或多个)结点同时发送数据，网络中将会产生冲突。当某个结点检测到冲突时，它立即中止当前的数据传输，然后等待一段随机长度的时间，如果在这段等待时间内没有其他结点发送数据，该结点在等待时间结束之后再次尝试发送数据。沿时间轴观察，按照 CSMA/CD 方法工作的以太网其总线在任何时刻只能处于三种可能的状态之一：传输状态、争用状态和空闲状态。以太网总线在时间轴上交替出现传输期、争用期与空闲期。传输期表示某个结点正在占用总线进行数据传输，争用期表示多个结点竞争总线的使用权，空闲期表示当前网络中所有结点都没有数据传输的任务。

CSMA/CD 是一个介质访问控制层的协议，而 IEEE 802.3 是一个 IEEE 制定的网络标准，两者之间有一些区别，但是基本内容大体相似，因此在许多场合人们往往将这两个名称等同起来。

4.3.2　令牌总线工作原理

IEEE 802.4 标准定义了令牌总线(token bus)介质访问控制方法以及相应的物理层规范。令牌总线是一种利用"令牌"(token)作为控制多个结点访问公共通信信道的介质访问控制方法。在采用令牌总线介质访问控制方法的局域网中，任何一个结点只有在获得令牌后才能使用总线发送数据。每当一个结点获得令牌之后，它可以在一定的时间范围内向环上发送数据帧，在此之后它必须依次将令牌传递下去。

典型的令牌总线网络的结构如图 4.7 所示。顾名思义，令牌总线网络采用的是总线型拓扑结构，网络中每个计算机结点称为一个站点(station)。从图 4.7(a)中可以看出，令牌总线网络在物理上是将多个站点连接到一个线型(或树型)的线缆上，是一种典型的总线型拓扑结构。但是，从图 4.7(b)中可以看出，令牌总线网络在逻辑上是一个由多个站点首尾相连构成的闭合回路，是环型结构。当环进行初始化时，各个站点按照站点地址由高到低的顺序依次加入环中。在构成环的过程中，每个站点都要记住其左邻站点和右邻站点的地址。环中令牌的传递顺序按照站点地址从高到低的顺序依次进行。当令牌到达地址最低的站点后，令牌再传递给地址最高的站点，通过如此循环往复，令牌在环中不断循环传递。

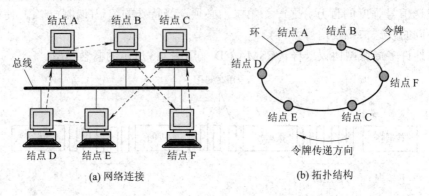

(a) 网络连接　　　　　　　　　　(b) 拓扑结构

图 4.7　令牌总线网络的结构

以图 4.7 中所示的令牌总线网络为例，假定结点 A 的地址为 22，结点 B 的地址为 20，结点 F 的地址为 18，结点 C 的地址为 16，结点 E 的地址为 15，结点 D 的地址为 5，该令牌总线网络中令牌传递的顺序如图 4.8 所示。在初始化完成之后，首先由地址最高的结点 A(站点地址为 22)最先开始发送数据。在结点 A 发送完数据之后，向与其相邻的下一个站点(结点 B，其站点地址为 20)发送一个特殊的控制帧，即令牌。该令牌依次在逻辑环路中循环传递，只有持有令牌的站点才能向环上发送数据。由于在任一时刻整个环中仅有一个站点持有令牌，因此系统中不会出现冲突。

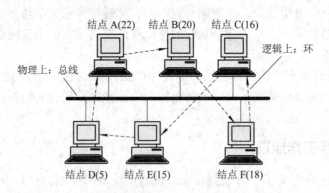

图 4.8　令牌总线网络令牌传递顺序

令牌总线网络具有以下几个方面的优点：

(1) 相对于 CSMA/CD 方法，由于只有持有令牌的结点才能使用总线发送数据，因此令牌总线网络不会产生冲突。

(2) 由于没有冲突，令牌总线的数据帧长度只需根据所要传输数据的长度来确定，因此没有最短帧的要求。而对于 CSMA/CD 方法，为了使最远距离的结点能够检测到冲突，需要在实际数据长度之后添加填充位，以满足最短数据帧长度的要求。

(3) 令牌总线网络中的结点具有公平的总线使用权。获得令牌的结点若有数据要发送则使用总线进行数据发送，之后将令牌传递给下一个结点。如果获得令牌的结点没有数据发送，则立刻把令牌传递给下一结点。由于结点得到令牌的过程是顺序依次进行的，因此网络内的所有结点都有公平的总线使用权。

(4) 在令牌总线网络中每个结点传输之前的等待时间是确定的。由于每个结点发送数据帧的最大长度可以加以限制，因此当所有站点都有报文要发送时(最坏情况)，结点等待获得令牌与发送数据帧的时间等于全部令牌与数据帧传送时间的总和。根据应用的需求，设定网络中的结点数以及最大报文长度，就可以确保任一结点都能够在限定的等待时间内获得令牌。对于某些面向控制过程的网络应用，结点所具有的等待时间上限是一个非常关键的技术指标。

(5) 令牌总线方法还提供了不同的服务级别，即不同的优先级。

与 CSMA/CD 方法相比，令牌总线比较复杂，需要完成大量的环维护工作，包括环初始化、新结点加入环、结点从环中撤出、环恢复与优先级服务等。

4.3.3　令牌环工作原理

为了与以太网的 DIX 标准相抗衡，IBM 公司推出了令牌环技术。令牌环技术同时也是 IBM 公司对其之前推出的令牌总线技术的进一步发展与完善。IEEE 802.5 标准是在 IBM 公司 Token Ring 协议的基础上发展和形成的。

在令牌环网中，站点通过环接口首尾相连构成物理上的一个闭合环路。与前述的令牌总线网络不同，令牌环网在物理上就是一个环形结构。令牌环网络的基本结构如图 4.9 所示。

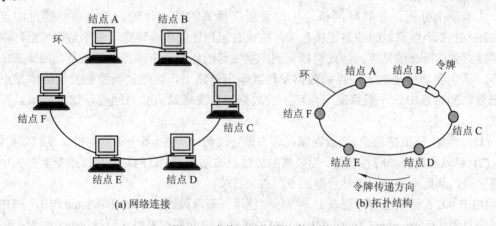

(a) 网络连接　　　　　　　　　　　　　(b) 拓扑结构

图 4.9　令牌环网络的基本结构

从本质上讲，令牌是一种特殊的 MAC 控制帧，帧中有一位数据用来标志令牌是忙还是闲。令牌总是沿物理环路单向逐站传送，令牌的传送顺序与站点在环中的排列顺序相同，如图 4.9(b)所示。令牌传输(token passing)过程由两个简单的动作构成：首先，站点从令牌传来的方向接收令牌；然后，站点将令牌按顺序传输出去。在令牌环网中，数据帧的传输方向与令牌的传输方向相同，令牌与数据帧可以沿环路流动，并且可以到达环中任何一个站点。为了避免数据帧在环路中无限循环流动，必须有站点负责将其从环中删除，扮演这一角色的站点既可以是数据帧的发送站点，也可以是数据帧的目的站点。

如果某站点有数据要发送，它必须等待空闲令牌到来。当此站点获得空闲令牌之后，首先将令牌标志位由"闲"变为"忙"，然后使用环路发送数据。

以图 4.9 为例，假定结点 B 要给结点 E 发送数据，令牌环网的基本工作过程如下：

(1) 最初，网络中有一个闲令牌在环中逐站循环流动。为了能够使用网络进行数据传输，站点必须先等待闲令牌的到来并获得该令牌。

(2) 结点 B 要给结点 E 发送数据，结点 B 首先需要等待闲令牌到来。结点 B 获得闲令牌后，将令牌的状态由"闲"置为"忙"，然后附上所要发送的数据以及接收站点的地址。

(3) 结点 B 将数据沿环路依次发送给结点 C，结点 C 通过比较数据的目的地址发现自己并非数据的目的站点，因此将数据依次向下传递给结点 D。

(4) 结点 D 与结点 C 一样，将数据依次向下传递给结点 E。

(5) 结点 E 通过比较数据的目的地址发现自己就是数据的目的站点，因此它将数据接收下来。但是，此时结点 E 并不能向环上释放一个闲令牌。结点 E 必须向数据的发送者(结点 B)返回一个确认消息，表示它已经接收到数据。

(6) 该消息沿环路依次向下传递给结点 F，结点 F 在收到该消息后通过检查目的地址发现自己并不是该消息的目的站点，因此它将消息依次传递给环中的下一个站点——结点 A。

(7) 结点 A 与结点 F 一样，将消息依次向下传递给结点 B，而结点 B 正是此次数据传输的发送者。

(8) 结点 B 识别确认消息的目的地址，进而读取从结点 E 发来的确认消息，得知此次数据传输工作已经完成。之后，结点 B 向环路上释放一个闲令牌，下一个站点可以获取该令牌进行数据传输。

从本质上分析，令牌环网络并不是采用广播式的共享传输介质，而是通过中继器(repeater)把多个点到点的线路连接起来，构成首尾相连的闭合环路。由于数据帧沿环路传播时能够到达所有的站点，因此可以起到广播发送的作用。中继器是连接环型网络的主要设备，其主要功能是把本站点的数据发送到输出链路上，同时也负责把发送给本站点的数据复制到站点中。一般情况下，环上的数据帧由发送站点负责回收，这种方案具有以下优点：

(1) 可以实现组播功能。当数据帧在环上循环流动一周时，多个站点都可以复制数据帧。

(2) 可以实现自动应答功能。当数据帧经过目的站点时，目的站点可以改变数据帧中的应答字段，从而不需向发送站点返回专门的应答帧。

IEEE 802.5 标准在物理层规定令牌环网使用屏蔽双绞线(Shielded Twisted Pair，STP)和非屏蔽双绞线(Unshielded Twisted Pair，UTP)两种传输介质。采用这两种传输介质时，环中最大站点数均为 250 个站点。采用 STP 的令牌环网数据传输速率较高，可达 16 Mb/s；采用 UTP 的令牌环网数据传输速率较低，一般为 4 Mb/s。

令牌环网络的组网造价比较高，这是因为令牌环网的硬件比较复杂，生产成本较高。除了网络构建费用较高之外，令牌环网 16 Mb/s 的网络传输速率与目前千兆以上的以太网标准相比有着很大的差距。作为一种网络技术，令牌环网正在逐渐淡出局域网的应用市场。

4.4 无线局域网

随着计算机网络技术的飞速发展，无线局域网正在越来越快地走入人们生活的各个方面，无论是办公场所、家庭，还是餐厅、图书馆、商场、火车站、飞机场等公共场所，越来越多的地方已经配备了无线局域网，能够方便地将台式计算机、笔记本电脑、PDA 以及智能手机等联入 Internet。无线局域网深受广大用户的喜爱，在人们的工作、学习和生活中扮演着重要的角色。本节通过以下几个方面介绍无线局域网的相关概念和基本原理：

(1) 无线局域网和 IEEE 802.11；

(2) 无线局域网的频段和结构模式；

(3) 多径衰落；

(4) 无线局域网的介质访问控制方法；

(5) 无线局域网的优缺点。

4.4.1 无线局域网和 IEEE 802.11

在便携式笔记本电脑出现之后不久，许多计算机网络用户开始考虑是否有朝一日能够在家里和办公室里使用笔记本电脑接入 Internet。为了实现这一目的，许多机构和组织对此展开了相关研究工作。为了实现无线网络互联的目标，最切实可行的方法就是在办公室里(或者家里)和笔记本电脑上配备短距离的无线电发射器和接收器，使这些笔记本电脑之间能够相互通信。

许多公司很快推出了自己研发的无线局域网产品，但是这些无线局域网技术各自遵循自己的标准，相互之间不兼容，这意味着配备了 A 公司的无线电收发器的计算机无法与 B 公司的基站进行互联互通。20 世纪 90 年代中期，学术界和业界一致认为应该制定无线局域网的技术标准，这个任务由 IEEE 曾经制定有线局域网标准的专门委员会负责完成。

制定无线局域网标准首先要解决的问题是：这个标准的名称应该叫什么？在此之前，已经制定出的局域网标准的名称分别是 IEEE 802.1 和 IEEE 802.2 等，一直到 IEEE 802.10，因此，无线局域网的标准被命名为 IEEE 802.11。IEEE 802.11 通常也被称为 WiFi，但是 IEEE 802.11 是无线局域网标准更为正式和规范的称谓。

4.4.2 无线局域网的频段和结构模式

无线局域网首先面临的一个技术层面的问题是找到一个全球范围内可用的适合无线局域网通信的无线电频段。对于这个问题，无线局域网的解决方案与移动电话网络所采用的方案截然相反。移动电话网络使用的是授权频谱(licensed spectrum)，需要有关电信主管部门授权，成本较高；无线局域网使用的是非授权频带(unlicensed band)，无需授权，成本相对较低。IEEE 802.11 网络工作在国际电信联盟无线电通信部门(International Telecommunication Union-Radiocommunication Sector, ITU-R)定义的 ISM(Industrial, Scientific, and Medical)频带。ISM 频带由各国分配出某些无线电频段，开放给工业、科学和医学机构使用。ISM 频带在各国的具体规定不太统一，大体分布在以下三个频段：902 MHz～928 MHz、

2.4 GHz～2.4835 GHz 和 5.725 GHz～5.850 GHz，如图 4.10 所示。

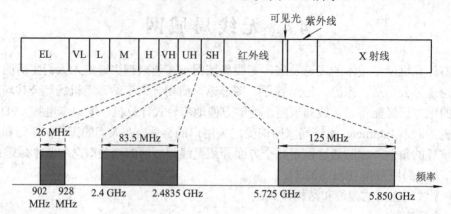

图 4.10　ISM 频带

图 4.10 中，SH 表示超高频(Super High)，UH 表示特高频(Ultra High)。从图 4.10 中可以看出，ISM 频带主要集中在超高频和特高频这两个频段。使用 ISM 频带不需要授权许可，没有使用费用，但是发射设备要控制其发射功率，避免不同设备之间的相互干扰。这意味着遵循 IEEE 802.11 标准的无线电设备要和其他工作在相同频段的电子设备(如微波炉、车库门遥控开关、无绳电话等)共享这些频段，需要避免冲突和相互干扰。

总体而言，IEEE 802.11 网络是由客户端(client)和基础设施(infrastructure)两部分构成的。客户端包括台式计算机、笔记本电脑和移动电话等。IEEE 802.11 网络的基础设施是指接入点(Access Point，AP)，也被称为基站(base station)，通常安装在家庭或办公场所的楼宇内。接入点的功能类似于传统有线网络中的集线器，是组建小型无线局域网最常用的设备。接入点是连接有线网络和无线网络的桥梁，其主要作用是连接无线局域网内的各个客户端，并且将无线网络接入有线网络。接入点与有线网络相连，无线局域网中所有客户端之间的通信都要经过接入点，这种结构模式称为带有 AP 的无线局域网模式，如图 4.11(a)所示。除此之外，无线局域网中的各个客户端相互之间也可以直接通信，无需间接地通过接入点进行通信，这种结构模式称为自组织网络(ad hoc network)，如图 4.11(b)所示。

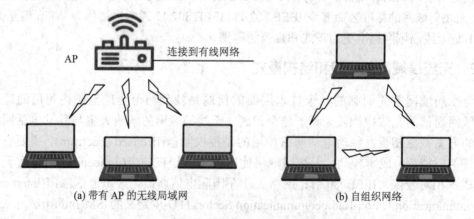

(a) 带有 AP 的无线局域网　　　　　　　(b) 自组织网络

图 4.11　无线局域网的两种结构模式

在图 4.11 所示的两种结构模式中，最常见的是图 4.11(a)所示的带有 AP 的无线局域网结构模式，图 4.11(b)所示的自组织网络结构模式相对比较少见一些。

　　大多数 AP 支持多用户接入、数据加密以及多速率传输等功能，有些 AP 还能够提供一定的无线网络管理功能。AP 的室内无线电覆盖范围一般在 30 m～100 m，有些 AP 产品具有互联功能，无线局域网的客户端可以在不同的 AP 之间漫游，从而扩大无线局域网的覆盖范围。对于办公室和家庭等小范围的无线局域网，通常只需要一台 AP 即可实现无线局域网内所有客户端的无线接入。

4.4.3　多径衰落

　　在无线局域网中的数据传输会受到无线传输环境的影响，这使得 IEEE 802.11 网络的数据传输过程更加复杂。在 IEEE 802.11 网络所使用的频段，由于无线电频率较高，波长很短，原始无线电信号经多个物体表面反射后所产生的回波(echo)会经过多条不同的传输路径到达同一个接收端，这些回波之间会相互抵消或者加强，从而造成接收信号的剧烈波动，这种现象称为多径衰落(multipath fading)，如图 4.12 所示。

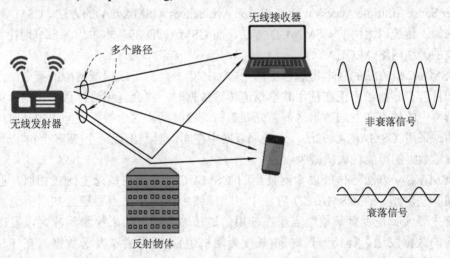

图 4.12　多径衰落

　　克服无线环境对信号传输影响的主要方法是采用路径分集(path diversity)技术，即通过多个独立的传输路径发送数据。通过使用路径分集技术，即使某一个传输路径因为衰落导致接收信号质量差，原始信号也会通过其他路径成功传输。在路径分集技术中，这些独立传输路径通常内建在物理层的数字调制方案中，具体方法包括在可用频段中使用不同的频率、在多个天线对之间采用不同的空间传输路径、在不同的时间段重复发送数据。

　　在 IEEE 802.11 网络的发展过程中，不同版本的 IEEE 802.11 标准分别使用了上述的各种路径分集技术。1997 年，最初的 IEEE 802.11 标准定义的无线局域网在允许的频段内使用跳频或者扩频技术，其数据传输速率为 1 Mb/s 或 2 Mb/s。该标准推出之后，用户普遍认为其网络数据传输速率太低，于是人们继续研究数据传输速率更快的无线局域网标准。1999年，人们在原有标准的基础上对其扩频设计进行了扩展，推出了 IEEE 802.11b 标准，其网络数据传输速率提升到 11 Mb/s。1999 年的 IEEE 802.11a 标准和 2003 年的 IEEE 802.11g 标准采用一种被称为正交频分复用(Orthogonal Frequency Division Multiplexing，OFDM)的调制方案，将较宽的频带划分成多个较窄的子频带，在这些子频带上并行发送数据。通过这种改进的调制方案，IEEE 802.11a 标准和 IEEE 802.11g 标准的网络数据传输速率提升到 54 Mb/s。尽管网络数据传输速率已经明显提高，但是人们仍然希望获得更高的网络数据传输速率以支持更多更广的应用。目前，最新的无线局域网标准是 2009 年推出的 IEEE 802.11n 标准，它使用更宽的频带，可以使用多个发射和接收天线，其传输距离更远，最大网络数据传输速率的理论值达到 600 Mb/s，与之前 IEEE 802.11 标准的 54 Mb/s 相比有了大幅提升。

4.4.4　无线局域网的介质访问控制方法

介质访问控制方法是指当网络中对共享信道的使用出现竞争或者产生冲突时如何分配和控制信道的使用权。由于无线局域网本质上使用的是无线电广播信道，因此 IEEE 802.11 网络需要处理同时进行的数据传输可能导致的冲突及其对数据接收产生干扰的问题。为了解决这个问题，IEEE 802.11 网络使用的是一个称为带有冲突避免的载波侦听多路访问 (Carrier Sense Multiple Access with Collision Avoidance，CSMA/CA)的方法。CSMA/CA 的思想方法源于传统以太网的 CSMA/CD 方法，而 CSMA/CD 的基本思想源自早期在美国夏威夷开发的无线网络 ALOHA。

CSMA/CA 方法的基本思想包括两个方面：第一，当无线局域网中的某个结点通过侦听得知目前有其他结点正在使用共享信道传输数据时，将会延迟进行数据传输；第二，无线局域网中的结点在发送数据之前首先要等待一段时间，这个等待时间很短，时间长度是随机的。采用 CSMA/CA 方法，无线局域网中在同一时刻出现两个(或多个)结点使用共享信道发送数据的可能性大幅减少。

CSMA/CA 方法与传统以太网使用的 CSMA/CD 方法在概念上比较相似，但是两者也存在一些区别。在 CSMA/CD 方法中，当网络中的某个结点要通过共享信道发送数据时，首先要侦听是否有其他结点正在使用信道传输数据，如果检测到冲突，发送结点停止当前的数据发送，等待一段时间(长度为随机值)之后再尝试发送数据。在 CSMA/CA 方法中，当网络中的某个结点要发送数据时，它首先等待一段随机时间(除非该结点最近没有使用信道而且信道当前处于空闲状态)。此时数据发送结点并不是在等待信道冲突，等待的时间长度是随机的。发送结点在等待的同时，侦听信道是否变为空闲状态(在一段时间内没有信号在该信道上进行传输)。当发送结点侦听到信道变为空闲状态时，开始一段随机等待时间，即开始对随机延迟等待时间进行倒计时。注意，如果在随机延迟等待时间倒计时过程中遇到其他结点使用信道传输数据，则暂停倒计时过程。当随机延迟等待时间倒计时结束时，发送结点开始使用信道发送数据。如果数据帧成功到达接收结点，接收结点立刻向发送结点返回一个确认(Acknowledgement，Ack)消息。如果发送结点在发出数据帧之后，在指定时间内没有收到接收结点的 Ack 消息，则意味着数据传输过程出现了错误，可能是信道冲突或其他原因造成的。在这种情况下，发送结点将随机延迟等待时间长度倍增，然后重新尝试传输该数据帧，直到数据帧成功传输或者达到规定的重传次数上限值。

下面我们通过一个例子说明 CSMA/CA 方法的相关概念和基本执行过程，如图 4.13 所示。

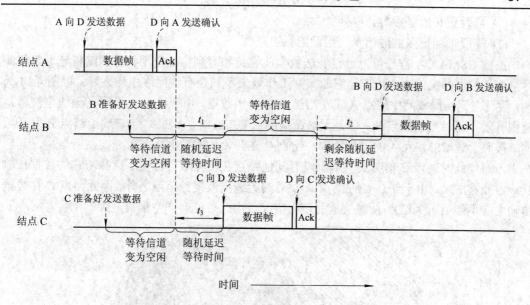

图 4.13 CSMA/CA 发送数据过程

在图 4.13 所示的例子中，无线局域网内的结点 A 首先占用共享信道向结点 D 发送数据帧。在结点 A 给结点 D 发送数据的过程中，结点 B 和结点 C 分别先后准备好发送数据，由于此时结点 A 正在使用信道发送数据，因此信道处于忙状态，于是结点 B 和结点 C 分别开始等待，等待共享信道变为空闲状态。在结点 A 向结点 D 成功发送数据之后，结点 A 收到结点 D 返回的确认消息 Ack，此时共享信道从忙状态变为空闲状态。虽然此时共享信道已经变成空闲状态，但是结点 B 和结点 C 并不是立刻就开始发送数据，而是各自开始一段延迟等待，时间长度为随机值。在图 4.13 所示的例子中，由于结点 C 的随机延迟等待时间(t_3)较短，因此结点 C 首先占用信道发送数据。当结点 C 开始发送数据时，结点 B 侦听到此时信道正在被结点 C 使用，因此它暂停其随机延迟等待时间的倒计时，开始等待共享信道变为空闲状态。当结点 C 完成数据发送并且从结点 D 收到 Ack 确认消息之后，结点 B 继续先前暂停的随机延迟等待时间的倒计时。如图 4.13 所示，当结点 B 完成其剩余随机延迟等待时间(t_2)的倒计时之后，开始使用共享信道向结点 D 发送数据。在图 4.13 中，结点 B 总的随机延迟等待时间为 $t_1 + t_2$，结点 C 的随机延迟等待时间为 t_3，而且 $t_1 = t_3$。

作为两种不同的介质访问控制方法，CSMA/CD 和 CSMA/CA 之间存在明显的区别，可以概括为以下三个方面：

(1) CSMA/CD 是在信道冲突发生后起作用，而 CSMA/CA 作用于信道冲突发生之前。

(2) CSMA/CD 无法避免信道冲突的出现，它只能减少信道冲突发生之后的恢复时间；而 CSMA/CA 可以通过等待和随机延迟等机制尽量避免发生信道冲突。

(3) CSMA/CD 通常用于有线网络，而 CSMA/CA 通常用于无线网络。

相对于 CSMA/CD，CSMA/CA 有以下两个方面的优点：

(1) 可以尽量避免出现信道冲突；

(2) 采用数据接收确认机制，避免出现不必要的数据丢失。

相对于 CSMA/CD，CSMA/CA 也存在一些缺点，主要表现在以下两个方面：

(1) 需要更长的延迟等待时间;

(2) 需要增加更多的通信量,因此能耗更高。

虽然 CSMA/CA 方法可以通过发送数据前等待和等到信道空闲状态后随机延迟等机制尽量避免信道冲突的产生,但是它的实际工作效果不如在有线网络中那么好。以图 4.14 为例,假设在无线局域网中结点 A 正在给结点 B 发送数据,由于结点 A 发射的无线电波覆盖范围有限,可以覆盖结点 B,但是无法覆盖结点 C。此时,如果结点 C 要给结点 B 发送数据,按照上述 CSMA/CA 的工作原理,结点 C 在开始传输数据之前首先要侦听信道。问题在于,即使此时结点 C 侦听到信道上没有其他结点在传输数据,也不意味着它的数据传输就一定能够成功。由于结点 C 在结点 A 发射的无线电波覆盖范围之外,因此结点 C 在数据传输之前不能侦听到结点 A 对信道的使用情况,由此可能会产生信道冲突。

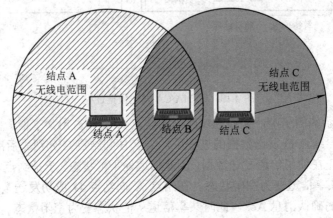

图 4.14　无线局域网无线发射器覆盖范围

一旦发生信道冲突,数据的发送方必须在重新等待更长的随机延迟时间后进行数据重发。除了由上述原因所导致的信道冲突而引发的数据重发问题外,CSMA/CA 方法在无线局域网的实际使用中效果还是不错的。

4.4.5　无线局域网的优缺点

无线局域网使用电磁波取代传统的双绞线等通信电缆,通过无线方式将计算机等网络终端与网络连接起来,极大地提高了组建网络的灵活性和网络终端的移动性。近年来,无线局域网技术发展非常迅猛,已经在家庭、企业、学校、银行、商场、火车站、飞机场等诸多场合得到了广泛应用。无线局域网的飞速发展和广泛应用源于它所具有的优点,主要表现在以下几个方面:

(1) 灵活性高,移动性强。在有线网络中,网络终端的位置通常受网络空间布局和物理位置的各种限制。在无线局域网中,只要是在局域网无线信号覆盖的范围之内,网络终端可以在任何一个地方接入网络。此外,无线局域网的另一个显著优点是网络终端具有较高的移动性,连接到无线局域网的网络终端可以在移动中保持与网络的连接状态,这一功能是有线网络无法实现的。

(2) 易于安装,便于调整。使用无线局域网可以极大地减少传统有线网络烦琐的网络布线工作,通常只需安装一个或若干个 AP 设备就可以组建一个小规模的局域网。对于有线网络，当办公场所空间布局或者网络拓扑结构发生变化时，通常需要调整网络结构，重新进行费时费力的网络布线工作，而无线局域网可以避免或极大地减少这些开销。

(3) 易于排查问题，易于定位故障。对于有线网络，网络故障(如由线路连接不良引发的网络中断)往往很难查明其根源，检修电缆线路通常需要耗费很大的时间和人力成本。对于无线局域网，故障定位相对比较容易，通常只需简单地更换故障设备即可恢复网络连接。

(4) 易于网络扩展。无线局域网有多种配置方式，可以很容易地从只包括几个用户的小型局域网扩展到包括数以千计用户的大型网络，而且能够提供"漫游"功能，这是有线网络无法实现的。

无线局域网在给网络用户带来便捷和实用的同时，也存在一些不足之处。无线局域网在网络传输性能、数据传输速率以及安全性等方面与有线网络之间存在一定的差距，因此，无线局域网一般适用于较小规模的网络应用。无线局域网的缺点主要表现在以下几个方面：

(1) 网络传输性能。无线局域网通过无线电波进行数据传输，无线电波通过无线发射装置发射，各种障碍物都可能阻碍无线电波，从而影响无线网络的传输性能。例如，室外环境中的建筑物、车辆、树木等会影响无线网络的传输性能；办公场所或家庭环境中的墙壁、桌椅等障碍物也会对无线网络的传输性能产生影响。此外，无线局域网的传输性能还会受到其他一些因素的影响。例如，网络内的接入设备数量过多会影响无线网络的传输性能，邻近的微波设备也会影响无线网络的传输性能。所有这些因素导致无线局域网的传输性能与有线网络之间存在一定的差距。

(2) 数据传输速率。相比而言，无线信道的数据传输速率比有线信道要低很多。例如，千兆以太网(Gigabit Ethernet)是以铜质双绞线和光纤为传输介质的有线网络，其网络数据传输速率高达 1 Gb/s。与之相比，在无线局域网中，IEEE 802.11g 网络的数据传输速率只有54 Mb/s，IEEE 802.11n 网络的数据传输速率的最大理论值为 600 Mb/s。

(3) 安全性。相对于有线网络，无线局域网最大的缺点就是其潜在的安全风险。无线路由器和 AP 在给合法网络用户提供网络连接便利性的同时，也给非法用户提供了可乘之机。从理论上讲，无线电信号是发散的，网络入侵者(如黑客)比较容易监听无线电波广播范围内的信号，造成信息泄漏。从根本上讲，以无线方式传输数据比通过有线网络传输数据的安全性要低。如果无线局域网使用的是过时的安全系统，网络入侵者非常容易获得网络的访问权，侦听网络通信内容，盗取单位或个人的机密信息。

总体而言，IEEE 802.11 网络已经导致无线网络领域出现了革命性的变化，其迅猛发展的趋势仍在继续。除了能够安装在家庭和办公场所的楼宇环境中外，无线局域网正在逐步走进飞机、火车、轮船和汽车，能够互联包括台式计算机、笔记本电脑、智能手机、PDA以及数码相机等多种电子设备，使网络用户可以随时随地访问 Internet，给人们的学习、工作和生活带来极大的便利。

·········· 本 章 小 结 ··········

本章主要讲述了以下内容：

(1) 分析与总结了局域网的主要技术特点。介绍了常见的局域网拓扑结构，包括星型拓扑结构、环型拓扑结构、总线型拓扑结构以及混合型拓扑结构。介绍了上述几种常见局域网拓扑结构的基本概念、结构特征与技术特点，给出了每种结构的网络连接示意图与相应的网络拓扑结构图，并简要分析了每种拓扑结构的优缺点。

　　(2) 介绍了局域网中常用的传输介质，包括同轴电缆、双绞线、光纤与无线通信信道。介绍了局域网介质访问控制方法的基本概念，以及几种常见的局域网介质访问控制方法，包括 CSMA/CD、令牌总线与令牌环。介绍了 IEEE 802 委员会制定的 IEEE 802 参考模型，讨论了 IEEE 802 参考模型与 OSI 七层参考模型之间的关系，并简要介绍了 IEEE 802 系列标准中的主要标准。

　　(3) 详细介绍了 IEEE 802 系列标准所制定的三个共享介质局域网标准：IEEE 802.3 标准，即 CSMA/CD 介质访问控制方法；IEEE 802.4 标准，即令牌总线介质访问控制方法；IEEE 802.5 标准，即令牌环介质访问控制方法。简要介绍了以太网的基本思想与发展历史，以及以太网的分类、主要拓扑结构与常用传输介质。重点讲述了 CSMA/CD 方法的基本原理与工作流程。介绍了令牌总线介质访问控制方法的基本工作原理，给出了令牌总线网络的网络连接示意图及其对应的网络拓扑结构图。介绍了令牌以及令牌传递的概念，并分析了令牌总线网络的优缺点。介绍了令牌环介质访问控制方法的基本工作原理，给出了令牌环网的网络连接示意图及其对应的网络拓扑结构图。比较了令牌总线网络与令牌环网的异同点。举例说明了令牌在令牌环网中的传递过程。此外，还介绍了令牌环网的功能特点与物理传输介质，分析了令牌环网的优缺点。

　　(4) 介绍了无线局域网的相关概念和基本原理。介绍了无线局域网和 IEEE 802.11 的基本概念，介绍了无线局域网的频段和结构模式，介绍了无线局域网数据传输的多径衰落问题，重点介绍了无线局域网介质访问控制方法 CSMA/CA 的基本概念和工作过程，讨论了无线局域网的优缺点。

+++++++ 习　题　4 +++++++

一、填空题

　　1. _____拓扑结构网络中的各个结点通过一个网络集中设备连接在一起，它是目前在局域网中应用最广的一种拓扑结构。

　　2. 局域网常见的拓扑结构有_____、_____、_____和_____。

　　3. 目前常见的局域网介质访问控制方法有以下三种：_____方法、_____方法和_____方法。

　　4. IEEE 802 模型将 OSI 参考模型的数据链路层进一步划分为两个子层，分别是_____子层和_____子层。

　　5. IEEE 802.3 标准所定义的 CSMA/CD 的英文全称是_____。

　　6. 在采用环型拓扑结构的网络中，各个结点是通过通信线路以_____的串接形式构成的，最后形成一个闭合环路，数据在这个闭合环路中传递。

　　7. IEEE 802 委员会制定的服务与协议标准对应于 OSI 七层参考模型的_____层和_____层。

8. 沿时间轴观察，按照 CSMA/CD 方法工作的以太网其总线在任何时刻只能处于三种可能的状态之一：_____、_____和_____。

9. 采用总线型拓扑结构的网络具有较强的可扩展性，当需要在网络中添加新结点时，可以通过增加_____来扩展网络规模。

10. 在令牌总线网络中，由于只有持有_____的结点才能使用总线发送数据，因此令牌总线网络不会产生冲突。

二、单项选择题

1. IEEE 802 参考模型中的介质访问控制子层对应于 OSI 参考模型的_____层。

A. 应用层   B. 数据链路层

C. 物理层   D. 网络层

2. 在下列 IEEE 802 标准中，____定义了无线局域网技术。

A. IEEE 802.3 标准   B. IEEE 802.4 标准

C. IEEE 802.5 标准   D. IEEE 802.11 标准

3. 在计算机网络早期的应用中使用较多的传输介质是____。

A. 双绞线   B. 光纤

C. 同轴电缆   D. 无线通信信道

4. IEEE 802.3 标准所定义的 CSMA/CD 网络采用____拓扑结构。

A. 环型   B. 树型

C. 星型   D. 总线型

5. 从本质上讲，令牌网络中的令牌是一种特殊的介质访问控制____。

A. 位   B. 帧

C. 分组   D. 报文

三、判断题

判断下列描述是否正确(正确的在括号中填写 T，错误的在括号中填写 F)。

1. 在采用 CSMA/CD 介质访问控制方法的网络中，由于引入了令牌，只有持有令牌的结点才能使用总线发送数据，因此 CSMA/CD 网络不会产生冲突。 ( )

2. 令牌总线网络从物理上是一种典型的总线型拓扑结构，从逻辑上是一个由多个站点首尾相连构成的环型拓扑结构。 ( )

3. 环型拓扑结构的主要优点是易于扩展，容易维护。 ( )

4. IEEE 802.5 标准定义了令牌总线介质访问控制方法。 ( )

5. 令牌环网从物理上是一种总线型拓扑结构，从逻辑上是一种环型拓扑结构。 ( )

6. 由于价格相对比较便宜，安装与维护较为简单，目前双绞线已经成为局域网传输介质的主流。 ( )

7. 相比而言，无线信道的数据传输速率通常比有线信道要低。 ( )

8. 作为局域网的介质访问控制方法，CSMA/CD 和 CSMA/CA 都可以有效避免信道冲突的产生，并且能够减少冲突发生之后信道的恢复时间。 ( )

四、简答题

1. 在计算机网络研究的早期，局域网的主要技术特点有哪些？

2. 什么是星型拓扑结构？它有哪些主要特点？

3. 采用总线型拓扑结构的网络有哪些主要技术特点？

4. 简述 IEEE 802 参考模型与 OSI 参考模型之间的关系。

5. 简述令牌环网的基本工作原理。

6. 局域网中常用的传输介质有哪些？各自有哪些特点？

7. 简述什么是多径衰落？

8. 相对于传统以太网的 CSMA/CD，无线局域网的 CSMA/CA 方法有哪些优缺点？

五、问答题

1. 当前局域网的主要技术特点有哪些？

2. 局域网常见的拓扑结构有哪些？各自有哪些特点？

3. CSMA/CD 方法的具体工作过程是什么？

4. 分析比较令牌总线网络和令牌环网的异同点。

5. IEEE 802 系列标准中有哪些主要标准？其主要功能有哪些？

6. IEEE 802.11 工作在 ITU-R 定义的什么频带？

7. 无线局域网的 CSMA/CA 方法的基本工作原理是什么？

8. 无线局域网有哪些优缺点？

第 5 章

局域网组网技术

5.1　局域网传输介质

　　局域网中连接计算机以及网络互联设备(如集线器、交换机和路由器)的物理连接可以使用多种网络传输介质，包括同轴电缆、双绞线和光纤等。

5.1.1　IEEE 802.3 标准支持的传输介质

　　为了使数据链路层能更好地适应多种局域网标准，IEEE 802 委员会将局域网的数据链路层拆分成两个子层：逻辑链路控制(Logical Link Control，LLC)子层与介质访问控制(Medium Access Control，MAC)子层。与接入到物理传输介质有关的内容归入 MAC 子层；而 LLC 子层与物理传输介质无关，不管采用何种协议的局域网对 LLC 子层都是透明的。

　　下面我们以 IEEE 802.3 标准为例介绍以太网所支持的各种物理传输介质。IEEE 802.3 由一系列标准组成，这些标准定义了 MAC 子层与物理层的规范。IEEE 802.3 标准系列总共包括数十个子标准，每个子标准针对某一类特定的物理传输介质。

　　经过长时间的发展与演变，以太网的物理层目前支持多种物理传输介质，支持多种网络传输速率。以太网的传输速率从 1 Mb/s 到 100 Gb/s 不等，其物理传输介质包括同轴电缆(粗缆和细缆)、双绞线[STP(Shielded Twisted Pair，屏蔽双绞线)和 UTP(Unshielded Twisted Pair，非屏蔽双绞线)]以及光纤等。

　　早期的 IEEE 802.3 描述的物理传输介质类型包括 10 Base-2、10 Base-5、10 Base-F 与 10 Base-T 等，后来推出的快速以太网物理传输介质类型包括 100 Base-TX、100 Base-T4 与 100 Base-FX 等。这些 IEEE 802.3 物理层标准与 LLC 子层和 MAC 子层的关系如图 5.1 所示。

图 5.1　IEEE 802 物理层标准与 LLC 子层和 MAC 子层的关系

　　表 5.1 列出了一些常见的 IEEE 802.3 标准，分别给出了每个子标准的名称、颁布时间及其功能描述。

表 5.1　常见的 IEEE 802.3 标准

标准名称	颁布时间	功 能 描 述
实验性以太网	1973 年	以同轴电缆为传输介质,数据传输速率为 2.94 Mb/s,采用总线型拓扑结构
Ethernet Ⅱ	1982 年	采用粗同轴电缆(粗缆)为传输介质,数据传输速率为 10 Mb/s
IEEE 802.3	1983 年	10 Base-5 标准,采用粗同轴电缆(粗缆)作为传输介质,数据传输速率为 10 Mb/s
IEEE 802.3a	1985 年	10 Base-2 标准,采用细同轴电缆(细缆)作为传输介质,数据传输速率为 10 Mb/s
IEEE 802.3i	1990 年	10 Base-T 标准,采用双绞线作为传输介质,数据传输速率为 10 Mb/s
IEEE 802.3j	1993 年	10 Base-F 标准,采用光纤作为传输介质,数据传输速率为 10 Mb/s
IEEE 802.3u	1995 年	包括 100 Base-TX、100 Base-T4 与 100 Base-FX 三个快速以太网标准,分别采用双绞线与光纤作为传输介质,数据传输速率为 100 Mb/s
IEEE 802.3y	1998 年	100 Base-T2 标准,以低质量的双绞线为传输介质,数据传输速率为 100 Mb/s
IEEE 802.3z	1998 年	1000 Base-X 标准,采用光纤作为传输介质,数据传输速率为 1 Gb/s
IEEE 802.3ab	1999 年	1000 Base-T 标准,采用双绞线作为传输介质,数据传输速率为 1 Gb/s
IEEE 802.3ae	2003 年	采用光纤作为传输介质,数据传输速率为 10 Gb/s
IEEE 802.3an	2006 年	10G Base-T 标准,采用非屏蔽双绞线作为传输介质,数据传输速率为 10 Gb/s

5.1.2　主要的 IEEE 802.3 物理层标准

IEEE 802.3 标准系列中物理层的标准很多,下面介绍几个典型的 IEEE 802.3 物理层标准。

1. 10 Base-2 标准

10 Base-2 标准的名称来源于这种网络所采用的物理传输介质的若干特性。"10"代表网络的最大数据传输速率为 10 Mb/s,"Base"表示采用基带(baseband)信号传输,"2"是指每个网段单根线缆最大长度为 200 m。事实上,在实际应用当中,每个网段单根线缆最长只能达到 185 m,IEEE 802 委员会将 185 m 近似为 200 m,以便与整个 IEEE 802 标准系列中其他标准的名称保持一致。

由于采用阻抗为 50 Ω 的细同轴电缆(细缆)作为传输介质,因此 10 Base-2 也被称为细缆以太网(thin Ethernet)。10 Base-2 采用总线型拓扑结构,数据传输速率为 10 Mb/s,使用曼彻斯特编码。支持 10 Base-2 标准的网卡上提供 BNC(British Naval Connector)接口,细缆通过 BNC-T 型连接器与网卡相连。

10 Base-2 的主要优点是网络抗干扰能力强。此外,10 Base-2 使用的线缆与连接头的价格比较便宜，而且不需要购置集线器等设备，安装方便，适合构建终端设备较为集中的小型以太网。10 Base-2 的缺点是每个网段单根细缆的最大长度不能超过 185 m，否则信号将会严重衰减，10 Base-2 每个网段内最多只能接入 30 个结点。此外，10 Base-2 网络的维护和扩展比较困难。

10 Base-2 组网使用的主要硬件设备有细同轴电缆、带有 BNC 接口的以太网卡、中继器、BNC-T 型连接器以及终结器等。

20 世纪 80 年代中后期，10 Base-2 曾经是最主要的 10 Mb/s 以太网标准。但是，随着人们对更高网络传输速率的需求、价格低廉的五类双绞线的出现以及 IEEE 802.11 无线网络的推广和普及，10 Base-2(以及 10 Base-5)已经渐渐过时了。不过，今天仍然可以在一些地方看到正在运转的 10 Base-2 网络。

2. 10 Base-5 标准

由于采用阻抗为 50 Ω 的粗同轴电缆(粗缆)作为传输介质，因此 10 Base-5 也被称为粗缆以太网(thick Ethernet)。10 Base-5 标准名称中的“5”表示每个网段单根线缆最大长度为 500 m。粗缆的直径为 9.5 mm，线芯为铜导线，其外为绝缘层，绝缘层之外是屏蔽层，线缆的最外面是塑料保护层。10 Base-5 采用总线型拓扑结构，数据传输速率为 10 Mb/s，使用曼彻斯特编码。支持 10 Base-5 标准的网卡上提供 AUI(Attachment Unit Interface)接口，粗缆通过 AUI 接头与网卡相连。

相对于 10 Base-2 使用的细缆，由于 10 Base-5 使用的粗缆直径更粗、强度更高，并且具有屏蔽层，因此其最大传输距离比细缆更长，而且具有更好的抗干扰能力。粗缆主要用于构建主干网络，用来连接多个由细缆构成的网络。10 Base-5 具有较高的可靠性，网络抗干扰能力较强。此外，10 Base-5 比 10 Base-2 具有更大的地理覆盖范围，10 Base-5 每个网段单根线缆的最大长度为 500 m，最大网络干线电缆长度可达 2500 m，每个网段内最多可以接入 100 个结点。相对于 10 Base-2，10 Base-5 的主要缺点是网络安装、维护与扩展比较困难，组网成本较高。

10 Base-5 组网使用的主要硬件设备包括粗同轴电缆、带有 AUI 接口的以太网卡、中继器、收发器以及终结器等。

无论是采用细缆的 10 Base-2 标准还是采用粗缆的 10 Base-5 标准，它们均为总线型拓扑结构，即在一根线缆上接多个结点，这种拓扑结构适用于计算机结点比较密集的应用环境。这种结构的缺点是：当一个触点发生故障时，故障会串联影响到整根线缆上的所有结点，故障的诊断与修复比较困难。同轴电缆将逐渐被非屏蔽双绞线或光缆取代。

3. 10 Base-T 标准

与 10 Base-2 和 10 Base-5 标准一样，10 Base-T 标准名称中的“10”是指网络数据传输速率为 10 Mb/s，“Base”表示采用基带传输，“T”代表物理传输介质使用双绞线(Twisted Pair，TP)，每一对双绞线中的两条线缆互相缠绕在一起，其目的是减少电磁干扰以及线缆之间的串扰。

10 Base-T 标准源于 StarLAN 标准。StarLAN 是第一个以双绞线为传输介质，传输速率为 1 Mb/s 的以太网。IEEE 802 委员会于 1987 年将 StarLAN 定为 IEEE 802.3e 标准，此标准也被称为 1 Base-5 标准。

10 Base-T 采用星型拓扑结构，通常使用集线器或交换机作为中心结点，从集线器(或交换机)上到星型网络中的每一个结点都有一个端口(port)与之相连。从集线器(或交换机)到每个结点的单根双绞线最大长度为 100 米。10 Base-T 使用曼彻斯特编码。

双绞线分很多种类，比较常见的有三类线(Cat3)和五类线(Cat5)。以五类双绞线为例，一根双绞线中总共包含四对八根线。其中，四根为纯色线，颜色分别是橙色、绿色、蓝色、棕色；其余四根为纯色与白色相间的花线，颜色分别是白橙色、白绿色、白蓝色、白棕色。双绞线通过 RJ-45 接头与网卡或其他网络设备的端口相连。RJ-45 接头的引脚排序和双绞线四对八芯的结构如图 5.2 所示。

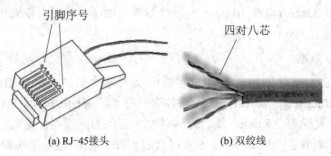

(a) RJ-45接头   (b) 双绞线

图 5.2　RJ-45 接头和双绞线

事实上，10 Base-T 只用到三类线或五类线所提供的四对八根线中的两对四根，即引脚序号为 1 和 2 以及引脚序号为 3 和 6 的两对线。

双绞线的四对八芯线缆与 RJ-45 接头八个引脚的连接顺序和方法主要遵循两个标准，即 T568A 和 T568B，这两个标准的引脚连接顺序如图 5.3 所示。

引脚号	第 n 对线	颜色
1	3	白绿色
2	3	绿色
3	2	白橙色
4	1	蓝色
5	1	白蓝色
6	2	橙色
7	4	白棕色
8	4	棕色

(a) T568A 标准

引脚号	第 n 对线	颜色
1	2	白橙色
2	2	橙色
3	3	白绿色
4	1	蓝色
5	1	白蓝色
6	3	绿色
7	4	白棕色
8	4	棕色

(b) T568B 标准

图 5.3　T568A 与 T568B 标准引脚连线顺序

从图 5.3 中可以看出，无论是 T568A 还是 T568B 标准，双绞线的八根线芯都是按照花线与纯色线相互交替的顺序进行排列的。在电信号上，花线代表正(positive)，纯色线代表负(negative)。观察图 5.3 可以看出，T568A 与 T568B 标准大体相似，唯一的区别是橙线对与绿线对进行了调换。对于 10 Base-T 标准，四对八芯双绞线中的橙线对(包括橙线和白橙线)负责数据的发送，绿线对(包括绿线和白绿线)负责数据的接收。双绞线中另外两对(蓝线对和棕线对)线缆是为将来实现更高的带宽预留的，在 10 Base-T 中没有用到。

如果一根双绞线的一端按照 T568A 标准与 RJ-45 接头连接，另一端按照 T568B 标准与 RJ-45 接头连接，则这种双绞线称为交叉线(crossover cable)。交叉线通常用于相同网络设备之间的连接，如集线器与集线器之间、路由器与路由器之间以及计算机与计算机之间。如果一根双绞线的两端按照相同的标准与 RJ-45 接头连接，由于没有出现线缆和引脚的交叉(引脚 1 连接引脚 1，引脚 2 连接引脚 2，依此类推)，每根线都直接与对应编号的线相连，因此这种线称为直通线(straight-through cable)。直通线一般用于网络中计算机与集线器(或交换机)之间的连接。

10 Base-T 组网所需的主要设备有三类或五类非屏蔽双绞线、带有 RJ-45 接口的以太网网卡、集线器、交换机以及 RJ-45 接头等。

4. 10 Base-F 标准

事实上，10 Base-F 是一组采用光缆作为传输介质的 10 Mb/s 以太网标准的总称，它包括三个标准：10 Base-FL、10 Base-FB 与 10 Base-FP。

10 Base-FB 标准主要用于连接多个集线器或交换机的主干网络，现在已很少使用。10 Base-FP 标准是一种无需中继器的星型网络，但是此标准从未得到实现。

这三个标准中目前仍在使用的是 10 Base-FL 标准，其网络传输速率为 10 Mb/s，使用曼彻斯特编码。10 Base-FL 标准采用一对(两根)多模光纤(multimode fiber)作为传输介质，一根光纤用于数据发送，另一根光纤用于数据接收，是一种全双工的通信模式。每个网段单根光缆的最大长度为 2000 m。

10 Base-FL 标准使用光缆通过光脉冲信号传输数据，而不采用电信号传输数据。相对于以铜导线(如同轴电缆和双绞线)为传输介质的以太网，采用光纤作为传输介质的以太网具有明显的优势。首先，光纤不受外界的电磁干扰，可用于存在强电磁干扰的环境中；其次，10 Base-T 标准每个网段单根双绞线的最大长度仅为 100 m，而 10 Base-FL 标准每个网段单根光缆的最大长度可达 2000 m。

目前，10 Base-FL 标准在局域网中已经比较少见，它已经逐渐被传输速率更高的快速以太网和千兆以太网标准所取代。

5. 100 Base-TX 标准

随着计算机网络的不断发展，传统的 10 Mb/s 以太网技术很难满足日益增长的网络传输速率的需求。1993 年 10 月以前，对于要求 10 Mb/s 以上数据传输速率的局域网应用，只有光纤分布式数据接口(Fiber Distributed Data Interface，FDDI)可供选择，它是一种以光缆为传输介质，网速为 100 Mb/s 的局域网技术，其造价非常昂贵。为了满足用户对更高网络传输速率的要求，IEEE 802 委员会开始研究网速为 100 Mb/s 的以太网标准。IEEE 于 1995 年 3 月公布了 IEEE 802.3u 快速以太网(Fast Ethernet)标准，计算机网络进入快速以太网时代。

快速以太网是对传统 10 Mb/s 以太网标准的扩展。快速以太网采用非屏蔽双绞线或光纤作为传输介质，使用 CSMA/CD 介质访问控制方法。与 10 Base-T 中所有线缆都接入集线器相类似，快速以太网也采用星型拓扑结构。事实上，快速以太网具有与原有 10 Base-T 标准的兼容性，能够使 10 Base-T 网络[采用即插即用(plug-and-play)的方式]升级到 100 Mb/s 的快速以太网。

快速以太网有时也被称为 100 Base-X，与前述的低速以太网标准相似，"100" 是指网络传输速率为 100 Mb/s,"Base"表示采用基带传输。100 Base-X 名称中的"X"可以代表 TX,此类标准以双绞线为传输介质;"X"也可以代表 FX,此类标准以光纤为传输介质。根据网络采用的传输介质不同,快速以太网包括许多种不同的标准,如 100 Base-TX、100 Base-T4、100 Base-T2 和 100 Base-FX 等。在各种快速以太网标准中,使用最广泛的是 100 Base-TX 标准。

100 Base-TX 标准采用五类(或五类以上)双绞线作为传输介质,事实上它只使用五类双绞线中的两对(四根)线。与 10 Base-T 网络一样,这四根线在标准的连接中与编号为 1、2、3 和 6 的引脚相连。由于标准的五类线包含四对八根线,因此从理论上它可以支持两路 100 Base-TX 通信线路。各个线缆与接头引脚的排列方式通常按照前述的 T568A 或 T568B 标准进行连接。橙线负责数据的发送,通常编号为第 2 对线;绿线负责数据的接收,通常编号为第 3 对线。

在 100 Base-TX 标准中,每个网段单根双绞线的最大长度为 100 m。通常情况下,100 Base-TX 网络使用两对四根工作线缆中的一对进行一个方向的数据传输,使用另一对进行相反方向的数据传输,从而实现全双工通信。

100 Base-TX 网络的组网方式与 10 Base-T 非常相似。在组建局域网时,网络中的结点和设备(如计算机、打印机等)通常直接与集线器或交换机相连,构成一个星型拓扑结构的网络。

6. 100 Base-FX 标准

100 Base-FX 是一种采用光纤作为传输介质的快速以太网标准。100 Base-FX 通过在两根光纤中传播波长为 1300 nm 的近红外线(Near-InfraRed,NIR)进行数据传输,一根用于数据发送,另一根用于数据接收。100 Base-FX 网络可以使用单模光纤和多模光纤。根据所使用的光纤类型和工作模式的不同,100 Base-FX 网络的最大网段长度可以是 400 m(半双工通信模式)与 2000 m(全双工通信模式)不等。100 Base-FX 网络适用于存在较强电磁干扰的工作环境,对于网络连接距离较长或系统保密要求较高的应用环境特别适合。

5.2　局域网组网设备

本节介绍一些基本的局域网组网设备,包括网络接口卡、中继器、集线器、网桥、交换机和路由器,主要介绍这些常见网络设备的基本概念与功能,并通过对一些典型网络设备的对比分析,加深对其工作原理与特点的了解和认识。

5.2.1　网络接口卡

网络接口卡(Network Interface Card,NIC)也称为网络接口控制器(Network Interface Controller,NIC)或者网络适配器(Network Adapter),它是连接计算机与计算机网络的基本网络组件。人们通常将网络接口卡简称为网卡。

常见的网卡实现形式是插在计算机总线上的扩展卡,该扩展卡既可以是台式机主机箱内的一块扩展网络接口卡,也可以是笔记本电脑中的一块 PCMCIA 卡。但是,网卡低廉的成本与以太网标准的高度普及意味着大多数新一代计算机可以直接在其主板上提供集成的网络接口。

　　网卡是局域网中连接计算机与物理传输介质的接口。在网卡中具备了采用特定的物理层与数据链路层标准(如以太网、令牌环网等)进行通信所需的电路，这为构建一个完整的网络协议栈提供了基础，既允许同一局域网中不同小组的计算机之间进行通信，还支持在大型网络中计算机通过路由协议(如 IP 协议)进行通信。网卡除了实现与网络传输介质之间的物理连接与电信号匹配之外，还涉及数据帧的发送与接收、数据帧的封装与拆封、介质访问控制、数据的编码与解码以及数据缓存等功能。

　　尽管在局域网领域还存在一些其他的网络技术(如令牌环网络)，但以太网从 20 世纪 90 年代开始就已经处于技术上的绝对优势地位。每个以太网的网卡都有一个唯一的 48 位长的串号，该串号存储在只读存储器中，称为网卡的 MAC 地址。以太网中的每一台计算机都必须具有至少一个网卡。正常情况下，假定不会出现两块网卡具有相同 MAC 地址的情况，因为网卡的生产者从 IEEE 成批获得 MAC 地址并在生产网卡时给每一个网卡分配一个唯一的 MAC 地址。

　　网卡不仅提供对网络传输介质的访问，而且还通过 MAC 地址提供一种低层的网络设备编址系统。根据 OSI 参考模型的功能划分，网卡既是一个物理层设备，也是一个数据链路层设备。

5.2.2　中继器

　　中继器(repeater)是一种模拟电子设备，用来处理与其相连线缆上的信号，它工作在 OSI 参考模型的最底层(物理层)。中继器接收与其一端相连的线缆上的信号，将信号放大，再将放大后的信号传给与其另一端相连的线缆，从而增加信号的传输距离。

　　中继器并不了解数据帧、数据包或者头信息(header)这些概念，它所关注并加工处理的对象是那些将比特流通过编码转换成电信号的符号。传统以太网在组网过程中最多允许使用四个中继器，使信号的最大传输距离达到 500 m～2500 m。

　　为了能够成功地通过中继器将数据从一个网段传输到另一个网段，与中继器端口相连的各个网段必须具有相同的数据帧格式与数据传输速率。这意味着不能用中继器连接 IEEE 802.3 标准的以太网和 IEEE 802.5 标准的令牌环网，也不能通过中继器连接数据传输速率分别为 10 Mb/s 和 100 Mb/s 的以太网。

5.2.3　集线器

　　集线器(hub)是一种将多个以太网设备连接到一起，使其构成一个单独网段的网络互联设备。集线器通常也被称为以太网集线器(Ethernet hub)、中继集线器(repeater hub)或者多端口中继器(multiport repeater)。集线器具有多个输入/输出端口(port)，从任何一个输入端口流入的信号将出现在除流入端口之外的其他所有输出端口上。因此，集线器在本质上是一个具有多个端口的中继器。

　　与中继器一样，集线器也工作在 OSI 参考模型的物理层，因此通常也将集线器称为物理层设备或者第一层网络互联设备。在物理层，集线器并不支持许多复杂的上层网络概念，如集线器不会解读从其中流过的数据，也不知道数据流中哪些是源地址哪些是目的地址。集线器只是负责接收流入的以太网数据帧，然后将这些表示比特流的电信号广播出去，发送给网络中的其他设备。

　　大多数集线器能够检测出一些典型的传输问题,如个别端口如果出现频繁的冲突与传输超时现象,集线器会将出问题的端口与其他正常工作的端口隔离开,进而将其从共享传输介质上断开。正因为具有这种特点,基于集线器与双绞线的以太网(如 10 Base-T)的稳定性与健壮性通常比基于同轴电缆的以太网(如 10 Base-2)更高。在基于同轴电缆的以太网中,一个故障设备往往会给整个冲突域造成极大的影响。即使不能自动隔离故障端口,与在具有多个结点的长同轴电缆上查找故障相比,集线器的故障诊断过程也要简单得多。首先,集线器上的状态指示灯可以指出可能的问题源;其次,即使采用将网络设备逐个从集线器的端口上断开的方法进行故障诊断,也比在同轴电缆上进行故障诊断容易得多。有一些集线器带有一个 BNC 或者 AUI 接口,支持原有的 10 Base-2 或者 10 Base-5 网段接入。

　　集线器与中继器有三点相似之处:第一,中继器与集线器都是物理层设备,如图 5.4 所示;第二,流入集线器与中继器各个端口的所有线路必须具有相同的数据传输速率;第三,集线器与中继器既不检查也不使用其上层(数据链路层)的数据单元地址。

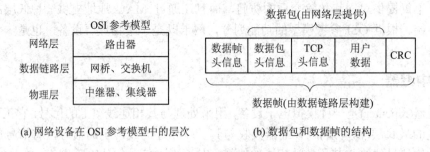

(a) 网络设备在 OSI 参考模型中的层次　　　　(b) 数据包和数据帧的结构

图 5.4　网络设备层次和数据单元结构

　　集线器与中继器的区别主要有两点:首先,集线器通常不对输入信号进行放大;其次,集线器具有多个输入线路,每个线路对应一个端口。相对于集线器和中继器的相同点,两者之间的本质区别非常小。

　　与交换机相比,集线器较为简单。集线器并不对途经的数据流进行检查或管理,只是将从任一端口流入的所有数据包重新广播发送给所有其他的端口。集线器并不知道所传输的数据单元是数据帧还是数据包,它只负责对原始比特流进行处理。

　　尽管功能比交换机简单,但是相当长一段时期以来集线器一直是局域网组网的主要网络互联设备。人们之所以更倾向于购买与使用集线器而不是交换机,其主要原因在于集线器的价格优势。但是,随着技术的发展与进步,交换机的价格下降幅度很大。廉价交换机的普及已经使集线器的使用越来越少,目前,人们可以在一些较早时期组建的网络和特殊的应用环境中见到集线器的使用。

5.2.4　网桥

　　网桥(bridge)是一个数据链路层(第二层)网络互联设备,用于连接两个或多个局域网。在以太网领域,“网桥”一词的正式含义是指任何符合 IEEE 802.1d 标准的设备。网桥与交换机非常相似,可以将交换机理解为一个带有许多端口的网桥,人们往往将网桥与交换机或者第二层交换机这几个概念等同起来。

　　与集线器相似，网桥具有多个端口，通常可以支持 4 路～48 路某种类型的输入线路。但是，网桥与集线器的区别在于网桥的多个端口之间是彼此隔离的，每个端口形成自己独立的冲突域。

　　当一个数据帧到达网桥的某个输入端口时，网桥首先从数据帧的头信息中提取出目的地址，然后根据查表得到的结果，将数据帧输出到相应的端口。对于以太网，这个提取出来的地址就是前边在介绍网卡时所述的 48 位长的 MAC 地址。MAC 地址由 IEEE 统一分配，确保全世界没有两块以太网网卡具有相同的 MAC 地址。MAC 地址的前三个字节(24 位)是组织唯一标识符(Organizationally Unique Identifier，OUI)，其值由 IEEE 统一规划分配，用于标识不同的网卡生产厂家；MAC 地址的后三个字节(共 2^{24} 个地址)由网卡生产厂家分配，保证其生产的每一块以太网网卡都有一个唯一的地址。

　　网桥的性能比集线器优越得多。由于网桥各个端口之间相互隔离，因此每条输入线路可以具有不同的数据传输速率，甚至可以支持不同的网络类型。例如，可以通过网桥的不同端口将网速分别为 10 Mb/s、100 Mb/s 和 1000 Mb/s 的三个以太网连接起来。如前所述，集线器无法实现这种功能。为了实现对多个不同数据传输速率网络的支持，网桥需要在其内部提供缓冲(buffering)功能，不同端口输入数据速率的差异可以通过缓冲存储器进行调节。但是，如果不同端口输入数据传输速率的差异过大，如一个端口的千兆以太网以其最快的速度向另一个端口的 10 Mb/s 以太网传输数据，则可能导致网桥缓冲空间耗尽，从而出现丢弃数据帧的现象。即使网桥所有端口的数据传输速率都相同，这种缓冲空间耗尽引起的丢帧现象仍然可能发生，因为可能出现多个端口同时向同一个端口集中发送数据帧的情况。

　　网桥最初的设计目标之一是连接不同类型的局域网，如通过网桥将以太网与令牌环网连接起来。但是，这一设计目标并未很好地实现，其原因在于不同类型局域网之间的差异太大。首先，不同类型的局域网通常具有不同的数据帧格式，不同的数据帧格式要求对数据帧进行复制与格式转换，这些处理需耗费一定的 CPU 时间，还需要计算新的校验和(checksum)。在这些对数据帧格式的处理过程中还有可能因为网桥内部的某些不良存储位引入新的差错。其次，不同类型的局域网往往具有不同的最大数据帧长度。过长的数据帧因无法通过网桥在转发时会被丢弃，对这个问题一直没有很好的解决方法。另外，不同类型的局域网在安全性与服务质量等方面也存在许多差别。有些局域网(如 IEEE 802.11)提供链路层的数据加密功能，而有些局域网(如以太网)则不提供。有些局域网(如 IEEE 802.11)提供对服务质量(如优先级)的支持，而有些局域网(如以太网)则不提供。因此，当数据帧跨越不同类型的局域网进行传播时，网桥有可能无法提供数据发送方所期望的数据安全性与服务质量等指标。基于上述几方面的原因，现代的网桥往往用于连接同一种类型的局域网，稍后在 5.2.6 节中介绍的路由器则用于连接不同类型的网络。

5.2.5　交换机

　　网络交换机(network switch)也被称为交换式集线器(switching hub)，简称交换机，它是一种连接多个网段或者网络设备的网络互联设备。交换机通常是指在 OSI 参考模型的数据链路层(第二层)进行数据处理与路由选择工作的多端口网桥。从本质上讲，交换机只是现代版网桥的别名而已。网桥与交换机这两个名称的区别更多是基于市场销售方面的因素，而不是技术层面的差异。

　　但是，交换机与网桥之间还是略有不同。网桥的开发和使用与传统以太网的使用处于同一时期，所以网桥一般用于连接数量相对较少的若干个局域网，因此网桥上的端口数相对也较少。现在，人们更倾向于使用交换机这个名称。另外，现代的局域网组网技术基本上使用点到点的连接(如双绞线)，单个计算机很容易直接接入交换机，因此交换机的端口数通常比较多。

　　从外观上看，一个多端口的交换机与一个多端口的集线器非常相似。交换机与集线器都是扁扁的盒子形状，通常带有 4~48 个端口，每个端口可以连接一根带有标准 RJ-45 接头的双绞线。每根双绞线将交换机或集线器与一台计算机相连，典型的采用以太网交换机的网络连接结构如图 5.5 所示。

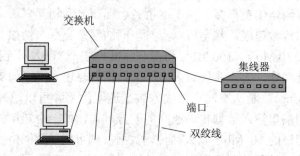

图 5.5　采用以太网交换机的网络连接结构

　　除了外观相似，交换机同样具备集线器的一些优点。首先，采用交换机可以非常容易地通过插拔网线来增加或者删除网络结点；其次，使用交换机可以很容易地发现大多数的网络错误，因为发生问题的网线或者出现故障的端口通常只会影响网络中的单个计算机结点。

　　尽管交换机与集线器在外观和网络连接结构等方面十分相似，但是这两种网络互联设备的内部结构存在很大的区别。集线器在内部只是简单地把每个端口的连接线路在电路上连接在一起，就像将这些线缆焊接在一起一样，其结构如图 5.6(a)所示。从图 5.6(a)中很容易理解集线器的广播式工作原理，从一个端口流入的数据被广播给所有(除流入端口之外的)其他输出端口。交换机的内部结构与集线器大不相同，其核心是一个高速背板(backplane)，该背板将交换机的所有端口连接起来，其结构如图 5.6(b)所示。与集线器的广播式工作方式不同，对于流入交换机端口的数据帧，交换机只将这些数据帧输出到通往其目的结点的端口。当一个交换机端口从一个结点那里接收到一个以太网数据帧时，交换机检查该数据帧的以太网地址，据此判断并将该数据帧发送到目的端口上去。当然，这样的处理过程要求交换机必须能够在其内部建立端口与目的结点地址之间的映射关系。在得到数据帧所应输出的端口号之后，交换机通过其高速背板将数据帧发送到目的端口。交换机背板的数据传输速率一般非常高，通常可达若干千兆比特每秒。目的端口在接收到该数据帧之后，将其沿输出线路传输给数据最终的接收结点。在此过程中，交换机的其他端口甚至完全不知道该数据帧的存在。

　　交换机能够从与之相连的任何网络设备上接收消息，然后仅将其发送给消息的目的设备。集线器则将接收到的消息广播发送给与其相连的所有其他设备。相比之下，交换机是一种比集线器更具智能性的网络设备。网络交换机在大多数现代以太网局域网中是不可或缺的组成部分，中型以及大型局域网中往往包含若干个网络交换机。

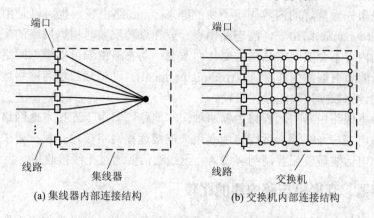

图 5.6 交换机与集线器内部连接结构对比

以太网交换机工作在 OSI 参考模型的数据链路层，每一个交换机端口都是一个独立的冲突域。例如，假设有四台计算机(A、B、C、D)分别连接在同一交换机的四个端口上，A 和 B 之间可以相互传输数据，与此同时，C 和 D 之间也可以进行数据传输，这两路通信之间不会相互干扰。网络的每个点到点连接都享有专用的带宽，因此所有结点能够以全双工方式进行通信，不会产生冲突。相比之下，如果这四台计算机是连接在同一集线器的四个端口上，这四个结点将会共享集线器的带宽，它们只能以半双工方式进行通信，会产生冲突，导致数据重传。

5.2.6 路由器

中继器与集线器这两种网络设备实际上非常相似，网桥与交换机彼此也十分相似。现在，沿 OSI 参考模型的七层框架更上一层，介绍在网络层工作的网络互联设备——路由器(router)。路由器与前几种网络互联设备有很大的区别。当数据流入路由器后，路由器将数据帧的头信息(header)与尾信息(trailer)剥离掉，找到数据帧所携带的数据包(packet)，即图 5.4(b)中所示的数据包部分，然后将数据包交给路由软件处理。路由软件根据数据包头的信息选择合适的输出线路。

路由器用于连接多个逻辑上相互独立的网络，逻辑上相互独立的网络是指一个单独的网络或者一个子网。可通过路由器将数据从一个子网传输到另一个子网，因此，路由器应该具备判断网络地址与选择路径(routing)的功能。路由器能够采用完全不同的数据分组方式与介质访问方法连接各种子网，可以在多网络互联的环境中建立灵活的连接。路由器是属于 OSI 参考模型中网络层(第三层)的网络互联设备，只接收来自源结点或其他路由器的数据信息，它不关心各逻辑子网使用何种硬件设备，但要求各逻辑子网必须运行一致的网络层协议软件。

路由器的核心功能是为流经路由器的每一个数据帧寻找一条最佳的传输路径，从而将数据帧有效地传送到其目的结点。因此，选择最佳路径的策略即路由算法(routing algorithm)是路由器的关键。为了完成路由选择工作，路由器将多种与传输路径相关的数据保存在一张路由表(routing table)中，供路由器在选择最佳传输路径时使用。路由表中保存着各逻辑子网的标志信息、网络中路由器的个数以及下一个路由器的名字等内容。路由表既可以是由系统管理员事先设置好的内容固定不变的静态(static)路由表，也可以是由系统自动调整与修改的动态(dynamic)路由表。静态路由表一般在系统安装时根据网络的配置情况预先设定，路由表的内容不会随网络结构的变化而改变；动态路由表可以根据网络的实际运行情况自动调整，能够根据路由选择协议(routing protocol)自动记忆与学习网络运行情况，并且在需要时自动计算数据传输的最佳路径。

　　路由器分本地路由器与远程路由器两种。本地路由器用于连接本地网络传输介质，如双绞线、同轴电缆与光纤等。远程路由器用来连接远程网络传输介质，要求有相应的硬件设备支持，如电话线需要配置调制解调器，无线通信要通过无线接收机、发射机进行。

5.2.7　集线器、交换机与路由器的比较

　　为了加深对局域网互联设备的理解，下面比较集线器、交换机与路由器这三种具有代表性的网络互联设备，分析其主要区别。

　　集线器、交换机与路由器这三种网络互联设备的主要区别在于其智能性不同。从本质上讲，它们都是将一个或多个计算机与其他计算机、网络设备或者其他网络进行连接的设备。从外观上看，它们都有称为端口(port)的连接器，用户将线缆插入端口，完成网络连接。这三种网络互联设备的差别主要在于其工作原理不同。

　　集线器是这三者当中最廉价、智能性最低、工作原理最简单的设备。集线器的任务非常简单，就是将从一个端口流入的任何数据全部发送到其他端口，仅此而已。如图 5.7 所示，一个发给结点 A 的数据包被广播式地发送给所有与集线器相连的结点。

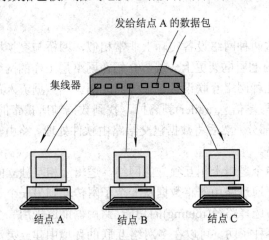

图 5.7　集线器数据传输原理

　　换言之，每个与集线器相连的计算机都能够看到其他与该集线器相连的计算机所看到的数据。与集线器相连的计算机自身负责判断自己是否为数据包的目的结点，从而相应地接收数据包或者忽略数据包。集线器对它所传输数据的内容并不知晓，也不关心。鉴于集线器低廉的价格与简单的工作原理，多年来，使用集线器组网一直是一种快捷而简便的构建小型计算机网络的方法。

交换机与集线器所做的工作从本质上是相同的，但是交换机的效率更高。交换机能够通过观察流经其中的数据"学习"哪些端口对应于哪些网络地址。在系统初始时刻，交换机并不知道哪些端口对应于哪些网络地址，因此只能简单地将流入其中的数据包发送给所有的端口，这一过程与图 5.7 所示集线器的数据传输过程基本相似。

交换机的智能性体现在随着数据传输的进行，交换机能够不断地观察与学习。即使是通过接收第一个数据包这一简单动作，交换机也能够从中学到这样一个事实：该数据包的发送者与交换机的哪一个端口相连。因此，当结点 A 对接收到的消息进行应答时，交换机利用刚才学到的知识，仅将该应答消息发送给特定的端口，而不是盲目地广播发送给所有端口，这一过程如图 5.8(a)所示。

通过上述的学习过程，交换机除了能够将应答消息发送给原发送者之外，还知道了结点 A 与交换机的哪一个端口相连。这意味着在接下来的消息传输过程中，交换机将所有发送给结点 A 的消息都只发给与结点 A 相连的那个端口，这一过程如图 5.8(b)所示。

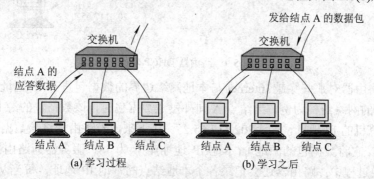

图 5.8　交换机数据传输原理

交换机学习网络设备地址的过程非常快，几乎是瞬间完成的。学习过程最终的结果是，通过交换机传输的绝大多数网络通信流都被有目的地发送给特定的端口，而不是盲目地广播给所有端口。对于通信繁忙的计算机网络而言，这无疑能够极大地提高网络的数据传输速率。

在集线器、交换机与路由器这三种网络互联设备中，路由器是最复杂，同时也是智能性最高的一种网络设备。从当前非流行的小型四端口宽带路由器到大型的企业级 Internet 主干路由器，路由器种类繁多，各不相同。

可以将路由器视为一台由程序控制，能够理解与处理数据，并且负责对数据进行路由选择的计算机。事实上，当今的大多数路由器从本质上讲都是专门负责处理网络通信路由工作的小型计算机。

就简单的通信流路由功能而言，路由器与交换机所执行的操作完全相同，都是先学习与其相连计算机的地址信息，进而在后续的路由工作中将通信流有选择地传输到这些计算机结点。

一般网络用户使用的路由器除了上述基本的路由功能之外，至少还要执行另外两个重要的任务：动态主机配置协议(Dynamic Host Configuration Protocol，DHCP)和网络地址转换(Network Address Translation，NAT)。

DHCP 是一种动态分配 IP 地址的方法。首先，一台网络设备申请从其上游设备那里获得一个 IP 地址；然后，DHCP 服务器对申请做出响应，将一个 IP 地址分配给该网络设备。一方面，与用户所使用的 ISP(Internet Service Provider，互联网服务提供商)服务器相连的路由器通常向该服务器申请一个 IP 地址，这个地址就是所有与该路由器相连的计算机在 Internet 上共有的 IP 地址；另一方面，与该路由器相连的所有本地计算机都向路由器申请一个 IP 地址，而这些地址是本地的，它们只在本地网络范围内起到唯一定位与标识计算机结点的作用。这一概念如图 5.9 所示。

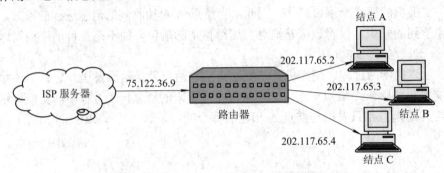

图 5.9　路由器 DHCP 功能

　　NAT 是路由器对那些穿越 Internet 与本地网络边界的数据包进行 IP 地址转换的过程。以图 5.9 所示的网络结构为例，当结点 A 向外发送数据包时，该数据包的源 IP 地址就是结点 A 这台计算机的 IP 地址，即"202.117.65.2"。接下来，当路由器将该数据包继续发送到 Internet 上时，它将数据包的源地址(本地 IP 地址)转换为 ISP 服务器为路由器所分配的 IP 地址。在转换过程中，路由器还会记录各个本地结点的本地 IP 地址，每当从 Internet 上传来应答消息时，路由器根据这些信息进行反向的地址转换。在上例中，对于那些发给结点 A 的应答消息，路由器首先将应答数据包中的目的地址(路由器的 IP 地址)转换为结点 A 的本地 IP 地址，然后将应答数据包发送给结点 A。网络地址转换的过程意味着 Internet 上的计算机结点不能与本地网络上的计算机结点主动发起通信过程，它们只能对这些本地结点发起的通信过程进行响应。从某种意义上讲，路由器实际上起到了防火墙(firewall)的作用。这意味着恶意软件无法通过由路由器构成的防火墙与本地网络内的计算机直接进行连接，从而可以阻止恶意软件的传播，该过程如图 5.10 所示。

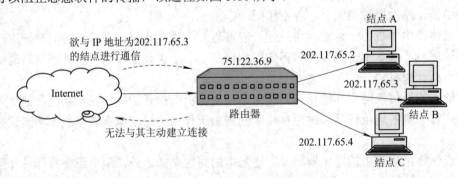

图 5.10　路由器 NAT 功能

　　所有的路由器都包含某种用户界面，用于配置路由器处理通信流。功能完备的大型路由器往往自带一种语言，其功能等同于一种完整的程序设计语言。路由器使用这种语言描述自身的操作过程。路由器还可以通过这种语言与其他路由器进行通信，描述路由器间数据流的路径信息，并通过路由器间的相互交流决定将数据流从一个结点传输至另一个结点的最佳路径。

5.3 局域网组网所需设备和方法

组建局域网的方式有很多种，如可以使用同轴电缆、双绞线与光纤等不同的传输介质组建局域网。使用同轴电缆组建局域网可分为三种方式：粗同轴电缆方式、细同轴电缆方式以及粗/细缆混合方式。目前，最常见同时也是最简单易行的组网方式是采用双绞线组建以太网。使用非屏蔽双绞线与集线器组建局域网有许多优点，如安装简单、易于管理、设备成本较低、系统可靠性较高等。由于篇幅关系，本节主要介绍目前广泛使用的"双绞线+集线器"这种组建局域网的方法。

5.3.1 局域网组网所需设备

为了适应结构化布线系统的发展，IEEE 802 委员会制定了 IEEE 802.3i 标准(10 Base-T 标准)。10 Base-T 标准已经成为目前应用最为广泛的以太网技术。最常见的构建符合 10 Base-T 标准局域网的组网方式是采用非屏蔽双绞线与集线器组建局域网，该方法所需的基本网络设备有以下几种：

- 三类或五类非屏蔽双绞线；
- 集线器；
- 带有 RJ-45 接口的以太网网卡；
- RJ-45 连接头。

5.3.2 局域网组网方法

根据使用集线器的方式不同，采用双绞线与集线器组建以太网可以进一步分为以下三种方法：

- 单一集线器结构；
- 多集线器级联结构；
- 可堆叠式集线器(stackable hub)结构。

下面分别介绍这三种组网方式的基本结构特点与适用环境。

1. 单一集线器结构

采用单一集线器的以太网结构非常简单，网络中的所有结点都通过非屏蔽双绞线直接与集线器相连，构成一种物理上的星型结构，如图 5.11 所示。在这种结构中，从结点到集线器的非屏蔽双绞线的最大长度为 100 米。

普通的集线器一般提供三类端口：第一类是

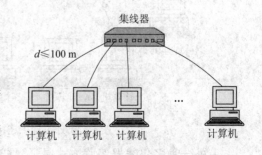

图 5.11 单一集线器结构组网

通过双绞线与计算机结点相连的 RJ-45 端口；第二类是用于多集线器级联的向上连接端口 (uplink port)；第三类是支持同轴电缆或光纤连接的端口，包括支持细同轴电缆(细缆)连接的 BNC 端口、支持粗同轴电缆(粗缆)连接的 AUI 端口，以及光纤连接端口。常见的单一集线器通常带有 4～24 个 RJ-45 端口，一个向上连接端口，以及一个 BNC、AUI 或者光纤连接端口。

单一集线器结构通常适用于构建规模较小的局域网，如当网络中的结点数少于单个集线器上的端口数时，可以按照图 5.11 所示的结构组建一个小型的局域网。这种组网方式的优点是安装简单，易于维护；其缺点是网络规模非常有限。

2. 多集线器级联结构

当网络结点数超过单一集线器的端口数时，需要考虑把多个集线器级联在一起，增加网络所能接入的结点数，扩大网络的规模与覆盖范围。

如前所述，集线器一般提供多个 RJ-45 端口、一个向上连接端口、一个支持同轴电缆或光纤连接的端口。根据进行级联时所采用的端口类型不同，完成多个集线器级联通常有以下两种方法：

(1) 通过集线器的向上连接端口进行级联；

(2) 通过集线器的同轴电缆或光纤连接端口进行级联。

通过向上连接端口进行多集线器级联时，采用双绞线作为传输介质，这种方法典型的组网结构如图 5.12 所示。在图 5.12 中，两个集线器使用非屏蔽双绞线通过向上连接端口与上一级集线器的普通 RJ-45 端口连接在一起。相对于单一集线器结构，这种组网方式具有明显的优点：首先，网络所能包含的结点数成倍增加；其次，网络的覆盖范围也得到扩展。在单一集线器结构中，由于从结点到集线器的单根非屏蔽双绞线的最大长度 d 为 100 m，因此网络中两个结点之间的最大距离为 $2d$，即 200 m。在图 5.12 所示的采用多集线器级联结构的网络中，由于引入了中间一级集线器，增加了两个结点之间的最大距离，因此有效地扩大了网络的覆盖范围。

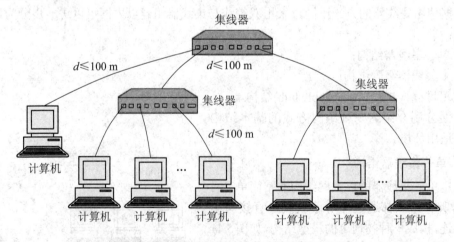

图 5.12 通过向上连接端口进行多集线器级联结构

另外一种多集线器级联方式是通过集线器提供的同轴电缆或光纤连接端口进行。图 5.13 给出了使用粗同轴电缆作为传输介质，通过集线器提供的 AUI 端口进行多集线器级联的组网结构。

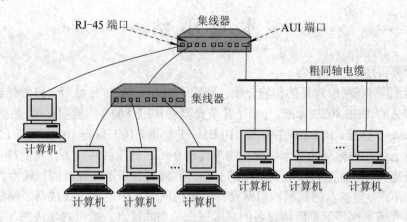

图 5.13　通过 AUI 端口进行多集线器级联结构

由于粗同轴电缆单根线缆的最大长度为 500 m，远远大于单根双绞线的最大长度(100 m)，因此采用这种多集线器级联的组网方式可以有效地扩大局域网的覆盖范围。值得指出的是，在实际应用中往往将上述两种多集线器级联方法结合起来，根据网络实际布局情况综合运用。例如，对于较短距离的网络可以考虑采用双绞线与向上连接端口实现多集线器级联，对于较远距离的网络则可以考虑采用同轴电缆或光纤连接端口实现多集线器级联。

3. 可堆叠式集线器结构

可堆叠式集线器是通过厂家提供的一根专用电缆将多个集线器连成的一个规模更大、端口数成倍增加的大型集线器。在这种结构中，每个集线器都有一个"向上"(Up)堆叠端口与一个"向下"(Down)堆叠端口，通过专用电缆将一个集线器的 Up 堆叠端口直接连到另一个集线器的 Down 堆叠端口，实现多个集线器的堆叠。图 5.14 给出了一个采用可堆叠式集线器的以太网结构。

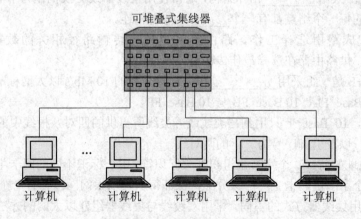

图 5.14　可堆叠式集线器结构

堆叠中的所有集线器可以被视为一个整体的集线器进行管理。换言之，堆叠中的所有集线器从拓扑结构上可以看作一个集线器。

·········· 本 章 小 结 ··········

本章主要讲述了以下内容：

(1) 介绍了局域网中常见的传输介质。介绍了 IEEE 802.3 标准所支持的传输介质，简要介绍了常见的 IEEE 802.3 标准。介绍了几个典型的 IEEE 802.3 物理层标准，包括 10 Base-2 标准、10 Base-5 标准、10 Base-T 标准、10 Base-F 标准、100 Base-TX 标准与 100 Base-FX 标准。针对上述几种标准的基本概念、物理传输介质、适用网络设备、功能特点、应用环境以及发展趋势等方面进行了较为详细的介绍，并简要分析了各标准的优缺点。

(2) 介绍了一些基本的局域网组网设备，包括网卡、中继器、集线器、网桥、交换机和路由器。介绍了这些常见网络设备的基本概念与功能特点。通过对集线器、交换机与路由器的比较分析，加深对局域网组网设备工作原理与技术特点的了解和认识。

(3) 介绍了常见的局域网组网方法。重点介绍了目前广泛使用的双绞线与集线器组建局域网的方法。介绍了组网所需的硬件设备，并根据使用集线器方式的不同，详细介绍了采用双绞线与集线器组建以太网的三种方法：单一集线器结构、多集线器级联结构和可堆叠式集线器结构。

✦✦✦✦✦✦✦ 习 题 5 ✦✦✦✦✦✦✦

一、填空题

1. 以太网支持的物理传输介质包括_____、_____和_____等。

2. 10 Base-2 标准名称中的"10"代表网络的最大传输速率为_____，"Base"表示采用_____信号传输，"2"是指每个网段单根线缆最大的长度为_____。

3. 10 Base-T 采用_____拓扑结构，通常使用集线器或交换机作为中心结点，从中心结点到网络中的每一个结点都有一个_____与之相连。

4. 为了完成路由选择工作，路由器将多种与传输路径相关的数据保存在一张_____中，供路由器在选择最佳传输路径时使用。

5. 10 Base-F 是一组采用_____作为传输介质的 10 Mb/s 以太网标准的总称，包括三个标准：10 Base-FL、10 Base-FB 与 10 Base-FP。

6. 事实上，10 Base-T 只用到三类线或五类线所提供的四对八根线中的两对四根，即引脚序号为____以及引脚序号为____的两对线。

7. MAC 地址的前____个字节是组织唯一标识符，用于标识不同的网卡生产厂家；MAC 地址的后____个字节由网卡生产厂家分配，保证每一块以太网网卡都有一个唯一的地址。

8. 根据使用集线器方式的不同，采用双绞线与集线器组建以太网的方法可分为以下三种：_____、_____和_____。

9. 工作在 OSI 参考模型最底层的网络互联设备是_____，它接收与其一端相连线缆上的信号，将信号放大，再将放大后的信号传给另一端的线缆，以增加信号的传输距离。

10. 路由表既可以是由系统管理员事先设置好的内容固定不变的_____路由表，也可以是由系统自动调整与修改的_____路由表。

二、单项选择题

1. 在下列几种网络互联设备中，智能性最低、工作原理最简单的是_____。

A. 网桥　　　　　　　　　　B. 交换机

C. 集线器　　　　　　　　　D. 路由器

2. 在以下几种协议中，_____是一种动态分配 IP 地址的方法。

A. FTP 协议　　　　　　　　B. DHCP 协议

C. IP 协议　　　　　　　　　D. NAT 协议

3. 10 Base-T 网络所使用的物理传输介质是_____。

A. 同轴电缆　　　　　　　　B. 光纤

C. 无线信道　　　　　　　　D. 双绞线

4. 路由器用于连接多个逻辑上相互独立的网络，属于 OSI 参考模型中_____层的网络互联设备。

A. 物理层　　　　　　　　　B. 数据链路层

C. 网络层　　　　　　　　　D. 传输层

5. 每个以太网网卡都有一个唯一的 48 位长的串号，该串号存储在只读存储器中，称为网卡的_____地址。

A. IP　　　　　　　　　　　B. URL

C. OUI　　　　　　　　　　 D. MAC

三、判断题

判断下列描述是否正确(正确的在括号中填写 T，错误的在括号中填写 F)。

1. 网桥是网络层的网络互联设备，用于连接两个或多个局域网。　　　(　　)

2. 10 Base-5 标准名称中的"5"表示每个网段单根线缆最大的长度为 500 m。(　　)

3. 交换机与集线器不仅在外观和网络连接结构等方面十分相似，这两种网络互联设备在内部结构方面也十分相似。　　　　　　　　　　　　　　　　　　　(　　)

4. IP 地址由 IEEE 统一分配，确保全世界没有两块以太网网卡具有相同的 IP 地址。

(　　)

5. 根据 OSI 参考模型的功能划分，网卡既是一个物理层(第一层)设备，又是一个数据链路层(第二层)设备。　　　　　　　　　　　　　　　　　　　　　　(　　)

6. 在集线器、交换机与路由器这三种网络互联设备中，集线器是最复杂，同时也是最智能的一种网络设备。　　　　　　　　　　　　　　　　　　　　　　　(　　)

四、简答题

1. 什么是 10 Base-2 标准？其名称有何含义？

2. 常用的局域网组网设备有哪些？

3. 路由器的主要功能是什么？

4. 什么是 10 Base-T 标准？其名称有何含义？

5. 什么是集线器？集线器的基本工作原理是什么？

6. 目前最常见的构建符合 10 Base-T 标准局域网的方式是什么？这种方式需要哪些基本网络硬件设备？

五、问答题

1. 论述 IEEE 802.3 物理层标准与 LLC 子层和 MAC 子层的关系。

2. 在 IEEE 802 系列标准中，常见的以太网标准有哪些？

3. 比较分析 10 Base-2 标准与 10 Base-5 标准的相同点和主要区别。

4. 比较分析交换机与集线器这两种网络互联设备在内部结构上的主要区别。

5. 比较集线器、交换机与路由器这三种网络互联设备，分析其主要区别。

第 6 章

计算机网络操作系统

6.1　操作系统概述

操作系统是介于计算机用户和计算机硬件之间的一种软件，其作用是为用户运行各种程序提供一个系统环境。首先，操作系统最主要的目标是使计算机系统便于用户使用；其次，操作系统还要使用户能够高效地利用计算机的硬件资源。

为了更好地理解操作系统的概念，首先应该了解操作系统的发展过程。本章首先介绍操作系统的各个发展阶段，从早期的手动式操作系统到现代的多程序分时操作系统。通过了解操作系统发展的各个阶段，逐步认识操作系统各个构成要素发展与演进的过程，理解操作系统的基本任务，掌握操作系统实现这些基本任务的方法。

6.1.1　操作系统的发展历史

操作系统已经有很多年的发展历史，大体上可以分为以下四个主要阶段。

1. 第一代操作系统

第一代操作系统的时间范围从 20 世纪 40 年代中期到 50 年代中期。20 世纪 40 年代中期，最早的计算机主要构成部件是真空管。这个时期的真空管计算机通常由数以万计的真空管构成，体积庞大，一台计算机往往要占一间或数间房子的空间。每一台这样的真空管计算机都由一组专业人员对其进行设计、构造、编程、操作与维护。当时的编程完全采用机器语言，对计算机基本功能的控制是通过对插线板线路连接的手工模式来实现的。在这个时期，没有"程序设计语言"的概念，也没有汇编语言，操作系统更是闻所未闻的概念，人们使用计算机所完成的任务几乎全部是单纯的数值计算，如计算正弦、余弦与对数值等。

到 20 世纪 50 年代初期，随着穿孔卡片以及纸带等输入/输出设备的出现，计算机的操作模式也发生了一些改变。有了这些输入/输出设备，程序可以写在卡片上，计算机读入卡片，不再使用插线板等纯手工操作模式。

2. 第二代操作系统

第二代操作系统的时间范围从 20 世纪 50 年代中期到 60 年代中期。20 世纪 50 年代中期，晶体管的出现彻底改变了计算机发展的面貌。这一时期的计算机变得更加可靠，能够长时间持续稳定地工作，人们可以用计算机完成一些有用的工作。此时的计算机称为主机(mainframe)，通常被放置在专门的空调机房里，并且需要专业人员来操作。这些大型主机非常昂贵，价格往往高达几百万美元，通常只有大公司和主要政府部门以及高等院校才能支付得起。

这种主机的使用模式通常为：为了运行一个计算任务(单个程序或者一组程序)，程序员首先将程序写在纸上，然后将程序通过打孔装置打在卡片上，再将这些卡片拿到一个专门的输入室交给专门的主机操作人员，最后等待计算任务运行结束，得到相应的输出结果。每个计算任务结束时，操作人员都会将输出结果从打印机上撕下来并将其送往输出室，最终交给提交该计算任务的程序员。一次计算任务执行完之后，操作人员再从多个任务卡片中选择下一个任务提交给计算机运行。事实上，许多宝贵的计算时间都消耗在操作人员选取卡片、向主机读入卡片以及收集打印输出结果等过程中，真正用于计算的时间很短。由于计算机购置成本与机时租用费用都非常昂贵，人们开始探索各种方法来减少这种计算时间的浪费。最终，人们普遍接受的解决方案是批处理系统(batch system)，它将多个计算任务收集到一起，用一个小型(相对大型主机而言)并且廉价的计算机将这些计算任务读入磁带。这些小型计算机非常适合诸如读入卡片、复制磁带以及打印输出等工作，但是它们并不适合于数学计算任务，真正的计算任务由昂贵的大型主机完成。

早期批处理系统的工作流程主要由以下几个步骤组成：第一，程序员将程序卡片提交给负责读入计算任务的小型计算机；第二，小型计算机将多个计算任务的卡片读入磁带；第三，操作人员将输入磁带加载到负责实际计算的大型主机上；第四，大型主机执行实际的计算任务；第五，操作人员将输出磁带取出，提交给负责打印输出结果的小型计算机；第六，小型计算机打印各个计算任务的输出结果。

这一时期的大型计算机大多用于科学与工程计算，如求解物理学和工程中经常出现的偏微分方程。这些大型计算机所使用的编程语言主要是 FORTRAN 和汇编语言。具有代表性的第二代操作系统有 FMS(FORTRAN Monitor System)和 IBM 公司为其大型机 IBM 7094 所设计开发的 IBSYS 操作系统。

3. 第三代操作系统

第三代操作系统的时间范围从 20 世纪 60 年代中期到 80 年代。20 世纪 60 年代早期，绝大多数计算机生产厂商有两条截然不同而且互不兼容的生产线。一条生产线专门生产大规模科学计算机，主要用于解决科学与工程领域的数学计算问题；另一条生产线专门生产商用计算机，此类计算机广泛应用于银行和保险公司等领域，主要负责完成磁带检索与打印等功能。对于计算机生产厂商而言，同时开发和维护两条完全不同的计算机生产线费用太高。

为了解决这一问题，IBM 公司于 1964 年推出了大型计算机 System/360。事实上，360 是一系列软件兼容的计算机，既涵盖规模较小、功能简单的类似 IBM 1401 大小的计算机，也包括规模较大、功能强大的 IBM 7094 等计算机。所有这些计算机都共用代号为 OS/360 的操作系统，而不再是为每一种型号的计算机量身定制的操作系统。同一系列不同型号计算机的区别仅仅在于其价格和性能，如最大内存容量、处理器速度以及所支持的 I/O 设备个数等。由于同系列的所有计算机都具有相同的体系结构与指令集，至少在理论上而言，为其中一种计算机所写的程序应该能够在同系列所有其他的计算机上运行。IBM 的 360 系列计算机在设计之初就着眼于既可以进行科学计算，也可用于商务计算。这样一来，单系列的计算机产品就可以满足所有领域用户的需求。这种让单一操作系统适用于整个系列产品的思想是 System/360 成功的关键。在 360 之后，IBM 又相继推出了多个与 360 兼容的产品系列。

　　与第二代操作系统相比，以 OS/360 为代表的第三代操作系统最重要的一个关键技术是多道程序(multiprogramming)。多道程序技术的基本思想是将内存划分为多个区段，不同的计算任务存放在不同的内存区段中。当内存中的某个任务等待 I/O 操作时，操作系统调度另一个任务使用 CPU，从而避免了 CPU 的空闲等待现象，提高了 CPU 资源的使用率。

　　在第三代操作系统的发展过程中，为了解决批处理系统固有的用户响应时间过长的问题，人们还研究开发了分时(time sharing)操作系统。第一个正式的分时操作系统是麻省理工学院于 1961 年开发的兼容分时系统(Compatible Time Sharing System，CTSS)。基于 CTSS 的成功经验，麻省理工学院、贝尔实验室与通用电气公司联合研究开发了 MULTICS(MULTiplexed Information and Computing Service)系统。MULTICS 以电力传输系统为模型，希望构建这样一种计算系统：一台大型计算机能够为某一区域内数以千计的用户提供计算服务。尽管 MULTICS 最终在商业上没有获得成功，但是其研究开发过程中引入了许多重要的概念和思想，这对后来操作系统的发展产生了极大的影响。

　　贝尔实验室著名的计算机科学家 Ken Thompson 根据他在 MULTICS 项目研究中的经验，在一个闲置的小型机 PDP-7 上开发出了一个精简的单用户版 MULTICS，这个操作系统后来发展成为大名鼎鼎的 Unix 操作系统。更多关于 Unix 操作系统的内容将在 6.3 节介绍。

　　操作系统领域的权威——Andrew S. Tanenbaum 于 1987 年模仿 Unix 开发了一个叫做 Minix 的小型操作系统，其功能与 Unix 非常相似，但仅用于教学研究的目的。这个在互联网上公布的免费软件很快引起一位名为 Linus Torvalds 的芬兰大学生的关注，他在 Minix 的基础上写出了 Linux 操作系统，Linux 不再限于教学研究的范畴，而是一个真正意义上的免费操作系统软件产品。更多关于 Linux 操作系统的内容将在 6.4 节介绍。

4. 第四代操作系统

　　第四代操作系统的时间范围从 20 世纪 80 年代中期至今。随着大规模集成电路技术的发展，数以万计的晶体管能够集成到一平方厘米的芯片上，个人电脑的时代到来了。个人电脑在体系结构上与 PDP-11 之类的小型机并没有本质上的区别，但其价格却低得多，这使得计算机从大企业和高等院校走向了个人用户。

　　个人电脑的普及与发展离不开操作系统的支持。当 Intel 公司于 1974 年推出其第一代通用 8 位微处理器 8080 之后，Gary Kildall 等人为 8080 开发了一个基于磁盘的操作系统 CP/M(Control Program for Microcomputers)。随着 CP/M 系统功能的不断完善，人们开发出了许多适用于 CP/M 系统的应用程序，使得 CP/M 系统在微机操作系统领域连续五年占据绝对统治地位。

　　20 世纪 80 年代初期，IBM 公司推出了 IBM PC。微软公司创始人比尔·盖茨看准时机，为 IBM PC 开发了 MS-DOS(Microsoft Disk Operating System)，并且迅速占领了 IBM PC 市场。微软的 MS-DOS 与 IBM PC 捆绑销售，产生了双赢的效果，获得了极大的成功。

　　随着图形用户界面(Graphical User Interface，GUI)技术的发展，微软又相继推出了一系列基于 GUI 的操作系统，其中比较有代表性的有 Windows 95、Windows 98、Windows NT、

Windows 2000、Windows ME(Millennium Edition)、Windows XP 以及 Windows 10 等。

　　在个人电脑领域，与微软的 Windows 系列操作系统相抗衡的一个主要竞争对手是 Unix 操作系统。Unix 操作系统主要定位于工作站和其他高端计算机，如大多数网络服务器使用 Unix 操作系统。Unix 操作系统尤其受那些使用 RISC 芯片的高性能计算机用户的欢迎。对于普通个人用户和小型办公环境而言，Linux 操作系统也是微软 Windows 系列操作系统有力的竞争者之一。现在，许多学生和越来越多的企业也开始使用 Linux 操作系统。

6.1.2　操作系统的定义

　　操作系统是几乎所有计算机系统的一个非常重要的组成部分。如图 6.1 所示，一个计算机系统大体上可以划分为四个组成部分：计算机硬件、操作系统、系统和应用程序以及用户。

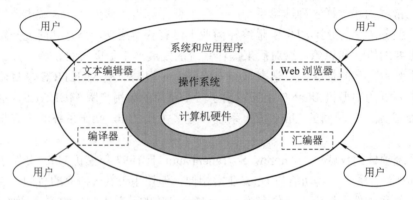

图 6.1　计算机系统的组成

　　尽管大多数计算机用户或多或少有一些使用操作系统的经验，但是很难为操作系统下一个非常完备和准确的定义。简言之，操作系统是介于计算机硬件与计算机用户之间的一层软件，其目的是为计算机用户提供一个能够执行程序(系统程序和应用程序)的环境。操作系统最主要的设计目标是使计算机系统便于用户使用。另外，操作系统还要为计算机用户提供一个高效使用计算机硬件资源的环境与工作模式。

　　操作系统的功能主要分为本质上不相关的两个方面：操作系统既起到扩展机(extended machine)或者虚拟机(virtual machine)的作用，同时操作系统又扮演着计算机软硬件资源管理者的角色。

　　一方面，作为扩展机，操作系统屏蔽了计算机硬件底层复杂而烦琐的体系结构层面的细节，为普通程序员提供了一种简单易用的系统抽象，使程序员可以通过操作系统更容易地编写程序。换言之，操作系统为程序员提供了一种虚拟机，它屏蔽了诸如指令集、中断、计时器、总线结构、磁盘管理以及内存管理等方面的底层硬件细节。操作系统通过向上层提供一系列的系统调用来实现这一功能。

　　另一方面，操作系统还是计算机系统资源的管理者。现代计算机是一种包含了许多部件与设备的复杂系统，如处理器、内存、磁盘、显示器、鼠标、键盘、计时器、网络接口以及打印机等。操作系统的任务就是有效地管理计算机系统的所有资源，在多个相互争用系统资源的程序之间合理而有序地分配诸如处理器、内存与 I/O 设备等有限的资源。

6.2　面向网络的操作系统

从 20 世纪 80 年代中期开始，随着个人电脑的普及和计算机网络技术的快速发展，在操作系统领域出现了一个有趣的现象：越来越多的计算机开始运行网络操作系统(Network Operating System，NOS)和分布式操作系统(Distributed Operating System，DOS)。网络操作系统和分布式操作系统统称为面向网络的操作系统(Network-Oriented Operating System)。两者相比较而言，网络操作系统更易于实现，但使用较困难；而分布式操作系统往往能够提供更多的系统功能。下面分别介绍网络操作系统的基本概念与面向网络的操作系统的主要功能。

6.2.1　网络操作系统的基本概念

计算机网络的高速发展，特别是 Internet 和万维网的迅速普及，给操作系统的发展带来了深刻的影响。当 PC 在 20 世纪 70 年代刚刚面市的时候，当时是被设计成供用户"个人"使用的计算机。人们通常将每一台个人电脑看作一台独立的计算机，这些没有网络连接的 PC 事实上是一些信息孤岛。但是，从 20 世纪 80 年代开始，随着电子邮件(E-mail)与文件传输协议(File Transfer Protocol，FTP)等 Internet 应用的广泛使用，越来越多的 PC 开始接入计算机网络。到了 20 世纪 90 年代中期，随着万维网的推广与普及，网络连接逐渐发展成为计算机系统必需的一个组成部分。

一方面，网络操作系统有别于传统的单处理器操作系统。首先，计算机网络中包含多个分布在不同位置的处理器，这些处理器没有共享的内存与时钟，每个处理器拥有各自的本地内存；其次，网络中处理器之间的通信可能使用各种各样的通信线路，如高速总线或者电话线路。这些特点使得网络操作系统与单处理器操作系统存在一些区别。在一个网络操作系统中，用户可以感知到网络中其他计算机的存在，进而能够登录到远程的计算机上，并且在本地与远程多个计算机之间进行文件复制。每台计算机都运行各自的本地操作系统，拥有各自的单个或多个本地用户。

另一方面，网络操作系统与传统的单处理器操作系统并没有根本上的区别。顾名思义，网络操作系统显然需要具备对网络接口的支持和一些相关的底层驱动软件，还要有进行远程登录与远程文件访问的程序。但是，这些与网络相关的附加成分并没有改变网络操作系统作为一个操作系统的本质结构。

综上所述，给出网络操作系统的定义为：网络操作系统是一种能够提供诸如网络文件共享功能的操作系统，它能够提供某种网络通信手段，使网络中不同计算机上的不同进程之间可以进行信息交流。一台运行网络操作系统的计算机既可以脱离网络上其他的计算机而独立运行，也能够感知网络的存在并且能够与网络中的其他计算机进行通信交流。

与网络操作系统相关，并且经常与网络操作系统相混淆的一个概念是分布式操作系统。与网络操作系统不同，尽管分布式操作系统内包含多个处理器，但是其对其用户而言却看似一个传统的单处理器操作系统。分布式操作系统的用户既无须知道其程序是在哪一个处理器上运行，也不必了解其文件存储在哪一台计算机上，所有这些烦琐的底层细节都由分布式操作系统高效地自动处理。与网络操作系统相比,分布式操作系统是一种自治性更弱的环境,为了给用户呈现一种单个操作系统控制整个网络的表面现象,系统内各个不同的操作系统之间需要进行较为紧密的通信交流。

6.2.2 面向网络的操作系统的主要功能

接下来,从网络操作系统与分布式操作系统两个方面介绍面向网络的操作系统的主要功能。

1. 网络操作系统

网络操作系统为用户提供了一种计算环境,在这种环境中用户可以感知到系统中存在其他多个计算机,而且用户能够通过两种方式访问远程计算机的资源:登录到远程计算机或者从远程计算机上向本地计算机传输数据。

1) 远程登录

网络操作系统的一个重要功能是使用户能够远程登录(remote login)到另一台计算机上。Internet 上的 Telnet 程序就是最常见的进行远程登录的程序。这个程序能够使用户登录到一台远程的计算机上,使用该计算机的系统资源(如 CPU)。为了能够进行远程登录访问,用户在远程计算机上必须拥有一个有效的账户,通常包括一个用户名(user id)和一个密码(password)。该命令的一般形式如下:

telnet *hostname*

运行该命令,将在本地用户的计算机与 *hostname* 所表示的远程主机之间建立一个连接。在这个连接建立之后,相应的网络软件将在两台计算机之间建立一个透明的双向信息链路,本地用户输入的所有字符都被发送到远程计算机上的一个进程,该进程发出的所有输出结果都被返回给本地用户。在实际进行通信之前,远程计算机上的进程首先询问本地用户的账户信息,包括登录用户名与相应的密码。一旦用户输入正确的账户信息,该进程转变为本地用户在远程计算机上的代理程序,使本地用户可以像远程计算机上的用户一样进行计算或者执行其他操作。

2) 远程文件传输

网络操作系统的另一个重要功能是给用户提供一种从一台计算机向另一台计算机进行远程文件传输(remote file transfer)的机制。在远程文件传输的过程中,每台计算机负责管理本地的文件系统。如果一个站点(如 it.chd.edu.cn)上的用户想要获得位于另一台计算机(如 ec.chd.edu.cn)上的某个文件,必须指明该文件的具体位置并将其复制到本地计算机上。

在 Internet 上有一个非常流行的 FTP 程序,用户可以使用这个程序进行远程文件传输。例如,如果 it.chd.edu.cn 上的某个用户需要将存储在 ec.chd.edu.cn 上的一个名为 network_os.ppt 的文件复制到本地计算机上,并将其文件名改为 my_network_os.ppt,该用户首先需要执行以下命令来运行 FTP 程序:

ftp *ec.chd.edu.cn*

接下来 FTP 程序提示用户输入登录用户名和密码,在用户输入正确的登录用户名和密码之后,用户必须进入 network_os.ppt 所在的子目录,然后通过执行以下命令进行文件复制:

get *network_os.ppt* *my_network_os.ppt*

其中，get 命令的功能是从远程计算机上复制文件到本地计算机。与之相反，用户还可以将本地计算机上的文件复制到远程计算机上。此外，FTP 中还有当前目录列表以及改变当前目录等命令，表 6.1 给出了常用的 FTP 命令。

表 6.1　常用 FTP 命令

FTP 命令	功　　能
get	将文件从远程计算机传输到本地计算机上
put	将文件从本地计算机传输到远程计算机上
dir 或者 ls	显示远程计算机上当前目录下的文件列表
cd	改变远程计算机上的当前目录

在这种远程文件传输的过程中，目标文件的存储位置对于用户并不是透明的，用户必须清楚地知道目标文件在远程计算机上存放的具体位置。从本质上讲，这种远程文件传输并不是真正的文件共享(file sharing)，仅仅是用户将文件从一个站点复制到另一台计算机上而已。因此，大量执行 FTP 程序的结果会使一个文件产生多个副本，它们存放在不同的计算机上，导致存储空间的浪费。用户一旦对某个文件副本进行了改动，将会导致多个副本文件之间不一致。

2．分布式操作系统

分布式操作系统与网络操作系统存在明显的不同。在一个分布式操作系统中，用户访问远程计算机资源的方式与访问本地计算机资源一样。分布式操作系统负责控制不同计算机之间的数据迁移(data migration)、计算迁移(computation migration)和进程迁移(process migration)。

1) 数据迁移

如果结点 A 上的用户想要访问结点 B 上的数据(如某个文件)，操作系统通常用两种基本的方法来完成相应的数据传输工作。

一种方法是将整个文件从结点 B 传输到结点 A 上。在此之后，结点 A 上的用户对该文件的所有访问都是本地操作。在用户对该文件的访问结束之后，如果该文件在本次访问过程中被修改了，则需要将该文件的副本传回结点 B。值得注意的是，对于一个大型文件，即使用户对该文件仅仅进行了一点点改动，在访问结束后也必须将整个文件全部传回源结点。

另一种方法是只把当前用户任务真正需要的那部分文件从结点 B 传到结点 A 上。如果用户稍后又需要其他部分的文件，再传输所需部分文件，每次仅仅传输文件的某个部分，而不是传输整个文件。在用户对该文件的访问结束之后，必须把所有在本次访问过程中被修改了的部分传回结点 B。

如果在访问一个大型文件的过程中仅对其中很小一部分进行了改动，显然上述第二种方法更加适用；相反，如果在一次文件访问过程中对相当大的部分进行了改动，那么采用上述第一种方法效率会更高一些。

2) 计算迁移

在某些情况下，在不同的系统之间进行计算传输比进行数据传输更加有效。例如，某用户计算任务需要访问位于不同结点上的多个大型文件，以获得这些文件的一些汇总信息。为解决这一问题，可以采用上述数据迁移的方法，将这些文件复制到本地结点进行集中访问与信息汇总。另一种效率更高的方法是在远程结点上访问这些文件，只把访问的结果返回发起本次计算任务的用户结点，这样可以避免大量的数据迁移。一般而言，如果传输这些文件所需的时间比执行那些远程命令的时间更长，应该采用执行远程命令的方法。

计算迁移可以通过多种不同的方法来实现。第一种方法是通过执行远程过程调用(Remote Procedure Call，RPC)来实现计算迁移。远程过程调用是使用数据报协议在远程计算机系统上执行某个例程。例如，本地结点上的进程 P 要访问某远程结点 A 上的文件，进程 P 通过一个远程过程调用激活结点 A 上的某个预定义的过程，由该过程在远程结点 A 上执行相应的计算与操作，然后将运行结果返回给进程 P。第二种方法是通过消息传递来实现计算迁移。首先，进程 P 给结点 A 发送一条消息。接下来，结点 A 上的操作系统根据该消息的内容创建一个新的进程 Q，进程 Q 的任务是完成进程 P 委托的计算任务。当进程 Q 在结点 A 上完成相应的计算与操作之后，它将进程 P 所需的计算结果通过消息传递系统返回给进程 P。值得注意的是，在这种实现计算迁移的方式中，本地进程 P 和远程代理进程 Q 可以并发执行。采用这种方法实现计算迁移可以允许不同结点上的多个进程并行运行。

3) 进程迁移

进程迁移是计算迁移的逻辑扩展。当用户提交一个进程进行执行的时候，该进程并不总是在生成该进程的结点上执行。在某些情况下，将进程的全部(或一部分)在其他不同的结点上执行会产生更好的效果，其原因如下：

(1) 将进程(或其子进程)分布到网络上多个不同的结点上运行可以将网络的计算负载分配得更加平衡，实现网络系统的负载均衡(load balance)。

(2) 如果一个进程可以被分解成多个子进程并且能够分配到多个不同的结点上并行执行，该进程的完成时间会大幅缩减，起到计算加速的作用。

(3) 在硬件方面，不同的进程有不同的特性，某些进程更适合在某些专用处理器上运行。例如，矩阵求逆运算更适合在阵列处理机上运行，而不适合在微处理机上运行。

(4) 在软件方面，执行某进程所需的软件可能只有某个网络结点上才有。如果该软件不能在结点间移动，或者在结点间移动进程成本更低，则进程迁移就会变得非常有用。

(5) 与计算迁移相似，如果在计算过程中使用的数据非常庞大，则相对于把所有数据全部传输到本地结点，运行一个远程进程的方法效率更高。

目前使用的万维网满足上述分布式计算环境的多个特点。首先，万维网能够提供数据迁移功能，服务器与客户端之间的数据传输就是很好的实例；其次，万维网还具有计算迁移功能，如客户端可以触发服务器上的某个数据库查询操作；最后，Java 语言提供了一定的进程迁移功能。

网络操作系统能够提供大多数上述的基本网络功能。相对于网络操作系统，分布式操作系统要求更高，它追求的目标是为用户提供一个透明、无缝而且易于访问的网络计算环境。

接下来，在 6.3 节和 6.4 节分别介绍两个实际的网络操作系统——Unix 与 Linux，进一步深化对网络操作系统基本概念与主要功能的理解。

6.3　Unix 操作系统

6.3.1　Unix 操作系统的发展历史

早在 1969 年，贝尔实验室的 Ken Thompson 就使用一台闲置的 PDP-7 小型机开发出了最初版本的 Unix 操作系统。不久，被称为"C 语言之父"的 Dennis Ritchie 也加入了 Ken Thompson 对 Unix 操作系统的研究工作。早期的 Unix 版本都是由 Ken Thompson 和 Dennis Ritchie 两人所带领的团队开发的。

Unix 操作系统吸收和借鉴了其他一些早期操作系统项目的概念与思想，如由贝尔实验室、麻省理工学院和美国通用电气公司共同研发的 MULTICS 系统、麻省理工学院的 CTSS 系统以及 XDS-940 系统等。其中，对 Unix 操作系统影响最深的是 MULTICS 系统。Unix 操作系统的许多概念与想法都直接源于 MULTICS 系统，如在文件系统的基本组织结构中将命令解释器(shell)视为一个用户进程，为每个用户命令使用一个独立的进程与文本编辑字符。事实上，Unix 操作系统的名称就来源于 MULTICS 系统的名称。1970 年，Ken Thompson 用来开发 Unix 的那部 PDP-7 小型机只能支持两个用户，这与 MULTICS 名称中多用户多任务(MULTiplexed)的含义相去甚远。因此，Brian Kernighan 戏称 Ken Thompson 与 Dennis Ritchie 所开发的系统只能算是一个 "UNiplexed Information and Computing System"，于是，这个系统被称为 UNICS。后来，取 UNICS 的谐音将这个操作系统的名称正式改为 Unix。

最初由 Ken Thompson 开发的第一版 Unix 是用汇编语言编写的。由于汇编语言较难理解，不利于 Unix 操作系统的推广和普及。随着 Dennis Ritchie 的加入，他们用 C 语言重写了 Unix 操作系统，推出了第三版 Unix。相对于汇编语言，C 语言是一种高级语言，比较容易掌握与使用。用 C 语言重写的 Unix 操作系统很快推广开来，迅速普及。可以说，Unix 操作系统与 C 语言相辅相成，互相促进，达到了双赢的效果。

随着 Unix 操作系统的不断发展与完善，Unix 不仅在贝尔实验室内部广为使用，还逐渐扩展到一些其他的高等院校与科研机构。早期的 Unix 操作系统具有许多优点，如系统规模较小、系统模块化程度高、设计简洁明了等。这些特点吸引了许多其他计算机科研机构纷纷投入对 Unix 的研究工作中，如兰德公司、哈佛大学及普渡大学等著名研究机构和高等院校。其中，最有影响力的非贝尔实验室体系的 Unix 研究机构是加州大学伯克利分校(University of California at Berkeley，UCB)。加州大学伯克利分校对 Unix 操作系统的研究工作最早始于 1978 年，由 Bill Joy 与 Ozalp Babaoglu 领导。他们的研究很快得到美国国防高级研究项目局(Defense Advanced Research Projects Agency，DARPA)的支持，致力于研究 Unix 操作系统在政府部门的应用。他们推出了一系列的 Unix 操作系统版本，如 2.11 BSD(Berkeley Software Distribution，伯克利软件发行版)、3 BSD、4.2 BSD 以及 4.3 BSD 等。加州大学伯克利分校于 1993 年 6 月推出了其最终的 Unix 版本 4.4 BSD，该版本支持新 X.25 网络，并且与 POSIX 标准兼容。4.4 BSD 包括一个全新的文件系统组织结构、一个虚拟文件系统接口，并且支持可堆叠式文件系统。4.4 BSD 还借鉴了 Mach 系统的虚拟内存系统技术。除此之外，4.4 BSD 还全面提高了系统的安全性，改进了操作系统内核的结构。随着

4.4 BSD 的发布，加州大学伯克利分校也停止了对 Unix 的研究工作。

在实践中广泛使用的 Unix 操作系统并不仅仅局限于贝尔实验室与加州大学伯克利分校所研究和开发的各种 Unix 版本。例如，美国 Sun Microsystems 公司在其推出的工作站上配置 BSD 风格的 Unix 操作系统，极大地推动了 Unix 操作系统的普及和应用。随着 Unix 操作系统越来越受用户的欢迎和喜爱，其陆续被移植到许多不同种类的计算机和计算机系统上。在此过程中，人们创造出了种类繁多的 Unix 系统以及许多类似 Unix 的操作系统。目前，Unix 操作系统已经成为可移植性最强的操作系统。不同的生产商所开发的不同版本的 Unix 操作系统在编程接口与用户界面等方面都存在明显差异，用户更期待一个统一的独立于特定计算机硬件生产商的 Unix 环境。因此，用户呼吁国际化的 Unix 标准的诞生。

目前，Unix 操作系统已经从当初贝尔实验室两名科研人员的个人研究项目发展成为一个世界闻名的操作系统，多个国际标准化组织为其制定了相关的标准。长期以来，Unix 操作系统一直深受计算机科学学术界的青睐。Unix 从其诞生之日起就一直是理想的进行操作系统理论与实践学术研究的载体，如 Tunis 操作系统、Xinu 操作系统与 Minix 操作系统等都是基于 Unix 操作系统的基本概念与思想开发出来的。时至今日，学术界对 Unix 操作系统的研究仍在不断进行当中。鉴于 Unix 操作系统对计算机领域所产生的重要影响，Unix 操作系统的两位鼻祖——Ken Thompson 和 Dennis Ritchie，于 1983 年被美国计算机协会(Association for Computing Machinery，ACM)联合授予计算机科学界的最高荣誉“图灵奖”。1998 年，在 Unix 操作系统问世将近 30 年之后，Ken Thompson 和 Dennis Ritchie 又被授予美国国家技术奖章，用以表彰他们两人共同研究和开发了 Unix 操作系统，并且在 Unix 操作系统的研发过程中创造出了在计算机领域影响深远的 C 语言，极大地推进了信息时代美国在计算机硬件、软件与网络系统等方面的领先地位。

6.3.2　Unix 操作系统的主要特点

最初，Ken Thompson 将 Unix 设计成一种分时系统(time sharing system)，给用户提供了标准的用户接口，即外壳(shell)。无论是用户编写的程序还是系统程序通常都是由一个命令解释器(command interpreter)执行的。Unix 操作系统的命令解释器是一个用户进程，被称为 shell 是因为该进程紧紧包围在操作系统内核的外边。Unix 操作系统的 shell 非常简单，如果需要用户可以用一种 shell 替换另一种 shell。事实上，用户甚至可以自己编写 shell。目前有若干种 Unix 系统通用的 shell，其中使用最广的是由 Steve Bourne 编写的 Bourne shell；由 Bill Joy 编写的 C shell 在 BSD 系列的 Unix 操作系统中很受欢迎；另外，由 Dave Korn 编写的 Korn shell 结合了 Bourne shell 和 C shell 的主要优点，也深受 Unix 系统用户的喜爱。

Unix 操作系统的文件系统是一种多级的树型结构，该结构允许用户创建自己的子目录。Unix 的文件系统支持两个主要的对象：文件和目录。从本质上讲，目录只不过是具有某种特殊格式的文件而已，因此，文件的表示是 Unix 文件系统最基本的概念。在 Unix 操作系统中，每个用户数据文件都被视为一个简单的比特序列。Unix 操作系统中的一个文件由一个称为“I 结点”(inode，亦称为 i-node 或 I node)的结构表示。inode 记录了存储在磁盘上的文件的基本信息，如该文件的用户和用户组、文件的上次更改和访问时间、文件类型等。在 Unix 操作系统中，目录与普通文件之间没有严格的区别。目录内容同样存放在数据块中，目录与普通文件一样由一个 inode 表示，目录与文件仅仅在 inode 的类型域中加以区别。

操作系统的设计目标之一是将各种硬件设备的底层细节信息对用户隐藏起来。在 Unix 操作系统中，各种输入/输出设备被视为与磁盘文件相类似的对象，采用同样的操作进行处理。各种复杂的 I/O 设备相关细节都被尽可能地隐藏于操作系统内核(kernel)中。即使在操作系统内核中，这些 I/O 设备相关性与细节信息也仅限于设备驱动程序中。在 Unix 操作系统中，由输入/输出系统(I/O system)将各种 I / O 设备的底层细节信息屏蔽起来。Unix 的输入/输出系统包括一个缓冲高速缓存系统、通用设备驱动代码以及各种特定硬件设备的驱动程序。只有相应的硬件设备驱动程序了解该设备的各种底层细节信息。

Unix 操作系统支持多进程。操作系统设计的一个重要问题是如何表示进程。Unix 操作系统与其他操作系统的一个显著区别是在 Unix 操作系统中可以非常容易地创建多个进程，并对这些进程进行各种操作处理。在 Unix 操作系统中，进程由各种控制块(control block)表示，这些与进程相关的控制块存放在操作系统内核中。Unix 操作系统内核使用控制块中的信息进行进程控制与 CPU 调度工作。在 Unix 操作系统中，与进程相关的最基本的数据结构是进程结构(process structure)，包含了操作系统进行进程调度时所需的所有相关信息，如进程标识号、进程优先级以及指向其他控制块的指针等。

Unix 操作系统采用一种简单的基于优先级的 CPU 调度算法。Unix 操作系统 CPU 调度的主要设计思想是便于交互式进程(interactive process)的处理。每个进程都有一个调度优先级(scheduling priority)，调度优先级数字越大表示该进程的优先级越低。随着进程使用 CPU 时间的不断累积，该进程的调度优先级变得越来越低；反之，随着进程累积使用 CPU 时间的不断减少，该进程的调度优先级变得越来越高。采用这种 CPU 调度的负反馈机制可以有效防止某个进程独占所有的 CPU 处理时间，避免进程饥饿(starvation)现象的产生。早期的 Unix 操作系统版本采用 1 s 作为轮转调度的时间额度(quantum)。4.3 BSD 版本的 Unix 每隔 0.1 秒重新进行一次进程调度，每隔 1 s 重新计算一次进程优先级。

Unix 操作系统最初起源于 Ken Thompson 个人的研究，后来随着 Dennis Ritchie 的加入才成为一个两人团队的项目。因此，为了他们研究的便利，Unix 操作系统的规模一直被控制在较小的范围，便于理解。基于同样的考虑，Unix 操作系统中大多数算法的选择都是基于简洁性的考虑，而不是出于对速度与复杂性的考虑。Unix 操作系统的设计初衷是由系统内核和各种相应的库(library)提供一套规模虽小但却足够强大的系统功能。如果用户需要一个更加复杂的系统，可以很容易地使用内核与库所提供的这些系统功能去构建。Unix 操作系统在设计上的简洁性一直以来被纷纷效仿，也是大家研究的热点之一。

Ken Thompson 是 B 语言的作者，而 Dennis Ritchie 是 C 语言的作者。作为由两位程序设计语言的作者所开发的操作系统，Unix 一直高度重视系统程序设计和开发方面的辅助功能与环境，在这方面比较有代表性的是编译程序 make(检查与一个程序相关的一系列源文件，找出哪些源文件需要编译并且执行编译)和源代码版本控制系统 SCCS(Source Code Control System)。

由面向机器的汇编语言转向 C 语言这种高级程序设计语言是 Unix 操作系统发展历程上的一个重要里程碑。由于 Unix 操作系统可能运行的计算机硬件平台存在不确定性，因此有必要使 Unix 操作系统与面向机器的汇编语言相分离。相对于汇编语言，C 语言简洁紧凑、灵活方便、易学易用、功能强大、适用范围广，兼具高级程序设计语言与低级程序设计语言的诸多优点。将 Unix 操作系统用 C 语言重写之后，极大地简化了将 Unix 从一种硬件平台移植到另一种硬件平台的硬件支持问题。

从 Unix 操作系统研究之初，Unix 的开发团队就将全部 Unix 操作系统源代码发布到网络上，这样做带来的好处远远超过了它的缺点。首先，用户可以免费使用 Unix 操作系统。其次，广大的 Unix 爱好者和用户可以使用正处于开发过程中的 Unix 操作系统，而不必像其他商业操作系统那样必须等到正式的版本发布之后才能使用。Unix 操作系统这种独特的开发模式非常有利于发现系统的缺陷与纠错，而且极大地方便了爱好者和用户对 Unix 操作系统进行创新性改进与完善。如果用户发现操作系统某处存在错误或者缺陷，可以立即在本地计算机上对操作系统进行改错和纠错，而不必等到操作系统的下一个正式版本发布之后才进行。同时，广大 Unix 爱好者和用户对操作系统错误与缺陷的修改、改进以及为操作系统添加的新功能还有可能被加入下一个正式发布的 Unix 操作系统版本中。这意味着，Unix 的广大用户不仅仅是操作系统单纯的使用者，从某种意义上讲，用户还有可能成为操作系统的合作者(co-author)之一。这种开发模式同时也导致了今天数量繁多的各种 Unix 变体(Unix variant)的存在。

早期 Unix 所具有的这些优点使得 Unix 操作系统深受广大用户的喜爱。随着越来越多的用户接受和使用 Unix 操作系统，人们也不断地对 Unix 提出了各种新的要求，这些新的需求对 Unix 原有的功能提出了某种程度的挑战。例如，Unix 操作系统最初的设计是一种面向文本的用户界面模式，这种用户界面环境并不适合那些网络、图形图像处理以及实时操作等应用。为了解决这一问题，人们对 Unix 操作系统的某些内部结构进行了修改，并且增加了新的编程接口。但是，这些新增加的功能，特别是窗口界面功能，需要大量代码的支持。为了满足用户新的功能需求而对原有 Unix 操作系统做出的改变极大地增加了操作系统的规模，如新增的网络功能与窗口界面功能都分别使原来操作系统的规模增加了一倍。Unix 操作系统的这种发展模式恰好说明了 Unix 系统的一个优点，每当操作系统领域内出现新的变化与发展趋势时，Unix 操作系统总是能够吸纳这些新变化，将其融入自身的功能体系中，在使 Unix 操作系统变得更加强大的同时依然保持了 Unix 系统原有的风格和特色。

6.4　Linux 操作系统

Linux 是一种类似于 Unix 的操作系统，其近年来不断发展完善，深受广大用户的欢迎。本节简要介绍 Linux 操作系统的发展历史和主要特点。

6.4.1　Linux 操作系统的发展历史

Linux 操作系统无论从外观还是实际使用的体验上都与 Unix 操作系统非常相似。事实上，保持与 Unix 操作系统的兼容性一直是 Linux 操作系统的一个主要设计目标。但是，Linux 操作系统比大多数 Unix 操作系统都要"年轻"。对 Linux 操作系统的研究与开发始于 1991 年，芬兰赫尔辛基大学计算机科学专业的学生 Linus Torvalds 针对 Intel 公司的首个 32 位处理器 80386 开发了一款小型的操作系统内核，该操作系统由 9300 行 C 语言代码与 950 行汇编语言代码构成。由于该操作系统的许多基本概念与重要思想源于操作系统领域的权威

Andrew Tanenbaum 所开发的 Minix 操作系统，于是 Linus Torvalds 将他自己开发的这个新操作系统叫做 Linus' Minix，简称为 Linux。

第一个 Linux 操作系统内核版本是 1991 年 5 月 14 日公开发布的 Version 0.01。这个版本的 Linux 操作系统功能十分有限，没有网络支持，只能运行在与 Intel 的 80386 处理器相兼容的处理器上，所支持的设备驱动程序也极其有限，仅单一地支持 Minix 文件系统。

从 Linux 操作系统研究与开发的初期，Linux 操作系统的源代码就被放到 Internet 上，供广大 Linux 爱好者和用户免费下载和使用。这样一来，Linux 操作系统的发展历史实际上就是分布在全球各地的 Linux 爱好者和用户通过 Internet 共同协作开发 Linux 的过程。

Linux 操作系统另一个里程碑式的版本 Linux 1.0 于 1994 年 3 月 14 日正式发布。这个版本的 Linux 操作系统内核集中体现了 Linux 操作系统在这三年中的快速发展。在新版本 Linux 的诸多新功能亮点中，最突出的就是 Linux 实现了对网络的支持。Linux 1.0 既包括了对 Unix 操作系统标准 TCP/IP 网络协议的支持，还包括了与 BSD 版本 Unix 相兼容的网络编程 socket 接口。Linux 1.0 摆脱了 Minix 文件系统的限制，推出了一个改进的文件系统，支持一系列能够进行高性能磁盘访问的 SCSI 控制器。在此之后，Linux 操作系统又推出了一系列的内核版本，如 Linux 1.1 和 Linux 1.2 等，在网络性能、硬件支持、内存管理、进程管理以及文件系统等方面不断改进与完善。

Linux 操作系统于 1996 年推出了另一个重要的内核版本——Linux 2.0。该操作系统内核包含大约 470 000 行 C 语言代码与 8000 行汇编语言代码，支持 64 位体系结构，支持对称多处理技术，支持新的网络协议以及许多其他功能特点。Linux 2.0 内核新增的大部分代码由一系列的设备驱动程序构成。

随着 Linux 操作系统的迅速发展，数量众多的标准 Unix 软件陆续被移植到 Linux 操作系统中，包括上千个系统工具软件、X Windows 系统以及大量的网络软件。在图形用户界面方面，专门为 Linux 开发了两种 GUI 界面，即 GNOME 和 KDE。简言之，经过广大研究人员和用户几十年的努力，Linux 操作系统已经从最初仅包含 Unix 系统服务一个很小子集的内核发展成为一个涵盖绝大多数 Unix 操作系统功能的操作系统。

6.4.2　Linux 操作系统的主要特点

从系统总体设计思想上看，Linux 操作系统与各种传统的 Unix 操作系统比较相似。Linux 操作系统也是一个多用户、多任务的操作系统，而且包含一整套完备的与 Unix 相兼容的系统工具软件。在文件系统方面，Linux 的文件系统完全遵循 Unix 文件系统的语义；在网络支持方面，Linux 操作系统全部实现了标准的 Unix 网络模型。总体而言，Linux 操作系统设计的内部细节深受 Unix 操作系统研究与开发进程的影响。

今天，Linux 操作系统可以运行于范围非常广的各种硬件平台上。但是，在 Linux 操作系统发展的早期，其开发平台仅局限于个人电脑的体系结构。事实上，Linux 操作系统的早期研究与开发工作大多是由分布在全世界各地的 Linux 爱好者和用户单独完成的，而不是由某个专门研究机构有组织地进行的。这些 Linux 爱好者和用户的计算机通常是 PC，其系统资源十分有限。因此，Linux 操作系统的设计思想从一开始就是尽量在有限的系统资源限制条件下实现尽可能多的系统功能。在这种设计理念的指导下，今天的 Linux 操作系统既可以很好地运行在具有几百兆字节内存和若干千兆字节磁盘空间的多处理器计算机上，也能够在内存不到 4 MB 的计算机上高效运行。

与大多数传统 Unix 操作系统实现相一致，Linux 操作系统由内核、系统库(system libraries)和系统工具(system utilities)这三个主要代码部分组成。

Linux 内核负责实现与维护所有重要的操作系统抽象概念，如虚拟内存和进程等。Linux 内核是整个 Linux 操作系统的核心，其不仅提供了运行进程所需的所有系统功能，而且还提供对硬件资源访问的系统服务。内核实现了 Linux 能够称为一个操作系统的所有基本系统功能。操作系统与应用程序之间的接口并不是由内核直接管理与维护的，应用程序首先调用系统库函数，之后由 Linux 系统库函数调用所需的操作系统服务。

Linux 系统库中定义了一整套标准的函数，应用程序可以通过这些函数与操作系统内核交互。Linux 系统库中的函数实现了大部分操作系统功能。最简单的例子是系统库函数允许应用程序进行内核系统服务请求。Linux 系统库函数负责收集系统调用的参数，并且按照特定的格式组织这些参数，进行相应的系统调用。Linux 的系统库还可以完成更加复杂的系统调用。例如，C 语言的缓冲文件处理函数全部实现于系统库中，这些系统库函数提供了比基本内核系统调用更先进的文件输入/输出控制。除了上述的各种系统调用之外，Linux 系统库还能够提供一些其他的实用例程，如排序算法、数学函数与字符串处理例程等。

Linux 的系统工具包括一些完成单个特定系统管理任务的程序。有些系统工具程序可能只被激活一次，完成系统某方面的初始化或者参数配置，如配置网络设备与加载内核模块。有些系统工具程序则需要一直运行，完成响应建立网络连接请求、处理来自远程终端的登录请求、处理打印队列或者更新日志文件等任务，这类系统工具程序按照 Unix 操作系统的术语称为守护进程(daemon)。系统工具程序并不一定非得完成与关键系统管理任务相关的工作。Linux 的用户环境还包括许多完成日常任务的标准系统工具，如目录列表、移动和删除文件或者显示文件内容等。更复杂的系统工具可以完成文本处理任务，如对输入的文本数据进行排序与模式搜索等。

Linux 操作系统的一个显著特点是它的商业运作模式。Linux 操作系统是一种免费软件，用户可以从 Internet 许多网站上下载 Linux。用户不但可以免费使用 Linux 操作系统的源代码与二进制代码，而且可以自由地对 Linux 系统进行复制、修改与重新发布。但是，Linux 操作系统对其用户提出了一个限制，所有用户基于 Linux 操作系统内核产生的成果不能仅仅以二进制形式进行出售或者重新发布，源代码必须与软件本身一起出售或者在用户提出请求时免费提供给用户。

·········· 本 章 小 结 ··········

本章主要讲述了以下内容：

(1) 介绍了操作系统的基本概念。从早期的手动式操作系统到批处理操作系统，从分时操作系统到多程序分时操作系统，按照操作系统发展的四个主要阶段，系统地介绍了操作系统的发展历史，加深读者对操作系统各个构成要素发展与演进历史脉络的理解和认识。通过分析计算机系统的四个主要组成部分，讨论了操作系统在计算机系统中的地位与意义，并给出操作系统的定义。介绍了操作系统在本质上不相关的两方面主要功能：操作系统既起到扩展机或虚拟机的作用，又是计算机系统的资源管理者。

(2) 介绍了面向网络的操作系统的基本概念与主要功能。介绍了什么是面向网络的操作系统，包括网络操作系统与分布式操作系统。描述了网络操作系统与单处理器操作系统的主要区别与内在联系。分析和讨论了网络操作系统与分布式操作系统的异同点。按照网络操作系统与分布式操作系统两个方面分别介绍了面向网络的操作系统的主要功能，包括远程登录、远程文件传输、数据迁移、计算迁移与进程迁移等。

(3) 介绍了 Unix 操作系统的基本概念与主要功能特点。首先，介绍了 Unix 操作系统的发展历史。其次，从操作系统外壳、文件系统、I/O 设备管理、多进程管理、CPU 调度算法以及系统程序与辅助工具等方面介绍了 Unix 操作系统的主要功能特点。分析了 Unix 操作系统与 C 语言的相互关系。介绍了 Unix 操作系统独特的开发模式，讨论了 Unix 操作系统的优点，分析了 Unix 操作系统成功的经验。

(4) 介绍了 Linux 操作系统的基本概念与主要功能特点。首先，讨论了 Linux 操作系统与 Unix 操作系统的相互关系，介绍了 Linux 操作系统的发展历史。其次，分析和讨论了 Linux 操作系统的主要特点。从系统整体设计思想、硬件平台支持等方面分析了 Unix 操作系统对 Linux 操作系统的影响。介绍了 Linux 操作系统的三个主要代码组成部分，即内核、系统库与系统工具。介绍了 Linux 操作系统所特有的商业运作模式，讨论了 Linux 操作系统的优点，分析了 Linux 操作系统深受广大用户欢迎的原因。

✦✦✦✦✦✦✦ 习　题　6 ✦✦✦✦✦✦✦

一、填空题

1. 20 世纪 50 年代中期，＿＿＿＿＿＿的出现彻底改变了计算机发展的面貌，这一时期的计算机变得更加可靠，能够长时间持续稳定地工作。

2. 一个计算机系统大体上可以划分为四个组成部分：＿＿＿＿＿、＿＿＿＿＿、＿＿＿＿＿和＿＿＿＿＿。

3. 操作系统的功能主要分为本质上不相关的两个方面，操作系统既起到＿＿＿＿＿的作用，同时又扮演着＿＿＿＿＿的角色。

4. 最初由 Ken Thompson 开发的第一版 Unix 是用＿＿＿＿＿语言编写的。后来，随着 Dennis Ritchie 的加入，他们用＿＿＿＿＿语言重写了 Unix 操作系统。

5. 操作系统是介于＿＿＿＿＿和＿＿＿＿＿之间的一层软件，其目的是为计算机用户提供一个能够执行程序的环境。

6. Unix 给用户提供了标准的用户接口，即＿＿＿＿＿，无论是用户编写的程序还是系统程序都由这个命令解释器执行。

7. 计算迁移可以通过多种不同的方法实现，常见的计算迁移方法有两种：＿＿＿＿＿和＿＿＿＿＿。

8. Unix 操作系统的文件系统是一种多级的树型结构，Unix 的文件系统支持两个主要的对象：＿＿＿＿＿和＿＿＿＿＿。

9. 与大多数传统 Unix 操作系统相一致，Linux 操作系统由三个主要代码部分组成，即

_____、_____与_____。

10. 将进程或其子进程分布到网络上多个不同的结点上运行可以将网络的计算负载分配得更加平衡，实现网络系统的_____。

二、单项选择题

1. 第一代操作系统的时间范围是从 20 世纪 40 年代中期到 50 年代中期，这一时期计算机的主要构成部件是____。

A. 晶体管　　　　　　　　　　　　B. IC

C. 真空管　　　　　　　　　　　　D. VLSIC

2. 在下列几种操作系统中，属于典型的第三代操作系统的是____。

A. DOS　　　　　　　　　　　　　B. OS/360

C. Linux　　　　　　　　　　　　D. Windows NT

3. 网络操作系统的一个重要功能是使用户能够远程登录到另一台计算机上，以下用于进行远程登录的命令是____。

A. ftp　　　　　　　　　　　　　B. ping

C. telnet　　　　　　　　　　　　D. get

4. 20 世纪 80 年代初期，在 IBM 公司推出 IBM PC 之后，比尔·盖茨看准时机，为 IBM PC 开发了_____，迅速占领了 IBM PC 市场。

A. MS-DOS　　　　　　　　　　　B. Windows 1.0

C. FMS　　　　　　　　　　　　　D. Minix

5. 用户所有基于 Linux 操作系统内核产生的成果不能仅仅以二进制形式进行出售或者重新发布，_____必须与软件本身一起出售或者在用户提出请求时免费提供给用户。

A. 二进制代码　　　　　　　　　　B. 系统工具

C. shell　　　　　　　　　　　　　D. 源代码

三、判断题

判断下列描述是否正确(正确的在括号中填写 T，错误的在括号中填写 F)。

1. 一台运行网络操作系统的计算机既可以脱离网络上其他的计算机而独立运行，也能够感知网络的存在并且能够与网络中的其他计算机进行通信交流。　　　　　　（　　）

2. Ken Thompson 开发的第一版 Unix 是用 C 语言编写的，由于 C 语言是一种高级语言，比较容易掌握和使用，因此 Unix 操作系统很快推广开来，迅速普及。　　　　（　　）

3. 与网络操作系统相比，分布式操作系统是一种自治性更强的环境，分布式系统内各个不同的操作系统之间需要进行较为紧密的通信交流。　　　　　　　　　　　（　　）

4. Unix 操作系统采用一种简单的基于优先级的 CPU 调度算法。　　　　　（　　）

5. 由于 Linus Torvalds 在 Linux 的研究与开发中借鉴了许多 Unix 操作系统的基本概念和重要思想，因此他把自己开发的这个新操作系统叫做 Linus' Unix，简称为 Linux。（　　）

6. 网络操作系统需要具备对网络接口的支持与一些相关的底层驱动软件，这些特点使其与传统的单处理器操作系统存在本质上的区别。　　　　　　　　　　　　　（　　）

四、简答题

1. 简述第一代操作系统的主要特点。

2. 什么是网络操作系统？

3. 分布式操作系统与网络操作系统的主要区别是什么？

4. 简述 Linux 操作系统的主要功能特点。

5. 简述进行进程迁移的原因。

6. 早期批处理系统的工作流程主要由哪几个步骤组成？

五、问答题

1. 操作系统的发展经历了哪些主要阶段？

2. 操作系统的主要功能是什么？

3. 面向网络的操作系统的主要功能有哪些？

4. Unix 操作系统的主要功能特点有哪些？

5. 比较 Unix 操作系统与 Linux 操作系统的相同点和主要区别。

网络互联技术

随着计算机网络的广泛应用和信息技术的飞速发展，人们需要将多个计算机网络互联起来，在更广的范围内实现信息交流和资源共享，单一的计算机网络已经无法满足社会的需求。网络互联技术是指将分布在不同地理位置的网络互联起来，构成更大范围的网络系统的技术和方法。互联网(Internet)就是一个典型的网络互联的实例，它是一个使用网络互联技术将分布在全世界各地的各种类型的计算机网络互联起来构成的覆盖面积最广、影响最大的计算机互联网络。

网络互联既可以是相同类型的计算机网络之间的互联，也可以是不同类型的计算机网络(或者运行不同网络协议的系统)之间的互联。网络互联的类型主要有三种：局域网与局域网互联(LAN-LAN)、局域网与广域网互联(LAN-WAN)、广域网与广域网互联(WAN-WAN)。

7.1　网络互联的基本概念

计算机网络互联的目的是使网络用户能够访问其他计算机网络，使不同计算机网络系统中的用户可以在更广的范围内进行信息交流和资源共享。

7.1.1　网络互联的主要作用

网络互联的主要作用有以下几个方面。

(1) 扩大网络覆盖范围。

通过扩大网络覆盖范围可以扩展网络资源共享的范围，允许接入更多的网络用户，从而在更广的范围内实现信息交换。例如，在局域网中每个网段的物理覆盖范围是有限的，如果网络的覆盖范围超过了上限，可以通过网络互联设备(interconnection device)将两个网段连接起来，形成一个更大规模的网络。

(2) 提高网络通信效率，改善网络性能。

当网络规模较大，网络内结点数较多时，随着信息流量的不断增加，共享传输介质网络中的访问冲突会明显增加，使得单个结点的带宽减少，通信延迟增大，导致整个网络的通信效率降低。采用网络互联技术，把一个较大的网络分割成若干个较小的物理子网，将相互通信比较频繁的结点放在同一个物理子网内，用网络互联设备将各个物理子网连接起来，可以提高网络通信效率，改善网络性能。

(3) 提供更丰富的网络应用服务。

实现多个网络之间的互联，能够使分布在不同地理位置的网络中的结点进行互联、互通和互操作，从而可以在应用层面给网络用户提供更加丰富的服务，如电子邮件、文件传输、远程登录等。

7.1.2　网络互联的主要问题

要实现分布在不同地理位置的计算机网络的互联，首先需要在不同的计算机网络之间建立通信链路，其次要在进行数据通信的网络进程之间提供相应的路由选择机制，同时还需要一个记账服务，它负责记录各个网络与网关的运行情况，维护各种网络状态信息。

不同类型的计算机网络的体系结构通常存在许多差别，在实现网络互联时面临的主要问题有以下几个方面：

(1) 不同的寻址方案；

(2) 不同的最大分组长度；

(3) 不同的网络访问机制；

(4) 不同的差错恢复方法；

(5) 不同的路由选择技术；

(6) 不同的超时控制；

(7) 不同的管理与控制方式。

7.1.3　网络互联的层次

从计算机网络体系结构的角度来看，可以在以下四个层次上实现网络互联。

1．物理层

在物理层进行网络互联主要用于不同地理范围内的网段之间的互联，重点是解决如何在不同的传输介质中传输比特流。

2．数据链路层

在数据链路层进行网络互联主要用于相同类型的局域网之间的互联。

3．网络层

在网络层进行网络互联主要用于广域网与广域网的互联。在网络层实现网络互联的重点在于解决路由选择、拥塞控制以及差错处理等问题。

4．高层

在高层(在 OSI 七层参考模型中高于网络层的其他层次)进行网络互联主要解决高层之间的协议转换问题。

7.2　网络互联的主要类型

如本书第 1.2 节所述，计算机网络按照网络覆盖的范围和规模可以分成五种不同的类型。本章所述的网络互联，根据进行互联的计算机网络的类型不同可以分为三种主要类型：局域网与局域网互联、局域网与广域网互联、广域网与广域网互联。

7.2.1　局域网与局域网互联

局域网与局域网之间的互联是最常见的一种网络互联类型,其网络互联逻辑结构如图7.1 所示。局域网与局域网之间可以通过集线器等网络互联设备进行互联,实现在更大范围内的信息交换和资源共享。

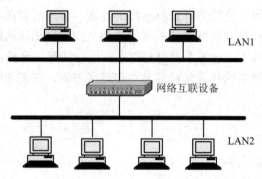

图 7.1　局域网与局域网互联逻辑结构

局域网与局域网之间互联,既包括相同类型的局域网之间的互联(如用集线器互联多个以太网),也包括不同类型局域网之间的互联(如用交换机互联以太网和令牌环网)。

7.2.2　局域网与广域网互联

局域网与广域网之间的互联是较为常见的一种网络互联类型。实现局域网和广域网之间的互联,对于局域网和广域网都非常必要。局域网可以通过互联到广域网实现更大范围的信息交换和资源共享,广域网也可以通过互联局域网来扩大网络规模和覆盖范围。局域网与广域网之间可以通过专门的网络互联设备(如路由器或者网关)实现网络互联,其网络互联逻辑结构如图 7.2 所示。

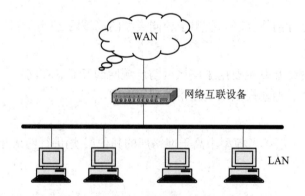

图 7.2　局域网与广域网互联逻辑结构

7.2.3　广域网与广域网互联

广域网与广域网之间的互联也是目前常见的网络互联方式之一。广域网和广域网之间的互联可以通过路由器或者网关实现,其网络互联逻辑结构如图 7.3 所示。广域网与广域网之间的互联一般由不同国家的电信部门或国际组织将不同国家或者地区的计算机网络互联起来，构成更大规模的计算机网络，使接入各广域网的主机在更广的范围内进行信息交换和资源共享。

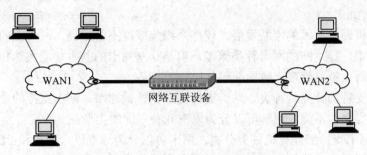

图 7.3　广域网与广域网互联逻辑结构

7.3　典型的网络互联设备

为了实现计算机网络互联，需要使用某种网络传输介质通过网络接口与网络互联设备进行连接。计算机网络互联设备总体上可分为两类：网内互联设备和网间互联设备。网内互联设备主要有网络接口卡(Network Interface Card，NIC)、中继器(repeater)、集线器(hub)等，网间互联设备主要有网桥(bridge)、路由器(router)和网关(gateway)等。下面分别介绍这些典型的网络互联设备。

7.3.1　网络接口卡

网络接口卡也称网络适配器(network adapter)，简称为网卡，它是插在计算机总线或某个外部接口上的一个扩展卡，用来使计算机在计算机网络上进行通信，其外观如图 7.4 所示。网卡的主要功能体现在发送数据和接收数据两个方面。一方面，在发送数据时，网卡首先将发送结点要发送出去的数据转换成网络上其他设备能够识别的格式，然后将数据发送给网络传输介质进行传输；另一方面，在接收数据时，网卡首先从网络传输介质中接收数据，然后将其转换成网络程序能够识别的数据格式。

图 7.4　网络接口卡外观

为了有效地进行通信，计算机网络中的每一台计算机都必须有一个独一无二的物理地址，称为 MAC (Medium Access Control，介质访问控制)地址。电气和电子工程师协会(Institute of Electrical and Electronics Engineers，IEEE)为网卡统一分配 MAC 地址，确保每一块网卡具有一个全世界范围内唯一的 MAC 地址。MAC 地址长度为 48 位，被写在网卡上的只读存储器中。这种统一的 MAC 地址分配机制保证了在全世界范围内没有任何两块网卡具有相同的 MAC 地址。

随着计算机硬件技术的不断发展，硬件系统集成度不断提高，网卡上的芯片个数不断减少。尽管各个厂家生产的网卡种类繁多，但是这些网卡的基本功能大体相同，主要完成数据封装与解封、链路管理、数据编码与译码等任务。

根据网卡支持的计算机种类、网卡支持的数据传输速率、网卡支持的总线类型以及网卡的网络接口类型的不同，网卡可以分为以下几种不同的类型：

(1) 按照网卡支持的计算机种类分类，网卡可以分为标准以太网卡和 PCMCIA 网卡。标准以太网卡用于台式计算机，PCMCIA 网卡用于便携式计算机。

(2) 按照网卡支持的数据传输速率分类，网卡可以分为 10 Mb/s 网卡、100 Mb/s 网卡、10/100 Mb/s 自适应网卡、1000 Mb/s 网卡等不同类型。10 Mb/s 和 100 Mb/s 网卡支持 10 Mb/s 和 100 Mb/s 的数据传输速率；10/100 Mb/s 自适应网卡可以与远端网络设备自动协商，确定当前可用数据传输速率是 10 Mb/s 还是 100 Mb/s；1000 Mb/s 网卡多用于服务器与交换机之间的连接，以提高系统的整体数据传输速率。

(3) 按照网卡支持的总线类型分类，网卡可以分为 ISA 网卡、EISA 网卡、PCI 网卡、USB 网卡等不同类型。

(4) 按照网卡的网络接口类型分类，网卡可分为 RJ-45 接口网卡、BNC 接口网卡、AUI 接口网卡。RJ-45 接口网卡用于以双绞线为传输介质的以太网中，是目前最为常见、应用最广的一种网卡；BNC 接口网卡用于使用细同轴电缆作为传输介质的以太网或令牌网中，由于使用细同轴电缆作为传输介质的网络较少，因此这种类型的网卡比较少见；AUI 接口网卡用于以粗同轴电缆作为传输介质的以太网或令牌网中，目前很少有使用粗同轴电缆作为传输介质的网络，因此这种类型的网卡非常少见。

在计算机网络发展的早期，网卡通常作为一个扩展卡插到计算机总线或者某个外部接口上。随着计算机网络技术的不断发展，网卡价格大幅降低，网络标准不断普及，目前新出厂的计算机基本上在其主板上集成了网络接口，用户无需自行购买和安装网卡。

7.3.2 中继器

中继器是最简单的网络互联设备，它工作在 OSI 参考模型的最底层(物理层)。由于存在损耗，在通信线路上传输的信号的功率会随着传输距离的增加逐渐衰减，当衰减达到一定程度时会造成信号失真，可能导致接收错误。中继器就是为解决这一问题而设计的，它完成物理线路的连接，对衰减的信号进行放大恢复，与原数据保持相同。

中继器的优点是价格低廉、安装简单、使用方便。通过接入多个中继器，可以扩大通信传输距离，增加网络中所能容纳的结点个数。例如，以太网标准规定单段信号传输电缆的最大长度为 500 m，在使用四个中继器进行信号中继后，传输电缆最长可扩展到 2500 m。从表面上看，中继器的使用数量似乎可以是无限的，网络覆盖范围也似乎可以通过不断接入中继器而无限延长。事实上这是不可能的，因为网络标准中对信号的延迟范围有明确规定，中继器只能在规定的范围内进行工作，否则会引起网络故障。

中继器的缺点主要有三个方面：第一，中继器对信号的接收、恢复和转发过程会增加通信延时；第二，当网络中的负荷过重时，可能因中继器内缓冲存储空间不足而发生数据溢出，导致数据帧丢失；第三，通过中继器连接起来的不同网段在逻辑上仍然是同一个网络，中继器不能提供相邻网段间的隔离功能，一旦中继器出现故障，会对相邻的两个网段都产生影响。

7.3.3　集线器

集线器工作在 OSI 参考模型的物理层，是一种物理层设备，其工作原理和中继器基本相同。从本质上讲，集线器是中继器的一种，集线器和中继器的区别仅在于集线器的端口数量往往比中继器多，因此集线器也被称为多端口中继器。

图 7.5 给出了一个由集线器连接构成的局域网的结构，一所大学的某学院可以用集线器将该学院三个系的局域网互联起来。如图 7.5 所示，三个系级集线器分别组成三个系的局域网，每个系的局域网可以给该系的教职工和学生提供网络访问。系里每个主机和系局域网集线器之间是点到点(point-to-point)的连接方式。在图 7.5 中，比三个系级集线器更高一级的第四个集线器称为主干集线器，它与三个系级集线器之间也是点到点的连接方式。该主干集线器通过连接三个系级局域网，构成一个更大规模的学院级的局域网。图 7.5 所示的是典型的多级集线器互联的设计结构，整个系统中的多个集线器按照清晰的层级关系组织起来。事实上，也可以把图 7.5 中的两级集线器结构扩展为三级集线器结构，如第一级是系级集线器，第二级是学院级集线器(一所大学包括多个学院)，第三级集线器涵盖整个大学。

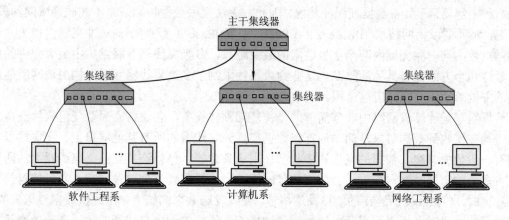

图 7.5　由集线器连接构成的局域网的结构

在图 7.5 中所示的多级集线器互联结构中，我们通常称由多个层级的多个集线器互联起来的整个网络为一个局域网，而其中某个部门的网络，如图中计算机系的系级网络(包括系级集线器和连接到系级集线器上的所有主机)称为一个局域网网段(segment)。值得注意的是，图 7.5 中所示的所有局域网网段(软件工程系、计算机系、网络工程系)都属于同一个冲突域(collision domain)，当局域网网段中的两个或者多个结点同时尝试进行数据传输时将会产生冲突，此时这些结点将进行退避，即随机等待一定时间后再次尝试发送数据。如果没有这样的退避机制，可能导致以下情况发生：同一个冲突域内的两个或多结点同时尝试数据传输，在产生冲突之后这些结点又立刻尝试重新传输数据，又导致新的冲突，从而进入一种反复不断冲突的恶性循环，导致网络系统性能严重下降。

采用如图 7.5 所示的带有主干集线器的多级集线器连接多个部门局域网这种互联结构有三个方面的优点：第一，这种互联结构使多个不同部门(如图中所示的软件工程系、计算机系、网络工程系三个系)之间的主机能够实现跨部门的通信；第二，这种互联结构能够扩大局域网内任意两个结点之间的最大传输距离；第三，这种多层级集线器互联结构有助于实现一定程度的优雅降级(graceful degradation)。优雅降级是指电子系统、计算机或计算机网络等系统在部分组件出现故障或者失效的情况下，整个系统仍然能够继续运转并维持一定系统功能的能力。在理想情况下，具有优雅降级特性的系统即使出现多个组件同时发生故障或者失效的情况也不会引起整个系统的完全瘫痪。在图 7.5 所示的网络结构中，如果某个系级局域网网段的集线器开始出现故障，上一级的主干集线器能够检测到这一问题并及时断开该系级集线器与整个局域网其他部分的连接。通过这种方式，在故障集线器维修期间其他没有发生故障的系的网络依然可以正常运转，从而实现整个局域网系统的优雅降级。

虽然采用带有主干集线器的多级集线器互联结构在进行网络互联时有很多优点，但是这种互联结构也存在一些问题。第一，通过集线器将多个部门的局域网互联起来，这些部门局域网原来相互独立的冲突域会变成一个大的共同冲突域。第二，如果不同部门的局域网网段使用的是不同的以太网技术，可能无法使用主干集线器互联这些部门的集线器。例如，如果图 7.5 中所示的计算机系是 100Base-T 网络，而软件工程系和网络工程系是10Base-T 网络，互联这三个部门的局域网必须有数据帧缓冲机制。由于集线器从本质上讲是一种中继器，不具备数据帧缓冲功能，因此它无法互联数据传输速率不同的局域网网段。第三，不同的以太网技术(10Base-2、10Base-T、100Base-T 等)对于同一冲突域内最大允许的结点数、同一冲突域内两个主机之间的最大距离、多级集线器互联结构中最大允许的层级数这几个方面都有具体的限制，这些约束条件限制了多级集线器互联结构局域网所能连接的主机总数以及网络覆盖范围。

集线器是计算机网络中非常简单的一种基础硬件设备，它通常不需要任何软件支持。集线器在接收到数据时只是简单地把该数据广播到集线器的所有其他端口上。在集线器内部有一条数据总线，数据的发送和接收都使用这条总线。如果连接到同一集线器上的两个或者多个结点同时发送数据，会出现信号碰撞，集线器需要处理这种冲突。当集线器检测到冲突时，向集线器所连接的端口发送信号，使得发送数据的结点知道此次数据传送失败，需要等待一段时间后再次重新发送数据。这样的工作机制导致集线器的数据传输效率相对比较低。

集线器有多种分类方法，可以按照集线器的结构、数据传输速率、工作方式以及接口类型等不同特点进行分类。以下介绍几种主流的双绞线以太网集线器的分类标准。

(1) 按照集线器的结构分类，集线器可以分为独立式集线器、堆叠式集线器和机箱式集线器。

(2) 按照集线器的数据传输速率分类，集线器可以分为 10 Mb/s 集线器、100 Mb/s 集线器和 10/100 Mb/s 自适应集线器。

(3) 按照集线器的工作方式分类，集线器可以分为无源集线器、有源集线器和智能集线器。无源集线器不对信号做任何处理，对传输介质的传输距离没有扩展；有源集线器能够对信号进行放大，延长两台主机之间的有效传输距离；智能集线器具有一定的网络管理和路由功能，如在智能集线器中，不是每个结点都能收到信号，只有与信号目的地址相同的端口所连接的结点才能收到信号。

7.3.4　网桥

1. 网桥的基本工作原理

网桥工作在 OSI 参考模型的第二层(数据链路层)，也称为第二层设备，典型的网桥如图 7.6 所示。网桥与前述的集线器有着明显的区别，集线器是物理层设备，而网桥工作在数据链路层，其处理和操作的对象是数据帧(frame)，能够利用数据帧的目的地址对数据帧进行过滤(filtering)和转发(forwarding)。当一个数据帧流入网桥的某个端口时，网桥并不是像集线器那样把该数据帧简单地复制到其他所有端口上，而是检查数据帧的第二层(数据链路层)目的地址并尝试将该数据帧转发给导向其目的结点的端口。

图 7.6　网桥实例

在前面介绍集线器时，我们给出了采用主干集线器多级互联一所大学某学院的三个系的局域网的互联结构。我们也可以使用网桥互联这三个系的局域网，其互联结构如图 7.7 所示。图 7.7 中网桥旁边的数字标号是网桥的端口编号，如计算机系的系级局域网网段与网桥的第 2 号端口连接。与图 7.5 中所示的多级集线器互联结构一样，在由网桥互联多个部门构成的网络中，我们称互联起来的整个网络为一个局域网，而其中某个部门的网络称为一个局域网网段。与图 7.5 中所示的多级集线器互联结构不同的是，图 7.7 中所示的每一个系级局域网网段都分别是一个相互独立的冲突域。

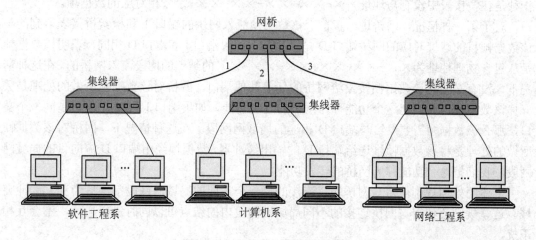

图 7.7　由网桥连接构成的局域网

2. 网桥的过滤和转发功能

网桥具有对数据帧进行过滤和转发两个主要功能。网桥的过滤功能是指网桥检查数据帧的目的地址，并据此判定是应该将该数据帧转发给某一特定端口还是将该数据帧丢弃掉。网桥的转发功能是指网桥能够根据数据帧的目的地址决定将该数据帧发送给网桥的哪一个端口。

网桥能够实现过滤和转发功能主要依赖于网桥内的一个桥接表(bridge table)。桥接表包含局域网内某些结点的信息，这些结点不一定包括局域网内全部的结点。对于桥接表内包含的每个结点，表里都有一条信息与之对应，具体包括三方面的数据：① 该结点的局域网地址；② 与该结点连接的网桥端口；③ 此结点的这条信息被记录在桥接表里的时间。表7.1 给出了一个桥接表的内容示例。

表 7.1　桥接表的内容示例

地址	端口	时间
76-DF-BF-58-CA-52	2	10:06
6B-92-86-D1-M6-11	1	10:08
8D-C1-F3-E8-65-A9	3	9:58
⋮	⋮	⋮

值得注意的是，在桥接表中使用的地址是结点的物理地址(前述的 48 位 MAC 地址)，而不是结点的网络层地址。在表 7.1 中，第一列列出了结点的物理地址(48 位 MAC 地址)，第二列列出了该结点所对应的网桥端口号，第三列列出了这一条信息被记录在桥接表里的时间。

接下来介绍网桥如何利用桥接表进行数据过滤和转发。假定某个数据帧从网桥的 I 端口到达，其目的地址是××-××-××-××-××-××。当网桥接收到该数据帧后，网桥根据地址××-××-××-××-××-××在桥接表中进行检索。检索结果有两种可能：一种是网桥在桥接表中找到与地址××-××-××-××-××-××相对应的网桥端口 D，另一种是在桥接表中没有与地址××-××-××-××-××-××相对应的数据项。

对于第一种情况，网桥进一步检查该数据帧流入网桥的端口 I 和检索桥接表得到的与该数据帧目的地址对应的网桥端口 D 是否相同。如果端口 I 和端口 D 相同，表明该数据帧是从包含物理地址为××-××-××-××-××-××的结点的网段流入网桥的。在这种情况下，没有必要将该数据帧转发给网桥的任何其他端口，网桥对该数据帧所做的处理是丢弃掉该数据帧，我们把这个功能称为网桥的过滤功能。如果端口 I 和端口 D 不是同一个端口，那么该数据帧需要发给与端口 D 相连的局域网网段。在这种情况下，网桥对该数据帧所做的处理是将该数据帧推送给端口 D 的输出缓冲器，数据帧经由端口 D 流向目的局域网网段，我们把这个功能称为网桥的转发功能。

上述的处理规则使得与网桥端口连接的每一个不同的局域网网段都保持为独立的冲突域。这些规则还使得与网桥连接的不同局域网网段内的结点可以同时进行通信，不会互相干扰。

接下来,我们结合图 7.7 中所示的局域网以及与之对应的表 7.1 所示的桥接表举例说明上述处理规则的工作过程。

例 1:假设某数据帧从端口 2 流入网桥,其目的地址为 76-DF-BF-58-CA-52。网桥通过检索其桥接表(表 7.1),发现该数据帧的目的结点就在与端口 2 相连的局域网网段内(图 7.7 中所示的计算机系网段),这表明该数据帧已经被广播到包含其目的结点的局域网网段了,网桥不必再将该数据帧转发给网桥的任何其他端口。因此,网桥对该数据帧做丢弃处理,完成过滤功能。这个例子实际上描述的是计算机系网段内两台主机之间的一次通信过程。对于系级局域网网段内结点之间的通信,学院级的网桥不对其进一步向外转发,执行网桥的过滤功能。

例 2:假设某数据帧从端口 1 流入网桥,其目的地址同样为 76-DF-BF-58-CA-52。网桥通过检索其桥接表(表 7.1),发现该数据帧的目的结点通向网桥的端口 2,因此网桥将该数据帧推送给网桥的端口 2,完成转发功能。这个例子实际上描述的是软件工程系网段内的某台主机向计算机系网段内的某台主机发送数据的过程。这个例子表明,对于跨越系级局域网网段的结点之间的通信,学院级的网桥会对其进行跨局域网网段的转发,执行网桥的转发功能。

3. 网桥的自学习能力

网桥的一个非常好的特点是网桥内部的桥接表的构建和维护是自动完成的,是一个动态和自治的过程,不需要网络管理员或者网络配置协议的任何干预。换言之,网桥具有自学习(self-learning)能力。网桥的自学习能力通过以下几个方面实现:

(1) 网桥的桥接表在系统初始的时候是空的。

(2) 当某个数据帧从网桥的某个端口流入,而且该数据帧的目的地址不在桥接表里时,网桥将该数据帧转发给其他所有的端口。

(3) 对于接收到的每一个数据帧,网桥在其桥接表中记录以下三方面的信息,即该数据帧的源结点的局域网地址、该数据帧流入网桥的端口号和当前时间,具体格式如表 7.1 所示。通过这种方式,网桥在桥接表中记录了发送该数据帧的结点处于哪个局域网网段。在网桥接入一个网络之后,随着时间的推移,如果局域网内的每个结点都发送过数据帧,那么桥接表里会记录下局域网内每个结点的相关信息。

(4) 当某个数据帧从网桥的某个端口流入,并且该数据帧的目的地址在桥接表里时,网桥将该数据帧转发给相应的端口。

(5) 随着时间的推移,在经过一定的时间段后,如果一直没有以桥接表里某项的地址为其源地址的数据帧流入,网桥会自动将该项数据(如表 7.1 中所示的某一行信息)删除。例如,如果局域网内的某台计算机被另一台计算机替换掉,而这台新的计算机具有和原来那台计算机不同的网卡,那么原先那台计算机的局域网地址信息随着时间的推移最终会被从网桥的桥接表里删除。

4. 网桥的优点

采用网桥进行网络互联能够克服许多集线器互联具有的问题。首先,这种互联结构不仅能够使多个不同部门(如图 7.7 中所示的软件工程系、计算机系、网络工程系三个系)之间的主机实现跨部门的通信,而且每个系级局域网网段都是一个独立的冲突域。其次,与主干集线器互联方式不同，使用网桥可以互联不同的以太网技术，包括 10 Mb/s 以太网和 100 Mb/s 以太网。最后，当使用网桥来互联多个局域网网段时，对于所构成的网络的规模没有限制。从理论上讲，甚至可以使用网桥互联许许多多个局域网网段，最终构成一个覆盖全球范围的局域网。

7.3.5　路由器

路由器工作在 OSI 参考模型的第三层(网络层)，也称为第三层网络设备，它是在网络层上实现网络互联的主要设备。典型的路由器如图 7.8 所示。

图 7.8　路由器实例

路由器可以互联多个不同类型的网络，如可以用路由器连接多个不同数据传输速率或运行在不同环境下的局域网和广域网。路由器是 Internet 的主要互联设备，数量众多的路由器系统构成了 Internet 的主体框架。

在 Internet 中，不同的两个端系统(end system)通常并不是直接由单个通信链路直接彼此互联的，它们往往是通过路由器这种中间交换设备间接地互联在一起。路由器从其某个输入通信链路上接收信息，然后将该信息转发给它的某个输出通信链路。TCP/IP 协议族里的IP协议定义了在路由器和端系统之间所发送和接收的信息的具体格式。从发送端端系统，经过一系列的通信链路和路由器，最终到达接收端端系统，信息所经过的途径称为路由(route)或者路径(path)。从源结点到目的结点，数据在网络的每个中间结点中如何选择路由(或路径)称为路由选择(routing)。路由选择是路由器的核心功能，这也是路由器名称的由来。作为不同网络之间进行互联的枢纽设备，路由器的可靠性直接影响着网络互联的质量，路由器的处理速度直接影响着网络的通信效率。

1. 路由器的主要特点

相对于前述的集线器和网桥等其他常见的网络互联设备，路由器有以下三个主要特点：

(1) 工作在网络层。本章 7.3.3 节所述的集线器工作在 OSI 参考模型的第一层(物理层)，当数据从某个端口传入集线器时，集线器仅仅简单地将该数据广播发送到所有其他端口，它不具备任何对数据的智能处理能力。本章 7.3.4 节所述的网桥工作在 OSI 参考模型的第二层(数据链路层)。相对于集线器，网桥更加智能一些，它能够检查数据帧内所包含数据的源结点 MAC 地址和目的结点 MAC 地址，并使用桥接表在目的结点所在网段和网桥端口之间建立映射。路由器工作在 OSI 参考模型的第三层(网络层)，它比网桥更加智能一些。路由器能够识别所接收的数据包中的目的结点的 IP 地址，如果该目的地址不属于本地网络则将该数据包通过路由选择转发给相应的网络，如果该目的地址属于本地网络则不对其进行转发。

(2) 能够连接不同类型的网络。不同类型网络所传输的数据帧的大小和格式是不同的，数据从一种类型的网络传输到另一种类型的网络必须进行数据帧格式的转换。路由器具有不同类型网络之间数据帧格式的转换能力，因此路由器能够连接不同类型的局域网和广域网，如以太网、FDDI 网、令牌环网等。集线器和网桥没有这种不同类型网络之间数据帧格式的转换能力，因此它们无法互联不同类型的网络。

(3) 路由选择功能。数据从源结点传输到目的结点存在许多可能的路径，路由器能够选择合理、便捷、高效的路径，从而减轻网络通信负荷，节约网络通信资源，提高网络通信效率。路由器的这一特点也是集线器和网桥等一层和二层网络互联设备所不具备的。

2. 路由器的基本功能

路由器是在网络层实现网络互联的设备，其主要任务是负责对从源结点发送的数据包进行存储，选择最佳的路由，然后将数据转发给目的结点。宏观地讲，路由器主要完成两方面的功能，即数据通道功能和控制功能。路由器的数据通道功能包括数据转发决策、背板转发以及输出链路调度等，这部分功能通常由特定的硬件完成；路由器的控制功能包括与相邻路由器之间的信息交换、系统配置、系统管理等，这部分功能一般由软件实现。具体而言，路由器的基本功能有以下几个方面：

(1) 网络互联功能。路由器支持各种局域网和广域网接口，可以互联局域网和广域网，实现不同网络之间的相互通信。

(2) 数据处理功能。路由器能够对数据提供分组过滤、压缩和解压缩、加密和解密、防火墙等功能。

(3) 路由选择功能。路由器能够利用路由算法来建立和维护路由表，并根据路由表里的路由信息对数据包的下一传输目的地进行选择，实现数据包的转发，为流经路由器的数据选择最佳的传输路径。

(4) 网络管理功能。路由器是有源的智能网络结点，它能够参与网络管理。路由器能够提供配置管理、性能管理、容错管理和流量控制等基本的网络管理功能。

3. 路由器的内部结构

为了理解路由器的基本工作原理，我们先了解一下路由器的内部结构，典型的路由器的内部结构如图 7.9 所示。

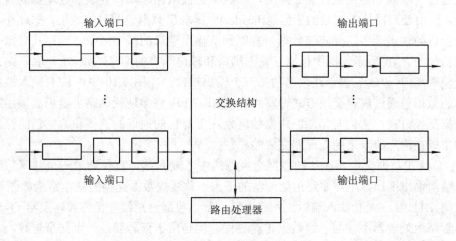

图 7.9　路由器的内部结构

一个典型的路由器通常由四个主要部分构成，它们分别如下：

(1) 输入端口(input port)。路由器的输入端口通常集中在路由器的线卡(line card)上，一个线卡一般支持多个(4、8 或 16 个)端口。一个路由器的输入端口能够完成多种功能。第一，输入端口能够终止输入物理链路与路由器的连接，这是一个物理层的功能(图 7.9 中输入端口最左边的扁平方框和输出端口最右边的扁平方框)；第二，输入端口执行与另一端的输入链路进行互操作所需的数据链路层功能(图 7.9 中输入端口和输出端口中间的方框)；第三，路由器的输入端口还执行查找和转发(lookup and forwarding)功能，从而能够将发给路由器交换结构的数据包转发给相应的输出端口(图 7.9 中输入端口最右边的方框和输出端口最左边的方框)。对于控制分组[如携带 RIP(Routing Information Protocol，路由信息协议)等路由协议信息的分组]，路由器直接将其从输入端口转发给路由处理器。

(2) 输出端口(output port)。路由器的输出端口负责存储经由路由器交换结构转发来的数据包，并将其传输给相应的输出链路。路由器的输出端口与输入端口执行的是相反的数据链路层和物理层功能。

(3) 交换结构(switching fabric)。路由器的交换结构连接路由器的输入端口和输出端口。路由器的交换结构完全包含在路由器之中，可以形象地称之为一个包含在网络路由器内部的网络。

(4) 路由处理器(routing processor)。路由处理器负责执行各种路由协议(如 RIP、OSPF 等)，维护路由器的路由表，完成路由器的各种网络管理功能。

在上述四个部分中，交换结构是路由器的核心，数据包通过交换结构从路由器的一个端口传输到另一个端口。在交换结构中，数据包的交换可以通过内存式数据交换(switching via memory)、总线式数据交换(switching via a bus)以及交叉矩阵式数据交换(switching via crossbar)等几种方式完成。

(1) 内存式数据交换。最早出现的路由器，同时也是最简单的路由器，其实就是一些普通的计算机，这些充当路由器的计算机在其 CPU 的直接控制下完成数据在输入端与和输出端口之间的数据交换，计算机的 CPU 起到了路由处理器的作用。计算机的输入端口与输出端口和传统操作系统下的普通 I/O 设备一样工作。当数据包到达某个输入端口时，该端口首先通过中断通知路由处理器。之后，该数据包被从输入端口复制到处理器的内存中。接下来，路由处理器从数据包的头信息(header)中提取出数据包的目的地址，据此在路由表中查找合适的输出端口，并将该数据包复制到该输出端口的缓冲区中。内存式数据交换的基本结构如图 7.10 所示，图中标出了输入端口和输出端口的编号，如 "I_1" 表示路由器的第一个输入端口，"O_3" 表示路由器的第三个输出端口。在图 7.10 中，从 I_3 输入端口流入路由器的数据包通过内存交换方式转发给 O_2 输出端口。许多现代的路由器仍然采用这种内存式数据交换方式，它们与早期路由器的区别在于对目的地址的查找和数据包的存储现在都是由集成在输入线卡上的处理器完成的。

(2) 总线式数据交换。在这种数据交换方式中，输入端口直接通过一个共享总线将数据包传输给输出端口，不需要路由处理器的干预。总线式数据交换的基本结构如图 7.11 所示。在图 7.11 中，从 I_3 输入端口流入路由器的数据包通过总线交换方式转发给 O_2 输出端口。尽管路由处理器不参与总线数据传输过程，但是由于该总线是一个共享总线，在同一时刻只能有一个数据包经过总线传输。如果一个数据包到达路由器的输入端口时，发现此时总线处于"忙"状态(总线正用于发送另一个数据包)，那么这个数据包会被阻塞，无法通过路由器的交换结构，需要在路由器的输入端口进行排队等候。由于流经路由器的每一个数据包都必须通过这个单一的共享总线，因此路由器的数据交换带宽受制于该总线的数据传输速率。

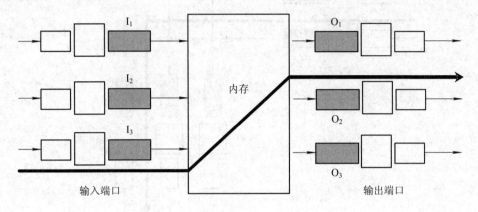

图 7.10　内存式数据交换的基本结构

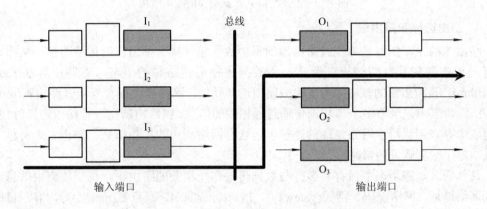

图 7.11　总线式数据交换的基本结构

(3) 交叉矩阵式数据交换。为了克服总线式数据交换方式对单一共享总线带宽的局限，可以使用一种更加复杂的互联网络结构来进行数据交换。人们借鉴以往在多处理器计算机系统架构中采用的互联多个处理器的网络结构，给出了交叉矩阵(crossbar)这种互联网络结构。交叉矩阵式数据交换的基本结构如图 7.12 所示。在图 7.12 中，从 I_3 输入端口流入路由器的数据包通过交叉矩阵转发给 O_2 输出端口。对于一个具有 N 个输入端口和 N 个输出端口的路由器，其交叉矩阵开关包含 $2N$ 条总线，这些总线以一种交叉矩阵的结构将路由器的输入端口和输出端口相互连接起来。当一个数据包从路由器的某个输入端口流入路由器时，该数据包首先沿着与输入端口连接的水平总线传输，直至与导向目的输出端口交叉的垂直总线。此时，如果导向目的输出端口的垂直总线处于空闲状态，则该数据包被传输给相应的输出端口。如果该时刻导向目的输出端口的垂直总线正忙于传输另一个输入端口发送给这个目的输出端口的数据包时，该数据包会被阻塞，必须在输入端口排队等待。

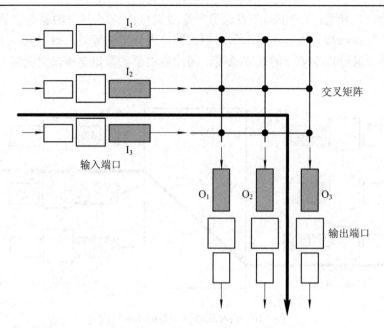

图 7.12　交叉矩阵式数据交换的基本结构

4. 路由选择和路由表

路由器的主要任务是为流经路由器的每个数据包寻找一条最佳的传输路径，从而将数据有效地传送到其目的结点。因此，为数据选择最佳路径的策略，即路由算法(routing algorithm)，是路由器的核心。为了完成路由选择功能，路由器中保存着一张路由表(routing table)，路由表中记录着多个与数据传输路径相关的信息，供路由器在进行路由选择时使用。路由表中存有到达特定网络终端的路径，还含有网络周边的拓扑信息。路由表中所包含的信息决定了数据转发的策略。

具体而言，路由表中保存着多行与数据传输路径相关的路由项，每一项路由信息包括目标网络地址、网络掩码、网关(gateway)、接口(interface)、跃点数(metric)等内容。目标网络地址和网络掩码用于定义可以到达的目的网络的范围。网关，也称为下一跳服务器，定义了针对特定的网络目的地址，数据包应发送给网关所指定的服务器。接口是指到达目的结点所需经过本路由器的出口地址。路由器通过网关和接口这两项数据确定数据包转发给下一个路由器的路径。跃点数表示路由的成本，一般是指到达目的结点所需要经过跃点(一个跃点代表经过一个路由器)的数量。跃点数越高，表明路由成本越高；跃点数越低，表明路由成本越低。一般情况下，如果有多条到达相同目的地址的路由项，路由器会采用跃点数值较小的路由。

路由器中的路由表从本质上可以看作由路由器内置的硬件和软件管理的一个小型数据库。家用路由器只需将所有的输出流量简单地转发给相应的 ISP(Internet Service Provider，互联网服务提供商)网关，后续的路由选择步骤均由 ISP 的网关处理，因此家用路由器的路由表一般很小，通常不超过 10 行路由数据项。与之相比，Internet 骨干网络中的大型路由器由于必须维护大量的路由信息，因此其路由表可能包含多达数十万行的路由数据项。

路由表的内容既可以是系统事先设置好的，也可以根据网络的拓扑结构以及网络流量变化动态更新，据此可以把路由选择分为静态路由选择(static routing)和动态路由选择(dynamic routing)两类。

(1) 静态路由选择。静态路由选择也称为非自适应(nonadaptive)路由选择，其路由决策不是基于对当前网络拓扑结构和流量的测量或估计。从一个结点到另一个结点选择什么路径，这些路由选择都是事先计算好的，静态路由明确指定了数据包到达目的结点所必须经过的路径。这些路由信息是离线(offline)形式的，由网络系统管理员在网络启动时加载到路由器上，除非网络管理员进行人工干预，否则静态路由不会发生变化。由于静态路由不能根据网络拓扑结构和网络流量的变化动态做出调整，因此这种路由选择方式通常用于规模较小并且拓扑结构相对固定的网络。相对于动态路由选择方式，静态路由选择不会随网络拓扑结构的变化而改变，因此其开销相对较小。

(2) 动态路由选择。动态路由选择也称为自适应(adaptive)路由选择，是指路由器根据网络系统的动态运行情况进行自动调整的路由选择机制，它能够根据网络拓扑结构或者网络流量的变化动态改变其路由决策。路由器根据路由协议提供的功能，自动学习和记忆网络运行的情况，自动计算数据传输的最佳路径。使用动态路由可以很好地适应网络拓扑结构和网络流量的动态变化。

5. 路由器的分类

路由器有多种不同的分类标准，通常路由器可以按照以下几个方面进行分类。

(1) 按照功能分类，路由器可以分为接入级路由器、企业级路由器和骨干级路由器。接入级路由器位于网络的边缘，端口数据传输速率较低，要求路由器具有较强的接入控制能力。企业级路由器的互联对象为多个终端系统，功能较为简单，数据流量较小。骨干级路由器通常数据流量较大，要求高性能和高可靠性，是企业级网络实现互联的关键设备。

(2) 按照结构分类，路由器可以分为模块化路由器和非模块化路由器。模块化路由器可以实现路由器的灵活配置，适应企业的业务需求。非模块化路由器只能提供固定单一的端口。一般而言，高端路由器(数据包交换能力大于 20 Gb/s)通常采用模块化结构，低端路由器(数据包交换能力小于 1 Gb/s)往往采用非模块化结构。

(3) 按照所处的网络位置分类，路由器可以分为边界路由器和中间结点路由器。边界路由器处于网络的边缘。中间结点路由器处于网络的中间，通常用于连接不同网络，起到数据转发的桥梁作用。

6. 路由器与网桥的比较

从本质上讲，路由器是利用网络层地址进行数据包转发的存储转发式数据包交换设备。虽然网桥也是一种存储转发式数据包交换设备，但是它和路由器有本质的区别，网桥利用MAC 地址进行数据包的转发。因此，路由器是第三层数据包交换设备，网桥是第二层数据包交换设备。

尽管路由器和网桥从本质上存在很大差别，但是网络管理员常常需要在这两种网络互联设备之间进行选择。例如，在图 7.7 所示的由网桥连接构成的局域网示例中，网络管理员完全可以用一个路由器替代图中学院级的顶层网桥，这种连接方式同样可以在允许各系之间进行跨部门通信的同时保持三个冲突域(每个系一个冲突域)相互独立。

既然路由器和网桥都是存储转发式互联设备，那么应该选用哪一种设备构建网络呢？

接下来对路由器和网桥各自的优缺点进行简要的分析比较。充分了解这两种网络互联设备的优点和不足之处，可以帮助我们进行合理的选择。

首先分析网桥的优缺点。相对于路由器，网桥主要有两方面的优点：第一，网桥是一种即插即用式设备，这一优点深受网络管理员的喜爱；第二，网桥的数据包过滤和转发速率通常较高。如图7.13所示，网桥只需要在网络参考模型(本书第3章介绍的混合参考模型)中的下面两层(物理层和链路层)对数据帧进行处理，而路由器需要在网络参考模型中的下面三层(物理层、链路层和网络层)对数据包进行处理。显然，相对于网桥，路由器的数据包过滤和转发速率通常较低。

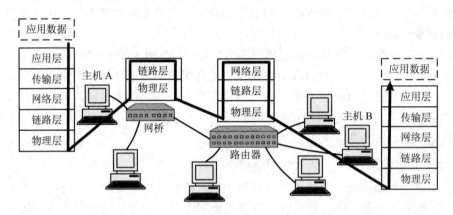

图7.13　路由器与网桥的比较

相对于路由器，网桥的不足之处主要有三个方面。第一，为了避免数据帧在网络中的循环传输，网桥采用生成树协议(Spanning Tree Protocol，STP)。基于网桥构建的网络由于生成树协议的限制，其网络拓扑结构仅限于生成树这种拓扑结构。这意味着，即使在源结点和目的结点之间存在更加直接的路径，所有的数据帧仍然必须按照生成树结构进行传输。第二，由于生成树协议的限制，网络数据流量都集中在生成树中的连接上，其实这些数据流量完全可以由网络原始拓扑结构中的其他连接分担。第三，网桥不能对广播风暴(broadcast storm)对网络的破坏提供任何保护。当一个失控主机不断地发送广播数据帧时，网桥会转发所有这些数据帧，广播数据帧在网内大量复制传播，导致网络性能急剧下降甚至整个网络瘫痪。

其次分析路由器的优缺点。相对于网桥，路由器主要有三方面的优点：第一，由于没有网桥的生成树协议限制，路由器不必局限于原始网络的生成树拓扑结构，可以使用源结点到目的结点之间的最佳路径进行数据传输；第二，由于路由器没有生成树协议限制，因此可以使用路由器构建更为丰富多样的网络拓扑结构；第三，路由器能够针对第二层的广播风暴提供相应的防火墙保护。

相对于网桥，路由器主要有两方面的不足之处：第一，路由器不是即插即用式设备，路由器以及连接到路由器上的主机必须对其IP地址进行配置；第二，由于要处理数据包内直至第三层协议的字段，路由器对每个数据包的处理时间通常比网桥更长，如图7.13所示。

综上所述，网桥和路由器各有利弊。那么，在构建网络的时候，一个单位(如一个大学的校园网或者一个公司的内部网络)如何在这两种网络互联设备之间进行选择呢？一般而言，小型的网络仅包含几百台主机，只有几个局域网网段，对于这类小型网络，网桥就足以胜任。使用网桥构建小型网络，可以使通信流量集中在本地，提高总吞吐量，并且不需要进行任何 IP 地址配置。对于包含数以千计主机的较大规模的网络，除了网桥之外，通常在其网络中包含多个路由器，这些大型网络中的路由器能够更好地隔离通信流量，对广播风暴进行控制，并且在网络的主机之间采用更加智能的路径。

7.3.6　网关

网关是在传输层及其以上各层上实现网络互联的设备。从一个房间走到另一个房间要经过一扇门，同样的，从一个网络向另一个网络发送信息也要经过一道"关口"，这道关口就是网关。换言之，网关是一个网络连接到另一个不同网络的"关口"。此处的"不同"有两方面的含义，一是指网络的传输协议不一样，二是指底层的物理网络不一样。

1. 网关的基本概念

由网关互联的两个网络通常使用不同的网络协议，网关的核心功能是在不同网络协议之间进行转换，实现不同协议框架之间的互联，因此网关也被称为协议转换器(protocol converter)。网关既可以用于局域网之间的互联，也可以用于广域网之间的互联。网关通常位于网络的边缘，通常将代理服务器(proxy server)和防火墙(firewall)等功能也集成到网关中，因此网关还能够提供一定的数据过滤和安全功能。

相对于中继器、集线器、网桥和路由器，网关是最复杂的一种网络互联设备。网关的复杂性源于具有不同高层网络协议的网络在数据帧、分组、报文格式及其控制协议、差错控制算法、各种计数器参数和服务类别等方面存在许多差异。与网桥只是简单地转发信息不同，网关对收到的信息要进行重新打包，以适应目的网络系统的要求。网关和路由器的结构比较相似，它们的区别是进行网络互联的层次不同，路由器在网络层实现网络互联，网关在传输层及其以上各层上实现网络互联。基于网关的网络互联模型如图 7.14 所示。

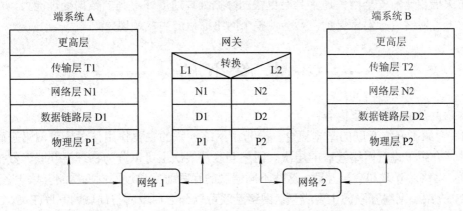

图 7.14　基于网关的网络互联模型

2. 网关的主要功能

网关既可以通过硬件实现，也可以由硬件和软件相结合的形式实现，不能简单地认为网关是一种硬件设备。无论采用何种实现形式，网关的主要功能包括以下几个方面：

(1) 不同网络之间的协议转换；

(2) 报文的存储转发；

(3) 流量控制；

(4) 应用层互通；

(5) 不同网络之间的网络管理。

在以上几个方面中，对互联的不同网络之间不同的网络协议进行协议转换是网关最主要的核心功能。

3. 网关的主要类型

网关按照功能可以分为以下三种主要类型：

(1) 协议网关。协议网关的主要功能是在使用不同协议的网络之间进行协议转换。不同的网络具有不同的数据格式、分组大小以及数据传输速率，为了消除这些差异，使数据能顺利进行交流，需要对不同的协议进行翻译和转换，这是协议网关的主要功能。微观地看，协议网关能够使一个网络理解其他网络，与不同的网络进行互联；宏观地看，协议网关使得分布在全世界的数量众多的不同的网络连接起来，构成巨大的互联网。

(2) 应用网关。应用网关在应用层上进行协议转换。应用网关主要是针对一些专门的应用而设置的，其目的是将某个应用层服务的一种数据格式转化为另外一种数据格式，从而实现数据交流。典型的应用网关接收一种格式的输入数据，对其进行翻译转换，然后以新的数据格式发送出去。这种网关通常作为某个特定服务的服务器，同时兼具网关的功能。最常见的此类应用网关就是电子邮件服务器。例如，一台主机使用 ISO 电子邮件标准，而另一台主机执行 Internet 电子邮件标准，如果这两台主机需要交换电子邮件，那么必须经过一个电子邮件网关进行转换，这个电子邮件网关就是一个典型的应用网关。

(3) 安全网关。最常用的安全网关是包过滤器(packet filter)，它通过对数据包源地址、目的地址、端口号以及网络协议进行授权，对信息进行过滤处理，让授权的数据包通过网关，对未授权的数据包进行拦截。安全网关与软件防火墙在概念上有一定的相似之处，与软件防火墙相比，安全网关通常具有更快的数据处理速度和更强的数据处理能力，可以有效地对本地网络进行安全保护，不会使整个网络通信产生瓶颈现象。

·········· 本 章 小 结 ··········

本章主要讲述了以下内容：

(1) 介绍了网络互联的基本概念。分析了网络互联的主要作用，讨论了网络互联的主要问题，介绍了进行网络互联的层次。网络互联从层次上可以分为物理层互联、数据链路层互联、网络层互联和高层互联，这些不同层次的互联通常通过不同的网络互联设备实现。

(2) 介绍了网络互联的主要类型。网络互联可以分为局域网与局域网互联(LAN-LAN)、局域网与广域网互联(LAN-WAN)、广域网与广域网互联(WAN-WAN)三种主要类型。

(3) 介绍了典型的网络互联设备。介绍了网卡这种最基本的网络互联设备。网卡提供了计算机和网络电缆之间的物理连接，为计算机之间相互通信提供了一条物理通道，并通过这条通道进行高速数据传输。介绍了中继器，它的作用是实现信号的复制调整和放大，以此来延长网络的覆盖长度。介绍了集线器，它工作在物理层，是一种特殊的中继器。介绍了网桥，它工作在数据链路层，根据 MAC 地址来转发数据帧，实现多个网络系统之间的数据交换。介绍了路由器，它工作在网络层，主要功能是实现网络层的路由选择。对网桥和路由器进行了比较分析。最后介绍了网关，网关是连接两种不同类型网络的网络互联设备，它工作在传输层及以上更高的层次上，其核心功能是实现互联的不同网络之间不同的网络协议之间的转换。

＊＊＊＊＊＊＊ 习 题 7 ＊＊＊＊＊＊＊

一、填空题

1. 根据互联的计算机网络的类型不同，计算机网络互联可以分为三种主要类型：_____、_____、_____。

2. 网络接口卡也被称为_____，简称为_____，它是插在计算机总线或某个外部接口上的一个扩展卡，用来使计算机在计算机网络上进行通信。

3. 中继器是最简单的网络互联设备，它工作在 OSI 参考模型的_____层，它完成物理线路的连接，对衰减的信号进行放大恢复。

4. 集线器是中继器的一种，它和中继器的区别仅在于集线器的端口数量往往比中继器多，因此集线器也被称为_____。

5. 网桥工作在数据链路层，其处理和操作的对象是数据帧，能够利用数据帧的目的地址对数据帧进行_____和_____。

6. 网桥具有_____能力，其内部桥接表的构建和维护完全是自动完成的，是一个动态和自治的过程，不需要网络管理员或者网络配置协议的任何干预。

7. 路由器通常由四个主要部分构成，它们分别是_____、_____、_____、_____。

8. 交换结构是路由器的核心，在交换结构中，数据交换可以通过以下几种方式完成：_____、_____、_____。

9. 路由表的内容既可以是系统事先设置好的，也可以根据网络拓扑结构和网络流量的变化动态更新，据此可以把路由选择分为_____和_____两类。

10. 网关和路由器的区别是进行网络互联的层次不同，路由器在_____实现网络互联，网关在_____实现网络互联。

二、单项选择题

1. 中继器是工作在 OSI 参考模型的_____上的网络互联设备。
   A. 应用层　　　　　　　　　　B. 传输层
   C. 数据链路层　　　　　　　　D. 物理层

2. 中继器的作用是对衰减的信号进行_____，保持与原数据相同。
   A. 滤波　　　　　　　　　　　B. 缩小
   C. 放大恢复　　　　　　　　　D. 整形

3. 每一块以太网网卡具有一个唯一的 48 位长的_____，它被写在网卡上的只读存储器中。

A. 端口号 B. 目的地址

C. IP 地址 D. MAC 地址

4. 在下列网络互联设备中，_____的核心功能是在不同网络协议之间进行转换，也称为协议转换器。

A. 网关 B. 路由器

C. 网桥 D. 集线器

5. 在下列网络互联设备中，_____不是即插即用式设备，需要对 IP 地址进行配置。

A. 中继器 B. 集线器

C. 网桥 D. 路由器

6. 网桥是工作在 OSI 参考模型的_____上的网络互联设备。

A. 物理层 B. 数据链路层

C. 网络层 D. 应用层

7. 网桥的桥接表里不包含_____。

A. 结点的 MAC 地址 B. 结点的 IP 地址

C. 网桥端口号 D. 时间

8. 在下列网络互联设备中，能够针对第二层的广播风暴提供相应的防火墙保护的互联设备是_____。

A. 中继器 B. 集线器

C. 网桥 D. 路由器

9. 网关的核心功能是_____。

A. 交换数据 B. 接收并放大信号

C. 协议之间的转换 D. 对错误进行校验

10. 在下列网络互联设备中，_____进行网络互联的层次最高，是最复杂的一种网络互联设备。

A. 集线器 B. 网桥

C. 路由器 D. 网关

三、判断题

判断下列描述是否正确(正确的在括号中填写 T，错误的在括号中填写 F)。

1. 计算机网络互联的目的是使网络用户能够访问其他计算机网络，使不同计算机网络系统中的用户可以在更广的范围内进行信息交流和资源共享。 （ ）

2. 从计算机网络体系结构的角度来看，既可以在物理层和数据链路层等较低层次上实现计算机网络互联，也可以在网络层及其以上各层实现网络互联。 （ ）

3. 集线器工作在数据链路层，其工作原理和中继器有着本质的区别。 （ ）

4. 当数据帧流入网桥的某个端口时，网桥只是简单地把该数据帧复制到网桥的其他所有端口上。 （ ）

5. 桥接表记录以下三方面的信息：结点的 IP 地址、与该结点连接的网桥端口、这条信息被记录在桥接表里的时间。 （ ）

6. 网桥能够实现过滤和转发功能，主要依赖于网桥内的路由表。 （ ）

7. 动态路由选择是指路由器根据网络系统的动态运行情况进行自动调整的路由选择机制，它根据网络拓扑结构或网络流量的变化动态改变路由决策，其开销较小。　　（　　）

8. 路由器的基本功能主要包括网络互联、数据处理、路由选择以及网络管理等几个方面。　　（　　）

9. 网关的核心功能是完成不同网段物理线路的连接，对衰减的信号进行放大恢复，保持与原数据相同。　　（　　）

10. 网关既可以通过硬件实现，也可以通过软件实现，还可以是以硬件和软件相结合的形式实现。　　（　　）

四、简答题

1. 什么是计算机网络互联？计算机网络互联的主要类型有哪些？

2. 什么是网络接口卡？网络接口卡主要有哪些类型？

3. 简述网桥的主要优点和缺点。

4. 桥接表的主要内容有哪些？桥接表的主要功能是什么？

5. 简述静态路由选择和动态路由选择的区别。

6. 相对于网桥，路由器有哪些优点和缺点？

7. 简述网桥的自学习能力是如何实现的。

8. 中继器和集线器是哪一层的网络互联设备？其主要区别是什么？

五、问答题

1. 计算机网络互联的主要作用有哪几个方面？

2. 计算机网络互联必须解决哪些主要问题？

3. 从计算机网络体系结构的角度来看，可以在哪些层次上实现网络互联？

4. 路由器的基本功能有哪些？路由器主要有哪些类型？

5. 路由器通常由哪几部分构成？它们的主要功能分别是什么？

6. 相对于集线器和网桥等低层网络互联设备，路由器主要有哪些特点？

7. 网桥和路由器分别是哪一层的互联设备？它们有什么区别？

8. 网关的主要功能包括哪些方面？其核心功能是什么？

第 8 章

Internet 基础与应用

8.1　Internet 概述

　　Internet，音译为因特网，也称为国际计算机互联网，它是目前世界上规模最大、最流行的计算机网络，也是影响最大的全球性、开放式的信息资源网。Internet 是一个通过连接全世界众多的小型计算机网络而构成的覆盖全球的巨型计算机网络，它包含商业、教育、政府以及其他各种部门和领域的计算机网络，所有这些计算机网络使用一套相同的网络通信协议。Internet 是一个开放式的计算机网络，它互联了遍及全世界的计算机网络，为人们打开了通往世界的信息大门。

　　20 世纪 90 年代以后，随着社会科技、文化、经济的不断进步，特别是计算机网络技术和通信技术的飞速发展，人类社会从工业社会向信息社会过渡的趋势越来越明显，人们对开发和使用信息资源的重视程度越来越高，这些因素促进了 Internet 的飞速发展，使接入 Internet 的主机数量急剧增加。当今的 Internet 已不仅限于计算机专业人员和军事部门使用，它已经从最初的教育科研网络逐步发展成为商业网络，成为仅次于全球电话网络的世界第二大网络。今天的 Internet 是一个覆盖全球的信息海洋，其海量信息涵盖了社会生活的方方面面，构成当今信息社会的缩影。Internet 已经突破了技术的范畴，成为人类未来生存和发展的基础设施和人类向信息文明迈进的载体，它会在诸多方面直接而深刻地影响我们的生活。

　　本节从 Internet 的概念和特点、发展历史、设计原则、主要术语、通信协议以及基本数据传输过程等方面对其进行介绍。

8.1.1　Internet 的概念和特点

1. Internet 的概念

　　到底什么是 Internet，我们可以从通信技术和信息资源两种不同的角度来理解和认识。一方面，从通信技术的角度看，Internet 是一个以 TCP/IP 通信协议框架为基础，连接全世界各个国家、地区、机构的计算机网络的数据通信网络；另一方面，从信息资源的角度看，Internet 是一个集全世界各个领域和各个部门的海量信息资源为一体，可以供全球网络用户共享的巨大的信息资源网络。

　　根据认识角度和侧重点的不同，Internet 可以有多种定义。一般而言，Internet 的定义应该包含以下几个方面的内容：Internet 是一个覆盖全球的基于 TCP/IP 协议族的国际计算机网络，Internet 是该网络中所有网络用户的团体，Internet 是该网络中所有可被访问和利用的信息资源的集合。

一种较为全面和正式的 Internet 的定义如下所述。Internet 是指满足以下各项描述的全球性信息系统：

(1) 通过基于 IP 协议或其扩展协议的全球唯一的地址空间进行逻辑互联；

(2) 能够使用 TCP/IP 协议族(Transmission Control Protocol/Internet Protocol suite)或其扩展协议提供通信支持；

(3) 能够基于上述的通信支持及相关通信基础设施，以公共或专用的方式提供和使用高层服务。

另外，关于 Internet 的名称，我们应注意区分以下两种不同的概念：

(1) internet：以小写字母 i 开始的 "internet"(互连网)是一个通用的广义概念，泛指任何由多个计算机网络互联而成的计算机网络，这些网络之间的通信协议不一定非要使用 TCP/IP 协议，可任意选择。

(2) Internet：以大写字母 I 开始的 "Internet"(因特网，或者互联网)是一个专用名词，特指当前全球最大的、开放式的、由众多网络互相连接而成的特定互联网，它采用 TCP/IP 协议族作为通信规则，其前身是美国的 ARPAnet。

2. Internet 的特点

Internet 之所以能够飞速地发展，这与它的特点是分不开的。Internet 主要有以下几个方面的特点：

(1) 开放性。Internet 是当今世界上最开放的计算机网络，任何一台计算机只要支持 TCP/IP 协议就可以连接到 Internet 上，实现信息资源共享。

(2) 自由性。Internet 是一个无国界的虚拟空间，其自由性体现在网络信息自由流动、网络用户言论自由和网络信息资源使用自由三个方面。

(3) 平等性。Internet 中的每个用户都是平等的，与年龄、职务、社会背景等无关，没有等级之分。Internet 中没有全局范围内的集中式控制结点，每个网络用户都是平等的，网络的运转是通过各个网络使用者相互协调来完成的。Internet 中的个人、企业、政府组织之间也是平等的，没有等级之分。

(4) 免费性。首先，Internet 上存在海量的免费信息资源，通过搜索引擎可以非常方便地获取所需的信息；其次，虽然在 Internet 中存在一些收费服务，但是 Internet 中绝大多数的服务是免费的。

(5) 交互性。Internet 是一个开放、自由、平等的信息交流平台，信息双向流动，通信的双方可以平等地沟通交流。人与人、人与信息之间可以互动交流，信息交换具有很强的互动性。

(6) 合作性。Internet 没有进行集中控制的中心结点，它是一个自主式的开放组织。Internet 强调资源共享，鼓励和引导沟通双方双赢的发展模式。

(7) 虚拟性。Internet 的一个显著特点是通过对信息的数字化处理，以信息的流动代替传统实物的流动。通过信息交换代替实物交换可以极大地降低信息交换的使用成本。

8.1.2　Internet 的发展历史

Internet 并不是一个单独的网络，它是由千千万万个不同的网络集合而成的，这些网络使用相同的协议，提供相同的服务。Internet 是一个与众不同的网络系统，它既不是任何人规划设计的产物，也不受任何人控制。为了更好地理解 Internet，下面我们从 Internet 的起源开始了解它的发展历史。

20 世纪 50 年代末期，当时正处于冷战时期，美国国防部(Department of Defense，DoD)希望研究并设计出一种具有强大生存能力的用于军事指挥控制的通信网络，这种网络应该能够胜任核战争环境，当网络的某些部分受到攻击和破坏时，数据仍然能够通过其他路径到达目的结点。当时，所有的军事通信都是通过公共电话网络进行的，而公共电话网络易受攻击，较为脆弱。公共电话网络采用分层级联的星型拓扑结构，在这种结构中，只要少数几个关键交换站点受到攻击，整个网络就会被分割成许多孤岛。

为了解决这一问题，美国国防部在 1960 年左右委托美国兰德公司进行研究。兰德公司的保罗·巴兰提出了一种高度分布式的、具有容错能力的网络结构设计方案。在其研究报告中，保罗·巴兰还建议使用数字分组交换技术。但是，由于当时垄断美国公用电话业务的 AT&T 公司对保罗·巴兰的设计方案和建议并不感兴趣，最终保罗·巴兰的研究成果没有得到足够的重视和实际应用。

1957 年 10 月，苏联成功发射了人类第一颗人造卫星 Sputnik 号，在太空军备竞赛中领先美国。这一事件极大地刺激了美国，时任美国总统艾森豪威尔立即宣布成立一个隶属于美国国防部的专门机构：美国高级研究项目局(Advanced Research Projects Agency，ARPA)，负责军用高新技术的研发工作。作为一个行政机构，ARPA 并没有科学家和实验室，但是它掌握军方的科研预算。ARPA 的主要工作是通过对高等院校和科研机构的项目申请进行评估，对有前景的项目进行资助。在这一时期，多个团队的科学家和研究人员对计算机网络的相关理论研究取得了重大突破。

1966 年，ARPA 计算机科学项目的首席科学家劳伦斯·罗伯茨(Lawrence Roberts)发表了后来被称为 ARPAnet(由 ARPA 将位于美国不同地方的若干个军事和研究机构的主机连接起来构成的一个计算机网络)的总体设计方案。ARPAnet 是历史上第一个分组交换式计算机网络，它是当今 Internet 的鼻祖。

1969 年末，处于试验阶段的 ARPAnet 仅仅包含四个结点，它们分别是加州大学洛杉矶分校(University of California, Los Angeles，UCLA)、斯坦福研究所(Stanford Research Institute，SRI)、加州大学圣塔芭芭拉分校(University of California, Santa Barbara，UCSB)和犹他大学(University of Utah，UoU)。虽然只有四个结点，但是这个羽翼未丰的 ARPAnet 已经具有 Internet 的雏形，它包含当今 Internet 的两个关键技术：存储转发和分组交换。

1972 年，ARPAnet 的规模发展到包括大约 15 个结点。2004 年图灵奖获得者，被称为"Internet 之父"的美国科学家罗伯特·卡恩(Robert Kahn)在 1972 年举办的国际计算机通信会议上对 ARPAnet 进行了首次公开演示。此时，首个 ARPAnet 端系统之间的主机间协议——网络控制协议(Network Control Protocol，NCP)，也已设计完成。随着端到端协议(end-to-end protocol)的出现，各种网络应用呼之欲出，也是水到渠成。1972 年，被称为"电子邮件之父"的雷·汤姆林森(Ray Tomlinson)将"数字信息"和"计算机互联"这两个概念结合起来,写出了历史上第一个电子邮件程序,这是计算机网络通信发展历程上的里程碑式的事件。

1974 年,两位 2004 年图灵奖获得者,罗伯特·卡恩和温顿·瑟夫(Vinton Cerf)一起合作提出了 TCP/IP 协议。TCP/IP 协议是现代 Internet 的标准通信协议,它们为 Internet 的发展奠定了理论基础。

到 20 世纪 70 年代末,大约有 200 台主机连接到 ARPAnet 上。

到 20 世纪 80 年代末,连接到公共 Internet 上的主机已经达到 10 万台,此时的公共 Internet 是一个众多网络互联的集合,已经和今天的 Internet 非常相似。在将近 10 年的时间里,接入主机数量从 200 台跃升到 10 万台,可以看出 20 世纪 80 年代是 Internet 网络规模突飞猛进、高速发展的时期。随着越来越多的网络(尤其是局域网)不断连入 ARPAnet, ARPAnet 的网络规模不断扩大,如何在网络中找到主机变得越来越复杂。于是,人们开发了域名系统(Domain Name System,DNS),将计算机按照域进行组织,在主机名和其相应的 IP 地址间进行映射。自此,DNS 成为一个通用的分布式数据库系统,使用户摆脱了生涩难记的 IP 地址的困扰,能够更加方便地访问网络。

在 ARPAnet 研究领域内,许多今天 Internet 体系结构的关键技术纷纷就位。1983 年 1 月 1 日,TCP/IP 协议作为新的标准主机协议正式安装部署到 ARPAnet 中,替代了原有的 NCP 协议。ARPAnet 中所有的主机都被要求在 1983 年 1 月 1 日当天从 NCP 协议转换成 TCP/IP 协议。

早在 20 世纪 70 年代末,美国国家科学基金会(National Science Foundation,NSF)就注意到 ARPAnet 对高等院校的巨大影响,它能够使分布在全国各地的科学家们共享数据,协同合作进行科研工作。1985 年,NSF 将五个 NSF 超级计算机中心和美国国家大气研究中心之间通过高速连接互联起来,并且向不在这些研究机构附近的科研人员提供外部访问。在此基础上,NSF 建立了一个对所有高等院校的研究团队开放的 NSFNET 网络,其最终目的是替代 ARPAnet。NSFNET 一经推出便大获成功,众多高等院校和研究机构纷纷把自己的局域网接入 NSFNET。

1990 年,Internet 的鼻祖 ARPAnet 正式停止运营。

1990 年,欧洲核子研究组织(CERN,原名称为法语,英文名称为 European Organization for Nuclear Research)的 Tim Berners-Lee 设计出了超文本传输协议(Hypertext Transfer Protocol,HTTP),写出了客户端浏览器(browser)和首个 Web 服务器。此后,Tim Berners-Lee 和同事们相继研发出万维网(World Wide Web,WWW)的四项关键核心技术: HTML(HyperText Markup Language,超文本标记语言)、HTTP、Web 服务器和 Web 浏览器。万维网的出现是 Internet 发展历史上里程碑式的事件,它使得 Internet 的规模出现了爆炸式的增长。

随着大量公司纷纷加入 Internet,网络通信量激增,Internet 的容量已经无法满足需求。1991 年,NSFNET 和美国政府意识到 Internet 必须扩大其使用范围,不能仅限于大学和研究机构。美国政府决定将 Internet 的主干网络交给私营公司,并开始对接入 Internet 的单位收费。

1992 年,接入 Internet 的主机数量超过 100 万台。

1995 年 NSFNET 停止运营。

据统计，截至 2019 年 6 月，全世界的 Internet 用户高达 45 亿人。其中，亚洲是七大洲中 Internet 用户最多的洲，而中国是全球 Internet 用户最多的国家。

8.1.3　Internet 的设计原则

Internet 不是由任何个人或者机构设计出来的，它也不受任何人或者机构的控制。回顾 Internet 的发展历史，我们可以看出 Internet 的不断发展和完善是建立在一些原则基础之上的。早在 1974 年，罗伯特·卡恩和温顿·瑟夫提出 TCP/IP 协议时就提出"开放式网络体系结构"的原则，这种开放式体系结构的思想主要包含以下几方面内容：

(1) 极简主义、自治性："开放式网络体系结构"的原则强调一个网络应该能够独立运转，当一个网络与其他网络互联时无需对本网络的内部进行改变。

(2) 尽力而为(Best Effort，BE)服务：互联在一起的网络应该提供尽力而为服务(关于尽力而为服务的基本概念详见本书 3.3 节)。如果需要完成可靠的通信，可以通过让发送端主机重新传输丢失的数据来实现。

(3) 无状态路由器：互联网络中的路由器不会记录和维护任何活动链接的数据流动状态信息。

(4) 非集中式控制：在互联网络中没有集中式控制结点对整个网络进行全局范围的控制。

时隔 40 多年，上述这些由早期 Internet 设计者提出的思想仍然是当今 Internet 体系结构的基础和指导原则。

8.1.4　Internet 的主要术语

1. 万维网

万维网简称 Web，是指由 HTML 格式的在线内容组成的网络，这些内容通过 HTTP 协议访问。一般而言，万维网是指 Internet 上能够访问的所有互联的 HTML 网页的集合。广义而言，万维网包含 Internet 上所有使用 HTTP 协议传输的内容资源和用户。

Web 技术领域最具权威和影响力的国际技术标准机构万维网联盟(World Wide Web Consortium，W3C)给出的万维网的广义的定义是："万维网是所有通过网络访问的信息空间，是人类知识的载体。"

人们往往会把"万维网"(Web)和"互联网"(Internet)这两个概念混淆，尽管这两者密切相关，但是它们是两个不同的概念。"互联网"(Internet)是一个网络，它是由千千万万个小型网络互联构建成的一个全球性的巨型网络。因此，互联网包含了网络通信的各种基础设施和相关的技术。与之相比，万维网是指一种通信的模式，它通过 HTTP 协议在 Internet 上进行信息交换。

万维网最早是由欧洲核子研究组织的 Tim Berners-Lee 设计的。Tim Berners-Lee 既是 Web 的发明人，也是 W3C 的主人。

万维网技术对人们使用 Internet 的方式产生了革命性的影响，自 1991 年后，万维网得到了广泛的使用。万维网的出现和广泛使用是 Internet 发展历程中里程碑式的事件。

2. HTTP

HTTP 是一个在万维网上广泛使用的面向分布式协同超媒体信息系统的应用层协议。HTTP 协议详细规定了 Web 浏览器和 Web 服务器之间通过 Internet 传输 Web 文档的通信规则。超文本(hypertext)文档内包含指向其他信息资源的超级链接(hyperlink)。一个超级链接是指与另一个网页相关联的文本、图标、图像等，用户通过超级链接可以轻松访问其指向的信息资源，如在 Web 浏览器中点击鼠标或者点击触屏。

HTTP 协议既定义了万维网中传输的数据消息的格式以及消息传输的方式，还规定了 Web 服务器和 Web 浏览器对各种命令应该采取哪些响应措施。

HTTP 协议采用标准的客户端-服务器模型(client-server model)，Web 浏览器作为客户端与存储网页信息的 Web 服务器进行通信。Web 浏览器使用 HTTP 协议与 Web 服务器通信，为用户检索和获取所需的 Web 内容。例如，当用户在其 Web 浏览器中输入一个 URL 时，这实际上是在向远程的 Web 服务器发送一条命令，让该 Web 服务器获取并传输所要求的网页。

一次 HTTP 操作称为一个事务，其工作流程可以归纳为以下四个步骤：

(1) 客户端与服务器建立连接。用户只需要单击某个超级链接，HTTP 协议便开始工作。

(2) 在客户端与服务器建立连接之后，客户端向服务器发送一个请求。

(3) 服务器接收到客户端发来的请求之后，向客户端发送相应的响应信息。

(4) 客户端接收服务器所返回的响应信息，通过 Web 浏览器显示给用户，然后客户端与服务器断开连接。

如果在上述工作流程中某一步出现了错误，那么错误信息将返回客户端，由 Web 浏览器显示给用户。上述这些工作过程由 HTTP 协议自动完成，用户只需要点击鼠标，然后等待 Web 浏览器显示相应的响应信息即可。

HTTP 协议是一种无状态协议(stateless protocol)，无状态是指协议对于事务处理没有记忆能力，每条命令都是独立执行的，并不知道此命令执行之前的命令是什么。无状态协议既有优点，也有缺点。如果服务器的后续处理不需要先前的状态信息，它的响应就比较快；如果后续处理需要先前的状态信息，则必须进行重传，这样会导致每次连接传送的数据量增大。由于 HTTP 协议是一种无状态协议，实现能够对用户输入进行智能响应的网站就会比较困难。HTTP 协议的这一问题可以通过采用一些新的技术来解决，如 ActiveX、JavaScript 和 cookie 等。

HTTP 协议相对比较简单，它是互联网上使用最为广泛的一种网络协议。可以说，HTTP 协议是万维网的支撑协议，它是万维网数据通信的基础。

3. HTML

除了 HTTP 协议，另外一个控制万维网工作的主要标准是涉及描述网页格式以及网页显示方式的 HTML，HTML 告诉 Web 浏览器如何在网页上显示文本、图像以及其他形式的多媒体信息。通俗地讲，HTML 是用来创建网页的语言。HTML 名称中的"超文本"(hypertext)是指 HTML 文档内包含的超级链接，"标记语言"(markup language)是指使用各种标记符号来定义网页的布局以及网页所包含的各种元素。

HTML 通过标记符号来标记网页中的各个组成元素。网页文件本身是文本文件，HTML 通过在这个文本文件里添加标记符告诉 Web 浏览器如何显示网页文件中的内容(如文字处理、图片显示、页面布局等)。HTML 文档是由 HTML 标签组成的描述性文本，HTML 标签可以标识文字、图形、动画、声音、表格以及链接等。用户可在 HTML 文档中嵌入链接，而此链接可以指向另一文本、图形、动画、声音或 HTML 文档。使用 HTML，用户可以灵活地展示多种媒体信息，在关联的链接之间自由转换，便于用户快速定位和获取感兴趣的信息。

HTML 不仅是一种基于文本形式描述 HTML 文档所包含内容结构的语言，它还是一种规范和标准。作为构成 HTML 文档的主要语言，HTML 是目前计算机网络领域使用最为广泛的语言之一。

4. 网页

网页(Web page)，也称为"Web 页"，是一个包含 HTML 标签的纯文本文件。网页是浏览万维网资源的基本单位，是万维网中的一"页"。网页可以存放在某台计算机中，一个网页对应计算机里的一个 HTML 文件(以.html 或.htm 为文件扩展名)。网页中可以包括文字、图像、声音、视频、表格以及链接等信息资源。

网页主要分为静态网页和动态网页两类。静态网页的内容是预先确定的，它存储在 Web 服务器或者本地计算机上。动态网页的内容取决于用户所提供的参数，它根据存储在数据库中的数据以及用户的参数动态创建网页内容。

人们可能会把"网页"和"网站"这两个概念混淆。网页是指一个单独的文档，而网站是由网页组成的，网页是构成网站的基本元素。网站通常是由多个网页组成的集合，这些网页往往以各种形式相互关联，并且共享同一个域名。如果一个网站只有域名和虚拟主机而没有制作任何网页，用户是无法访问该网站的。网站通常也称为"Web 站点"(Web site)，或者简称"网站"(site)。

常用的网页设计软件有 Dreamweaver 和 Frontpage 等。

5. URL

在万维网上，每一个信息资源都有一个统一的并且在整个网络上唯一的地址，这个地址叫做统一资源定位符(Uniform Resource Locator，URL)。URL 是对可以从万维网上得到的信息资源的位置及其访问方法的一种表示方法，也是万维网上标准的信息资源地址形式。可以说，万维网上的每个信息资源文件都有一个全网范围内唯一的 URL，它包含的信息指明该文件的位置以及 Web 浏览器应该怎么处理它。

URL 由三部分组成：资源类型、存放资源的主机域名、资源文件名。换一种视角，也可以认为 URL 由协议、主机、端口和路径等四部分组成。URL 的一般语法格式如下(带方括号[]的为可选项)：

    protocol://hostname[:port]/path/[;parameters][?query]#fragment

(1) protocol(协议)：指明使用的传输协议，它告诉浏览器如何处理将要打开的文件，最常用的是目前万维网中使用最广的 HTTP 协议。除了 HTTP 协议，还有一些其他的标准协议，如 FTP、SMTP、Telnet 等。

(2) hostname(主机名)：指明存放该资源的服务器的主机名或者 IP 地址。

(3) port(端口号)：此项是可选项，为一个整数值。各种传输协议都有默认的端口号，如 HTTP 协议的默认端口号为 80，FTP 协议的默认端口号为 20(数据)和 21(控制信息)，SMTP 协议的默认端口号为 25。除了这些默认的端口号，也可以使用非标准端口号，根据安全或其他考虑因素对端口号进行重新定义，此时，URL 中端口号这一项就不再是可选项，必须明确指定。

(4) path(路径)：由零或多个 "/" 符号隔开的字符串，用来表示主机上的某个目录或文件地址。

(5) parameters(参数)：此项是可选项，用于指定一些特殊的参数。

(6) query(查询)：此项是可选项，用于给动态网页传递参数。通常可有多个参数，不同的参数之间用 "&" 符号隔开，每个参数的参数名和参数值之间用 "=" 符号分隔。

(7) fragment(信息片断)：此项是一个字符串，用于指定网络信息资源中的某个片断。例如，某网页中包含多个名词的解释，可使用 fragment 直接定位到其中某个名词的解释。

URL 最初由欧洲核子研究组织的 Tim Berners-Lee 发明，用作万维网的地址，现在它已经被万维网联盟制定为互联网标准。

6. Web 浏览器

Web 浏览器(Web browser)简称浏览器(browser)，它是一种用来查找、检索和显示万维网上内容(包括网页、图片、音频、视频等)的工具软件。正如 Word 是用于文本编辑的软件一样，Web 浏览器是用于访问万维网内容的软件。

在客户端-服务器工作模式中，Web 浏览器是运行于计算机或其他移动设备上的客户端，它负责与远程的 Web 服务器进行通信，发出信息访问请求。当运行 Web 浏览器时，首先它对输入的指令进行翻译并向万维网上的 Web 服务器提出请求，待 Web 服务器满足其请求并将相应的网页文档发送过来后，Web 浏览器将该网页文档转换成用户可视的形式显示出来。

通常，需要通过用户交互告诉 Web 浏览器访问哪个特定的网站或网页，这可以通过 Web 浏览器的地址栏实现。用户在 Web 浏览器地址栏输入的 Web 地址(或者 URL)告诉浏览器从哪里获取所需的网页。例如，在 Web 浏览器地址栏输入下面这个 URL：

　　　　http://www.xidian.edu.cn

这个 URL 是西安电子科技大学的主页，Web 浏览器将分两个部分来解读和处理这个 URL。首先，该 URL 的 "http://" 部分告诉 Web 浏览器所使用的协议是 HTTP 协议，它是万维网上请求和传输网页等文档的标准协议。在得知使用的协议是 HTTP 协议后，Web 浏览器会按照 HTTP 协议的通信约定来处理该 URL 后续的部分。其次，该 URL 的 "www.xidian.edu.cn" 部分(域名)告诉 Web 浏览器获得所需网页的 Web 服务器的地址。目前，许多 Web 浏览器在访问网页时无需指明协议。也就是说，在上面这个例子中，用户在浏览器地址栏只需输入 "www.xidian.edu.cn" 甚至 "xidian.edu.cn" 就可以了。通常，在 URL 的末尾部分会有一些附加的参数，这些参数的作用是帮助浏览器进一步定位所需访问信息资源的位置，如某网站内特定的网页。在联系到指定的 Web 服务器之后，Web 浏览器会获取相关的网页，对其进行必要的解释，并在浏览器的主窗口为用户显示该网页。所有这些处理和操作都是在后台自动完成的，通常只需几秒时间。

　　Web 浏览器是最经常使用的客户端软件，大多数用户都习惯于使用计算机操作系统自带的 Web 浏览器。目前有许多常见的 Web 浏览器，如微软公司的 IE(Internet Explorer)浏览器、Mozilla 公司的"火狐"(Firefox)浏览器、谷歌公司的 Chrome 浏览器以及苹果公司的 Safari 浏览器等。

　　IE 浏览器是最有名、最常见的 Web 浏览器。1994 年，微软为了对抗当时占据绝大多数市场份额的 Netscape Navigator 浏览器，在其 Windows 操作系统中开发了自己的浏览器 Internet Explorer。后来，微软采用 IE 浏览器和 Windows 操作系统捆绑的模式，使其市场份额不断扩大。目前 IE 浏览器成为市场的主流，也是国内用户数量最多的浏览器。Firefox 浏览器是一个开放源码的浏览器，支持多种网络标准，能够安装多种扩展程序，可以进行个性化定制，具备出色的性能。Chrome 浏览器是谷歌公司旗下的浏览器，该浏览器的主要特点是简洁、快速、安全，颇受用户喜爱，被称为"全世界用户体验最好的浏览器"。Safari 浏览器由苹果公司开发，预装在苹果操作系统当中，是苹果系统的专属浏览器，它也是目前使用比较广泛的 Web 浏览器之一。

7. Web 服务器

　　简言之，Web 服务器(Web server)是能够为一个或多个网站提供空间服务的软件及硬件，它能够通过 HTTP 协议返回 HTML 文档，满足 Web 客户端的访问请求。这种定义适用于 Internet 发展的早期，目前 Web 网站、Web 应用、Web 服务等概念之间的区别逐渐变得比较模糊。一个更好的 Web 服务器的定义是：Web 服务器是 Internet 上任何能够通过响应 HTTP 请求来传输信息内容与服务的服务器。每个 Web 服务器必须具有一个 IP 地址，除此之外，每个 Web 服务器还可能具有一个域名。一个 Web 服务器通常可以包含一个或者多个网站。Web 服务器还可以处理除 HTTP 协议之外的其他一些相关协议。

　　值得注意的是，Web 服务器是一个含义较为广泛的概念，根据语境的不同，它既可以指硬件，也可以指软件，还可以指硬件和软件的组合。

　　作为硬件，Web 服务器是指一台安装了 Web 服务器软件并且存储了网站内容文档(HTML 文档、图片文件、JavaScript 文件等)的计算机。从理论上讲，任何一台安装了 Web 服务器端软件并且接入 Internet 的计算机都可以成为一个 Web 服务器。Web 服务器与 Internet 连接，为与网上其他设备之间的数据交换提供数据传输支持。

　　作为软件，Web 服务器一般包括若干部分，控制 Web 用户如何访问网站内的文档。一个 Web 服务器端软件至少应包括一个 HTTP 服务器，它是一个能够理解 Web 地址(URL)和 HTTP 协议的软件。用户能够通过域名访问该 HTTP 服务器，它负责把相应的内容信息传送给终端用户的设备。

　　当某个 Web 浏览器需要访问一个 Web 服务器上的某个文档时，该 Web 浏览器通过 HTTP 协议发出请求。当该 HTTP 请求到达相应的 Web 服务器(硬件概念)后，该 Web 服务器上的 HTTP 服务器(软件概念)接收该请求，在本地服务器上找到该文档，然后通过 HTTP 协议将其发送给 Web 浏览器。上述 Web 浏览器和 Web 服务器之间 HTTP 请求和响应的基本流程如图 8.1 所示。

　　在图 8.1 中，用户在其 Web 浏览器地址栏内输入"http://www.xidian.edu.cn/index.htm"，Web 浏览器向域名为 www.xidian.edu.cn 的 Web 服务器发出 HTTP 请求。Web 服务器在接

收到该 HTTP 请求后，在服务器内检索到 index.htm 网页文档并将其发送到用户的 Web 浏览器上，由 Web 浏览器将该网页显示给用户。

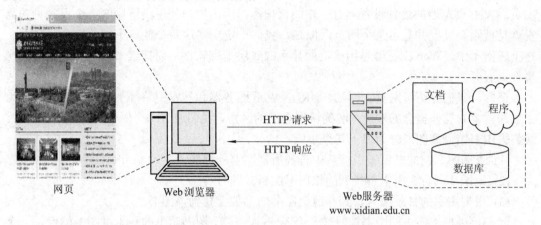

图 8.1　Web 浏览器和 Web 服务器之间 HTTP 请求和响应的基本流程

一个网站所包含的所有网页及其支撑文档都在网站所在的 Web 服务器上。Web 服务器应用户的请求，将网站上的网页发送给用户的 Web 浏览器。在这里，特别注意 Web 服务器和网站这两者之间的区别。如果有人说"某个网站不响应了"，其实是指该网站所在的 Web 服务器不响应，因此导致该网站无法访问。如前所述，在同一个 Web 服务器上可以搭建一个或者多个网站，因此不应该用一个 Web 服务器来代表某个网站。如果有人说"某个 Web 服务器不响应了"，这其实是指搭建在该 Web 服务器上的所有网站都无法访问。

就软件层面而言，经过几十年的发展，目前有上百种不同的 Web 服务器端软件。其中，Apache 和微软公司的 IIS(Internet Information Services，互联网信息服务)是两个最常见、最流行的系统。Apache 可以运行在目前几乎所有广泛使用的计算机平台上，具有优异的跨平台特性和良好的安全性，被广泛使用，它是当今最流行的 Web 服务器端软件。

8. 搜索引擎

搜索引擎(search engine)是一种帮助用户从其他网站上发现相关信息的万维网服务，通常可以在 Internet 上对其进行访问。搜索引擎针对用户的查询对数据库信息进行搜索，给用户列出最符合其查询需求的搜索结果。用户通常通过其 Web 浏览器访问搜索引擎，既可以通过 Chrome 或者 Firefox 等 Web 浏览器的地址栏进行对搜索引擎的搜索，也可以通过搜索引擎的网页进行搜索(如 www.bing.com 或 www.google.com 等)。

通常认为史上第一个搜索引擎是 Archie，它用于搜索 FTP 文件。第一个基于文本的搜索引擎是 Veronica。目前，Internet 上有许多各种各样的搜索引擎，有些是通用的搜索引擎，有些是侧重特定领域的搜索引擎，各自有不同的搜索能力和特色，用户可以根据实际需求选择使用。在为数众多的搜索引擎中，最流行、最受用户喜爱的搜索引擎有谷歌(Google)、必应(Bing)、DuckDuckGo、百度(Baidu)、雅虎(Yahoo)等。

初学者往往容易把搜索引擎和 Web 浏览器这两个概念混淆。下面，我们重点介绍一下这两个概念的区别。Web 浏览器是一种能够检索并显示网页的软件，而搜索引擎是一个能够帮助人们从其他网站上发现相关信息的网站。人们之所以容易把这两个概念混淆，主要原因在于当用户打开一个 Web 浏览器的时候，许多浏览器往往会默认显示某个搜索引擎的主页。Web 浏览器的这种设置具有一定的合理性，因为用户使用浏览器的一个很常见的需求就是搜索、发现并显示某个网页。但是，我们一定要将这两个截然不同的概念区分开。在上述例子中，Web 浏览器是用于页面显示的底层基础软件，而搜索引擎是处于上层的网页搜索服务。

至此，我们介绍了网页、网站、URL、Web 服务器和搜索引擎等多个相关的概念，为了加深读者对这些概念的理解，明确认识它们的区别，我们通过一个例子进行说明。通常，我们去图书馆借阅图书分为以下几个步骤：

(1) 查阅图书馆的书目索引，从中查找所需图书的标题；

(2) 记录从书目索引中查找到的该图书的目录编号；

(3) 根据图书的目录编号，到存放该图书的书架上找到该图书。

我们可以把上例中的图书馆看作一个 Web 服务器，图书馆里的一本本图书就像是一个个网页。

一个 Web 服务器分为若干个部分，这对应于在一个 Web 服务器内可以搭建多个网站。图书馆中的不同部分(数学、文学、计算机等)类似于 Web 服务器上不同的网站，每一个部分就像是一个不同的网站。

一个网站可以包含多个网页，每一个网页可以通过一个唯一的 URL 来查找定位。与之相类似，图书馆的计算机部分包含计算机硬件、操作系统、编程语言等不同领域的许多本图书，每一本书在图书馆的书目索引中都对应一个唯一的目录编号。

搜索引擎就像图书馆的书目索引，我们要在整个图书馆成千上万本图书中找到所需要的图书，可以通过书目索引的帮助，找到图书对应的目录编号，进而找到所需的图书。

9. FTP

FTP(File Transfer Protocol，文件传输协议)是一个应用非常广泛的协议，它允许用户在 TCP/IP 网络上的两台计算机之间进行文件传输，并且保证其传输的可靠性。通常，FTP 除了表示一种协议，它也表示一种应用程序，基于不同的操作系统有不同的 FTP 应用程序，所有这些 FTP 应用程序都遵循文件传输协议进行文件传输。

与大多数 Internet 服务一样，FTP 采用典型的客户端-服务器(client-server)工作模式。在一台计算机上运行 FTP 客户端程序，在另一台计算机上运行 FTP 服务器程序，客户端提出文件传输请求，服务器接收请求并向客户端提供文件传输服务。

用户在使用 FTP 的过程中通常遇到两个基本概念：上传(upload)和下载(download)。上传是指将文件从客户端本地计算机中复制到远程服务器上，下载是指从远程服务器复制文件到客户端本地计算机上。用户可通过客户端向远程服务器上传文件，也可以从远程服务器下载文件。

FTP 进行文件传输的基本过程是：首先在本地计算机上启动 FTP 客户端程序，通过该客户端程序与远程计算机建立连接，远程计算机上的 FTP 服务器程序被激活。本地的 FTP 客户端程序是一个典型的客户(client)，远程计算机上的 FTP 服务器程序是一个典型的服务器(server)，它们之间通过 TCP 协议建立连接。

FTP 可以完成以下几方面的主要功能：

(1) 能够从本地客户端上传文件和从远程服务器下载文件；

(2) 能够传输多种类型的文件，包括文本、图形、音频、视频文件等；

(3) 能够提供对本地客户端和远程服务器的常规目录操作；

(4) 能够进行修改文件名称、删除文件等常规文件操作。

FTP 协议的客户端与服务器之间需要建立两个连接：数据连接和控制连接。数据连接用于传输数据，主要用于完成文件内容的传输，这个连接使用的端口号为 20；控制连接主要用于传输控制信息，如各种 FTP 控制命令和服务器的返回消息，这个连接使用的端口号为 21。

许多 FTP 客户端程序是基于命令行的，但也有基于 GUI 的版本。FTP 主要用于文件传输，但是它也可以完成其他一些功能，如创建目录、删除目录和列出目录文件清单等。

目前，常用的 FTP 客户端软件有 FlashFXP、LeapFTP、CuteFTP 等。FlashFXP 集成了其他 FTP 软件的优点，传输速度较快，功能强大。LeapFTP 具有良好的用户界面，传输速度稳定，能够连接绝大多数的 FTP 站点。CuteFTP 相对比较庞大，自带了许多免费的 FTP 站点，资源比较丰富。这三种 FTP 客户端软件各有所长，被称为 FTP"三剑客"。

10. DHCP

DHCP(Dynamic Host Configuration Protocol，动态主机配置协议)是一个局域网的应用层协议，其功能是在一个网络内提供快速、自动、集中管理的 IP 地址分配。除了自动分配 IP 地址，DHCP 协议还用于配置网络设备的子网掩码、默认网关以及 DNS 服务器等信息。当客户端的主机 IP 地址设置为动态获取方式时，DHCP 服务器会根据 DHCP 协议给客户端主机分配 IP 地址，使客户端主机能够使用这个 IP 地址上网。

DHCP 协议的前身是 BOOTP 协议(Bootstrap Protocol)，DHCP 协议比 BOOTP 协议功能更强。如果一个网段中存在 BOOTP 客户端，DHCP 服务器能够处理 BOOTP 客户端的请求。

DHCP 协议采用客户端-服务器模型(client-server model)，分为 DHCP 客户端和 DHCP 服务器两部分，使用 DHCP 的设备为 DHCP 客户端，提供 DHCP 服务的设备为 DHCP 服务器。可以在普通计算机、服务器和路由器上运行 DHCP 服务，使其成为 DHCP 服务器。在大多数家庭网络和小型企业网络中，通常由路由器作为 DHCP 服务器。在大型网络中，可能由专门的一台计算机作为该网络的 DHCP 服务器。

主机 IP 地址的动态分配过程由 DHCP 客户端驱动，只有当 DHCP 服务器收到来自 DHCP 客户端申请 IP 地址的信息时，才会向 DHCP 客户端发送相关的地址配置信息，实现 IP 地址的动态配置。

基于 TCP/IP 协议的网络中的每一个网络设备要能够上网并且访问网络资源，必须具有一个唯一的 IP 地址。如果没有 DHCP 协议，新加入网络的计算机或者从一个子网移动到另一个子网的计算机的 IP 地址必须通过手工方式进行配置，从一个网络中移除的计算机的 IP 地址也必须通过手工方式进行回收。使用 DHCP 协议，上述这些 IP 地址分配和回收过程都可以通过集中式管理自动完成。DHCP 服务器维护着一个 IP 地址池(IP address pool)，它从该地址池中选择 IP 地址分配给 DHCP 客户端。在 DHCP 协议中，IP 地址的分配是一个动态分配过程，而不是一个静态分配过程，IP 地址并不是永久地分配给 DHCP 客户端，DHCP

客户端使用 IP 地址是有使用租约期限的。那些不再使用的 IP 地址将会被自动地回收到 IP 地址池中，供再次分配使用。

DHCP 主要有以下几个方面的功能：

(1) 能够确保任何 IP 地址在同一时刻只能由一台 DHCP 客户端主机使用；

(2) DHCP 能够给 DHCP 客户端分配永久固定的 IP 地址；

(3) DHCP 能够与采用其他方式获得 IP 地址的主机(如通过手工配置 IP 地址方式获得 IP 地址的主机)共存；

(4) DHCP 服务器应能够向现有的 BOOTP 客户端提供服务。

在客户端使用 DHCP 协议有以下几个方面的优点：

(1) 能够有效降低配置设备 IP 地址的时间；

(2) 能够减少出现 IP 地址配置错误的可能性；

(3) 能够集中式管理网络设备的 IP 地址分配工作。

DHCP 协议在传输层采用 UDP(User Datagram Protocol，用户数据报协议)作为传输协议。DHCP 客户端发送给 DHCP 服务器的请求消息发送到 DHCP 服务器的 67 号端口，DHCP 服务器回应给 DHCP 客户端的应答消息发送给 DHCP 客户端的 68 号端口。DHCP 客户端和 DHCP 服务器之间的交互过程可以归纳为以下四个环节：发现(discover)、提供(offer)、请求(request)、确认(ack)，如图 8.2 所示。

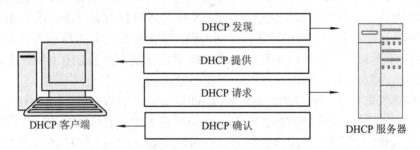

图 8.2　DHCP 客户端和 DHCP 服务器之间的交互过程

DHCP 协议具体的工作流程，包括 DHCP 客户端和 DHCP 服务器之间详细的 DHCP 报文交换过程如图 8.3 所示，分为以下几个步骤：

(1) DHCP 客户端在局域网内以广播方式发出 DHCP Discover 报文，其目的是发现能够向其提供 IP 地址的 DHCP 服务器。

(2) 局域网内所有的 DHCP 服务器都能够收到 DHCP 客户端发送的 DHCP Discover 报文。可用的 DHCP 服务器在接收到 DHCP Discover 报文后，在所配置的 IP 地址池中找出一个合适的 IP 地址，加上相应的租约期限和其他配置信息(如网关、DNS 服务器等)，构造一个 DHCP Offer 报文，发送给 DHCP 客户端，告知本服务器可以为其提供 IP 地址。在 DHCP Offer 报文中的"Your IP Address (yiaddr)"字段指明 DHCP 服务器能够提供给 DHCP 客户端使用的 IP 地址。同时，DHCP 服务器将自己的 IP 地址写在"option"字段中，以便 DHCP 客户端能够区分多个做出应答的不同的 DHCP 服务器。DHCP 服务器在向 DHCP 客户端发出 DHCP Offer 报文后，记录已分配的 IP 地址。

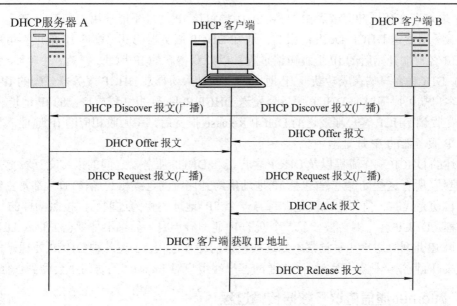

图 8.3　DHCP 具体的工作流程

（3）可能有多个 DHCP 服务器向 DHCP 客户端发出 DHCP Offer 报文，因此 DHCP 客户端必须在这些应答中选择一个进行处理。通常，DHCP 客户端会选择第一个提供 DHCP Offer 应答报文的服务器作为目标服务器，并发送一个广播的 DHCP Request 报文，在 DHCP Request 报文中的"Server Identifier"字段指明目标 DHCP 服务器的 IP 地址，请求该服务器为其分配 IP 地址。注意，此时 DHCP 客户端发送的 DHCP Request 报文是广播方式，因为之前可能有多个 DHCP 服务器都向 DHCP 客户端发出了 DHCP Offer 报文，并且为其预留了相应的 IP 地址。DHCP 客户端以广播方式发送 DHCP Request 报文，使那些未被选中的 DHCP 服务器知道现在可以释放之前预留的 IP 地址，并将它们放回各自的 IP 地址池中。DHCP 客户端在成功获取 IP 地址后，它使用所分配到的 IP 地址是有时间期限的，快要到期时，DHCP 客户端必须重新申请，如果重新申请失败或者被拒绝，DHCP 客户端将不能再继续使用早先分配给它的 IP 地址。当 IP 地址使用租期达到 50%时，会向 DHCP 服务器发送单播 DHCP Request 报文请求延续租约，如果没有收到 DHCP Ack 报文，在租期达到 87.5%时，会再次发送广播的 DHCP Request 报文请求延续租约。

（4）DHCP 服务器收到 DHCP Request 报文后，检查"option"字段中的 IP 地址是否与自己的 IP 地址相同。如果不同，DHCP 服务器不做任何处理，只是清除之前记录的 IP 地址分配信息。如果"option"字段中的 IP 地址与 DHCP 服务器本身的 IP 地址相同，而且 DHCP 服务器确定把该 IP 地址分配给 DHCP 客户端，DHCP 服务器会向 DHCP 客户端发送一个 DHCP Ack 报文，确认 DHCP 客户端分配的 IP 地址，并且在选项字段中设置 IP 地址的使用租约期限。另外一种情况是，如果 DHCP 服务器决定不把该 IP 地址分配给 DHCP 客户端，则向其发送一个 DHCP NAck 报文，拒绝 DHCP 客户端的 IP 地址申请。

（5）DHCP 客户端接收到 DHCP Ack 报文后，检查 DHCP 服务器分配的 IP 地址是否能够使用。如果可以使用，则 DHCP 客户端成功获得 IP 地址，DHCP 客户端根据 IP 地址使用租约期限自动启动延续过程。如果 DHCP 客户端通过地址冲突检测发现 DHCP 服务器分配的 IP 地址存在地址冲突或者由于其他原因导致该 IP 地址不能使用，则 DHCP 客户端向 DHCP 服务器发送 DHCP Decline 报文，通知 DHCP 服务器为其分配的 IP 地址不可用，然后 DHCP 客户端开始新的 IP 地址申请过程，以期获得新的 IP 地址。

(6) DHCP 客户端在成功获取 IP 地址后，可以主动释放 DHCP 服务器分配的 IP 地址。DHCP 客户端可以随时向 DHCP 服务器发送 DHCP Release 报文释放自己的 IP 地址。DHCP 服务器在收到 DHCP 客户端发送的 DHCP Release 报文后，将回收相应的 IP 地址，将其放回 DHCP 服务器的 IP 地址池中。

上述的 DHCP 工作流程以及 DHCP 客户端和 DHCP 服务器之间的报文交互看上去比较复杂，但是，所有这些处理过程(包括 IP 地址租约到期时的延续租约操作)通常都是由 DHCP 服务器自动完成的。值得注意的是，每当一个 IP 地址的租约过期后，按照同样的 DHCP 工作流程，DHCP 客户端会被分配一个新的 IP 地址。但是，如果不是刻意去查看 DHCP 客户端主机 IP 地址，用户几乎觉察不到这些繁杂的处理过程。上述各种 DHCP 处理操作都是瞬间完成，而且完全是在幕后运行，普通的客户端用户对 Internet 的访问不会受到任何影响。

8.1.5　Internet 通信协议及数据传输过程

1. TCP/IP 协议

对于计算机网络而言，在软件方面，除了网络操作系统之外，最重要就是各种网络协议。计算机网络之所以能够平稳、有序、顺畅、安全地运转，其根本原因在于网络内的各通信实体之间遵循一定的通信约定和规范，这就是网络通信协议。可以形象地说，网络通信协议是信息在计算机网络中的计算机和网络设备之间顺畅交流和传输必须遵守的交通规则。

如前所述，今天的 Internet 起源于 ARPAnet。1969 年，被称为"互联网之父"的罗伯特·卡恩加入 ARPAnet "接口消息处理机" (Interface Message Processor，IMP)项目的研究工作，负责 IMP 的系统设计，早期 ARPAnet 的 IMP 就是今天路由器的前身。1970 年，罗伯特·卡恩设计出网络控制协议(Network Control Protocol，NCP)，它是计算机网络通信最早的标准，也是 ARPAnet 早期阶段的网络通信协议。

NCP 协议允许用户访问和使用远程的计算机和联网设备，允许在计算机之间传输文件。NCP 协议提供了网络通信协议栈的中间层，为上层的应用服务(如电子邮件和文件传输)提供了协议基础。早期 ARPAnet 的物理层、数据链路层和网络层协议分别实现在各个 IMP 上，NCP 协议将运行在 ARPAnet 网络里不同的计算机上的进程连接起来。由于 NCP 协议定义了如何连接两个主机，因此它的工作过程类似于一个传输层协议。

1974 年 5 月，当今 Internet 的两位先驱——罗伯特·卡恩和温顿·瑟夫，在通信领域的国际顶级期刊 IEEE Transactions on Communications 上发表了开创性的、影响深远的关于 TCP/IP 协议的文章《A Protocol for Packet Network Intercommunication》。在这篇文章中，他们提出了一个名为 TCP 的分组网络互通协议，这对网络的互联具有极其重要的意义。罗伯特·卡恩和温顿·瑟夫联合设计了 TCP/IP 协议和现代互联网的架构，他们提出的网络互联原则直到今天仍然是 Internet 体系的理论基础。2004 年，为了表彰他们在"网络互联领域先驱性的贡献，包括 Internet 基础通信协议的设计与实现、TCP/IP 协议以及在网络领域开创性的领导地位",罗伯特·卡恩和温顿·瑟夫荣获计算机科学领域的最高奖——图灵奖。

1983 年 1 月 1 日是 Internet 发展史上非常重要的一天,在这一天 NCP 正式退出历史舞台,ARPAnet 的核心网络协议被更灵活、功能更强的 TCP/IP 协议族取代。从某种意义上可以说,从 NCP 协议到 TCP/IP 协议的转换标志着现代 Internet 的开始。

单从名称上看,TCP/IP 协议似乎只包括两个协议:传输控制协议(Transmission Control Protocol,TCP)和网际协议(Internet Protocol,IP)。实际上,TCP/IP 协议不仅指 TCP 和 IP 这两个协议,而是指由 HTTP、DNS、FTP、SMTP、Telnet、TCP、UDP、IP、ICMP、IGMP 等诸多协议构成的协议族(protocol suite)。由于在 TCP/IP 协议族中,TCP 协议和 IP 协议是保证数据完整传输的两个核心协议,地位非常重要,最具代表性,因此整个协议族被称为 TCP/IP 协议。TCP 协议和 IP 协议这两个协议在网络系统结构中的层次不同,功能互补,可以分开单独使用。

TCP/IP 协议族是一个四层的体系结构,自底向上分别是链路层(Link Layer)、互连层 (Internet Layer 或者 Internetwork Layer)、传输层(Transport Layer)、应用层(Application Layer)。

TCP/IP 协议对于链路层的定义非常宽松,因为该层可能包括任何在低层网络上实现的网络技术,如以太网(Ethernet)、令牌环网(token ring)、无线局域网(IEEE 802.11)等。TCP/IP 协议的链路层在网络体系结构的层次上大致相当于 OSI 七层参考模型中的物理层和数据链路层,为底层的网络硬件提供接口。

TCP/IP 协议在互连层主要完成寻址和路由功能,确保数据包能够到达其目的地。互连层最重要协议的是 IP 协议。IP 协议是一个无连接的、不可靠的协议,它不提供流量控制和出错处理,以一种尽力而为的方式尝试传输数据(IP 数据包)。网络中的路由器根据流入路由器的 IP 数据包中指定的目的 IP 地址对其进行转发。互连层的其他协议包括网际控制信息协议(Internet Control Message Protocol,ICMP)和互联网组管理协议(Internet Group Management Protocol,IGMP)。ICMP 协议是 IP 协议的一个补充,主要用于在主机与路由器之间传输控制信息并代表 IP 协议对消息进行控制,包括报告错误、交换状态信息等。ICMP 报文通常被 IP 协议或其他更高层的协议(如 TCP 或者 UDP 协议)使用。IGMP 是 TCP/IP 协议族中的一个组播(multicast)子协议,它负责 IP 网络中组播成员的管理,用于在 IP 主机和与其直接相邻的组播路由器之间建立、维护组播组(multicast group)成员关系。IGMP 协议运行于 IP 主机和与 IP 主机直接相连的组播路由器之间,IP 主机通过 IGMP 协议告诉路由器希望加入并接受某个特定组播组的信息,路由器通过 IGMP 协议周期性地查询某个已知组的成员是否处于活动状态,实现所连网络组成员关系的收集与维护。TCP/IP 协议的互连层在网络体系结构的层次上类似于 OSI 七层参考模型中的网络层。

TCP/IP 协议在传输层主要负责端到端(end-to-end)的数据传输,可以同时处理多个数据流。传输层主要有 TCP 协议和 UDP 两个协议。TCP 协议是传输层最重要的协议,它提供一种可靠的、面向连接的数据传输服务。UDP 协议提供一种不可靠的、无连接的数据传输服务。虽然 UDP 协议不保证数据传输的可靠性,但是它对于那些更注重传输速度而不是传输可靠性的应用非常有用。TCP/IP 协议在传输层提供 TCP 和 UDP 这两种协议,至于高层(应用层)使用哪一种传输层协议,这取决于应用的具体功能需求。TCP/IP 协议的传输层在网络体系结构层次上大致相当于 OSI 七层参考模型中同名的传输层。

在 TCP/IP 协议族中,常见的应用层协议有 HTTP、DNS、FTP、SMTP、Telnet 等。应

用层协议往往针对不同的特定应用,如文件传输、电子邮件、远程登录等。应用层协议通常嵌在该应用的客户端软件中,当然,应用层协议也可以在操作系统软件中实现。值得注意的是,TCP/IP 协议族中的每个应用层协议在传输层一般都会使用传输层定义的两种协议(TCP 或 UDP)之一,有些应用层协议在传输层可能会使用 TCP 和 UDP 两种协议(详见本书第 3 章表 3.1)。TCP/IP 协议的应用层在网络体系结构层次上综合了 OSI 七层参考模型中的应用层、表示层和会话层这三个层次的功能。

为了便于和其他的网络体系结构分层模型进行比较,我们可以把 TCP/IP 协议族看作一个分层的 TCP/IP 协议栈(protocol stack),如图 8.4 所示。

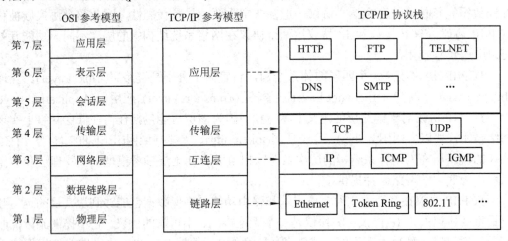

图 8.4　TCP/IP 协议栈

从 1974 年诞生,到 1983 年全面替代 NCP 协议,经过几十年的发展,TCP/IP 协议已经成为现代 Internet 的理论基石和通信基础。

2. Internet 数据传输过程

TCP/IP 参考模型中的每一层负责处理不同网络中不同计算机上的分布式应用之间数据传输的特定问题。在图 8.4 所示的四层网络体系结构中,下面三层中的每一层都为其紧邻的上一层提供服务,而应用层在其上的用户应用和其下面向通信的各个层次之间提供了一个访问接口。

当原始数据从用户应用依次向下流经 TCP/IP 参考模型中的各个层次时,上一层的协议数据通过封装(encapsulation)转换为下一层协议数据。用户应用数据沿着 TCP/IP 协议栈从上向下传递,在发送到物理网络之前,TCP/IP 协议栈的每层都在上一层协议数据的基础上加上本层协议的头信息(在链路层还会加上尾信息),为实现该层协议的功能提供必要的信息。TCP/IP 协议栈中各个层次的协议数据单元(Protocol Data Unit,PDU)的名称各不相同,如在互连层称为分组或者数据包(packet),在链路层称为数据帧(frame)。

TCP/IP 协议栈中的各层逐层进行数据封装的过程如图 8.5 所示。在图 8.5 中,假设在应用层使用的是 HTTP 协议,在传输层使用的是 TCP 协议,在互连层使用的是 IP 协议,在链路层使用的是以太网(Ethernet)。图 8.5 显示了工作在 TCP/IP 协议栈中每一层的协议如何对数据添加本层的头信息。首先,应用数据从用户的应用程序传给相应的应用层协议,在图 8.5 所示的例子中应用层使用 HTTP 协议,因此在原始的用户应用数据之前加上 HTTP

协议头信息。原始的用户应用数据加上 HTTP 协议头信息，这两部分共同构成应用层的
PDU。接下来，应用层的 PDU 作为一个整体向下传给传输层，并在传输层进行类似的数据
封装过程，即在应用层的 PDU 之前加上传输层协议的头信息。由于在图 8.5 所示的例子中
传输层使用 TCP 协议，因此在应用层的 PDU 之前加上 TCP 协议头信息。依此类推，上述
数据封装过程在互连层和链路层重复进行。最终，在链路层封装构成的数据帧作为比特流
(bit stream)通过某种物理传输介质传送出去。

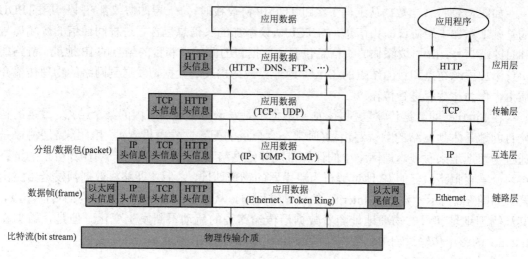

图 8.5　TCP/IP 协议栈数据封装过程

与任何其他大型网际网络一样，Internet 是由许许多多自治网络通过路由器连接构成
的。无论通信双方的计算机是在同一个自治网络内还是处于不同的网络，在 Internet 中任何
一台计算机都应该能够向任何一台其他的计算机发送数据，也能够接收从任何一台其他的
计算机发送的数据。从源结点到目的结点，一个数据包往往需要经过许多中间结点。数据
包从一个结点到另一个结点的路径可能有多种，具体选择哪一条路径取决于数据传输时的
最佳路由选项情况。路由器是一种特殊的计算机，每个路由器至少连接两个网络，其中一
个是它自身所在的网络。路由器的核心功能是检查从自身所在的网络或者其他网络流入路
由器的数据包，根据每个数据包的目的 IP 地址指定的网络号将这些数据包沿正确的路径发
送出去。路由器不断地收集通往其他网络的可用路由信息，并使用这些信息决定将流入路
由器的数据包下一站发送到哪里。

如果一个客户端应用程序要向 Internet 中的某个服务器发送一个请求消息，它无需知道
数据如何到达服务器所在的网络，它只需要知道目的计算机的 IP 地址以及本地网络路由器
的 MAC 地址。下面结合图 8.5，以 Web 浏览器和 Web 服务器之间通过 HTTP 协议进行通
信的过程为例介绍 Internet 的数据传输过程。

用户在其 Web 浏览器的地址栏中输入某个 Web 服务器的 IP 地址后，Web 服务器向客
户端发送服务器的主页，客户端接收到该主页后将其显示在客户端 Web 浏览器上。这个看
似简单的过程实际上包含了许多数据传输的处理细节。首先，当 Web 服务器的 IP 地址输
入 Web 浏览器的地址栏之后，Web 浏览器程序请求 TCP 协议与远程的 Web 服务器建立一
个连接，该连接在服务器端的端口号为 80(HTTP 协议的标准端口号)。数据传输必须在建

立了连接之后才能进行。然后，Web 浏览器的 HTTP 协议构造一个 HTTP 请求数据包(其中包含具体的 URL)，并将该请求数据包发送给传输层的 TCP 协议。接下来，TCP 协议通过在 HTTP 请求数据包之前添加 TCP 头信息构造传输层的 PDU。这个 PDU 接下来传给互连层的 IP 协议。在互连层，IP 协议在 TCP 协议 PDU 之前添加 IP 头信息。如图 8.5 所示，在链路层假定是以太网(Ethernet)，因此在该层给 IP 协议 PDU 加上以太网的头信息和尾信息，构成以太网的数据帧。

如图 8.5 所示，当数据从上向下经过 TCP/IP 协议栈时，每一层的协议都在上一层的 PDU 的基础上添加本层协议的头信息，如 TCP 协议添加的头信息包含了进程间通信的源端口号和目的端口号，IP 协议添加的头信息包含了数据包的源结点和目的结点的 IP 地址，链路层协议添加了源结点和目的结点的 MAC 地址。最终构成的数据帧发送到网络的物理传输介质上，作为比特流进行传输。

在 Internet 的数据传输过程中，如果数据不是发送给本地网络内的某个结点，数据的初始目的地是本地网络的默认路由器(通常在客户机的配置文件中设置)。由于链路层协议是通过物理地址来发现本地网络中的计算机及其他网络设备的，因此客户端计算机上的链路层协议需要把路由器的 IP 地址解析为路由器的物理地址，之后才能够将数据帧发送给路由器。如图 8.6 所示，数据在 Internet 的传输过程中，从最初的起始结点到最终的目的结点，其源物理地址和目的物理地址随着数据沿传输路径的流动不断发生变化。但是，数据在 Internet 的整个传输过程中，数据包的源 IP 地址和目的 IP 地址是始终不变的。

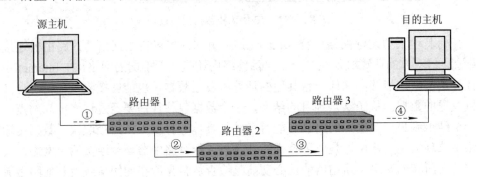

图 8.6　Internet 数据传输过程源地址和目的地址

在图 8.6 中，数据最初的起始结点是源主机，数据最终的目的结点是目的主机，虚线箭头表示数据流动的方向，假定数据从源主机到目的主机一共经过三个路由器。在图 8.6 中，编号为①的数据包刚刚从源主机发送出来，准备发送到路由器 1，此时数据包的目的 IP 地址是目的主机的 IP 地址，数据包的目的物理地址是路由器 1 的物理地址；图 8.6 中编号为②的数据包从路由器 1 发往路由器 2，其目的物理地址是路由器 2 的物理地址；图 8.6 中编号为③的数据包从路由器 2 发往路由器 3，其目的物理地址是路由器 3 的物理地址；最后，数据包从路由器 3 发送至其最终的目的结点，编号为④的数据包的物理地址是目的主机的物理地址。

当数据到达目的结点后，数据沿着 TCP/IP 协议栈逐层上传。每一层的协议首先读取包含在该层协议头信息中的控制信息，然后将头信息与数据包或数据帧本身剥离，把剩下的数据传给协议栈中的上一层协议。例如，链路层将该层的头信息去掉，把剩下的数据帧传给 IP 协议。IP 协议将接收到的数据中的 IP 头信息剥离，把剩下的 PDU 传给其上层的 TCP 协议。最后，当应用层协议把该层协议的头信息去掉之后，把剩下的源结点发送的原始应用数据交给相应的目的结点的应用程序。至此，数据完成了在 Internet 中的整个数据传输过程。

8.2　Internet 地址

在 Internet 中，为了实现不同计算机之间的通信，每台计算机必须具有一个全网范围内唯一的地址。Internet 中计算机的地址有两种表示方式：域名(domain name)和 IP 地址(IP address)。

8.2.1　域名

从理论上讲，计算机程序可以使用计算机的网络地址(如 IP 地址)来标识存储在这些计算机上的网页、电子邮箱以及其他网络资源。但是，这些单纯由数字构成的网络地址对于用户而言不易理解，难以记忆。为了解决这一问题，人们在 Internet 中设计了域名这种机制。

Internet 域名是由字母和数字组成的标识符，用于标识 Internet 中的主机，如"www.baidu.com"。采用域名这种表示方式，便于用户理解和记忆。例如，对用户而言，百度的域名"www.baidu.com"比它对应的 IP 地址"14.215.177.38"要更加易于理解，便于记忆。

Internet 的域名分为以下四种主要类型：通用顶级域(generic Top-Level Domain，gTLD)、二级域(second-level domain)、三级域(third-level domain)、国家代码域(country code Top-Level Domain，ccTLD)。Internet 的域名按照层次结构进行组织，较高级别的域在右边。例如，在"www.baidu.com"中，顶级域是最右端的"com"，二级域是"baidu.com"，三级域是"www.baidu.com"。

最初，Internet 的顶级域主要有"arpa""csnet""bitnet""uucp"。1986 年 1 月 28 日，这四个顶级域重组为八个通用顶级域，如表 8.1 所示。2002 年 12 月，互联网名称与数字地址分配机构(The Internet Corporation for Assigned Names and Numbers，ICANN)批准了一批新的顶级域，它们分别是"aero""biz""coop""info""museum""name""pro"。2004 年 10 月，ICANN 又批准了两个新的顶级域："travel"和"post"。

表 8.1　1986 年 Internet 的八个通用顶级域

顶级域名	英文名称	主要用途
bitnet	BITNET	用于 BITNET 网络中的计算机
com	commercial	商业机构
int	international organizations	国际组织(主要是 NATO 的网站)
edu	educational institutions	教育机构(如高等院校等)
gov	government	美国政府部门
mil	military	美国军方机构
net	network providers	网络服务供应商
org	non-profit organizations	非赢利性组织

最初，顶级域名"com"专门用于商业机构的网站。但是，目前"com"已经发展成为
Internet 上最流行、最常见的顶级域名，其用途已经不仅限于商业机构，使用范围比较广泛。
同样，顶级域名"org"最初专门用于非营利性组织，但是现在也常常被用于一些其他的机构。

Internet 域名空间的组织可以表示为典型的树形结构，如图 8.7 所示。在域名空间树形
结构中，最高级别的域是顶级域，顶级域进一步被划分为若干子域(subdomain)，即二级域。
二级域可以进一步被划分为若干三级域，依此类推，直至域名空间树的叶结点。域名空间
树的叶结点表示该域没有下属的子域，但是该域包含计算机。一个叶结点表示的域可以只
包含一台主机，也可能包含成百上千台主机。

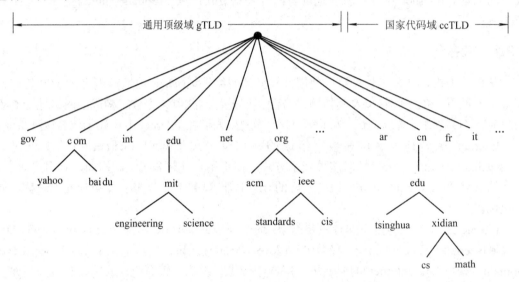

图 8.7　Internet 域名空间树形结构

从理论上讲，Internet 中的任何一个域名都应能够在图 8.7 所示的域名空间树中找到它
对应的位置。一个完整的域名是在域名空间树中从该结点到其对应的顶级域名所遍历的所
有域名组成的集合，各层域名之间用"."分隔，如西安电子科技大学的域名为"xidian.edu.cn"，
美国麻省理工学院的域名为"mit.edu"。

Internet 域名不区分大小写，因此"com""Com""COM"这三种写法的域名是完全等
同的。每一级域名的长度不超过 63 个字符，整个域名长度不超过 255 个字符。域名可使用
的字符限于 26 个英文字母、10 个阿拉伯数字以及英文连字符"-"，连字符不可用于域名
的第一个或最后一个字符。

图 8.7 中所示的国家代码域由两个字母组成，每个国家对应一个国家代码域，具体方
案由国际标准化组织的 ISO 3166 国际标准定义。表 8.2 列出了一些国家代码域，其中 **"cn"**
是中国专用的国家代码域。

值得指出的是，域名是一个逻辑概念，它按照组织机构的归属范围进行划分，而不是
按照物理网络的位置进行划分。例如，某大学信息学院(假设其域名为"it.so-and-so.edu.cn")
的计算机科学系和软件工程系位于同一栋楼里，而且这两个系共享同一个局域网，但是它
们可以各自拥有不同的域名，如"cs.it.so-and-so.edu.cn"和"se.it.so-and-so.edu.cn"；反之，
即使计算机科学系分布于若干不同的办公楼内，该系的主机一般仍然属于同一个域。

表 8.2　国家代码域举例

ccTLD	英文名称	代表国家
ar	Argentina	阿根廷
br	Brazil	巴西
cn	China	中国
fr	France	法国
it	Italy	意大利
uk	United Kingdom	英国

8.2.2　IP 地址

IP 地址也称为网际协议地址，是 IP 协议提供的一种统一的地址格式，它为 Internet 中的每一个网络和每一台主机分配一个逻辑地址，以此屏蔽物理地址的差异。接入 IP 网络的计算设备(如个人电脑、平板电脑、智能手机等)都必须具有一个全球唯一的 IP 地址，以便标识自己，与其他设备进行通信。IP 地址就像街道门牌号码和电话号码一样，用于唯一标识某个实体。

IP 地址采用层次结构，由网络标识(Network ID)和主机标识(Host ID)两部分组成，IP 地址结构如图 8.8 所示。网络标识用于标识网络设备所在的网络，位于 IP 地址的前段，同一网络中的所有设备具有相同的网络标识；主机标识用于标识网络里的某个设备，位于 IP 地址的后段。由于网络的规模各不相同，在 IP 地址总长度一定的前提下，规模较大的网络通常使用较短的网络标识，以便能使用较长的主机标识；而规模较小的网络通常使用较长的网络标识。

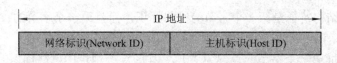

图 8.8　IP 地址结构

Internet 互连层最主要的网络协议是 IP。事实上，IP 协议有多个不同的版本，目前主要使用的有 IPv4(Internet Protocol version 4)和 IPv6(Internet Protocol version 6)这两个版本。接下来首先介绍目前 Internet 使用最广泛的 IPv4 地址，然后介绍 IPv6 地址。

1. IPv4 地址

传统的 IP 地址，同时也是目前使用最多的 IP 地址是 IPv4 地址。IPv4 地址采用 4 字节(byte)，共 32 位(bit)长的数字来表示一个 IP 地址。在本节中，如果不加特别说明，IP 地址都是指 IPv4 地址。

IPv4 地址的表示方法是点分十进制(dotted decimal notation)，全称为点分十进制表示法。在 IPv4 中用 4 字节表示一个 IP 地址，每个字节之间用点“.”(dot)分隔开。每个字节有 8 位，8 位二进制数按照十进制表示的范围为 0～255。点分十进制就是用四个 0～255 范围内的数字来表示一个 IP 地址，这四个数字用“.”分隔开，如：

192.168.1.100

其中，“192”是 IP 地址中第一个字节的 8 位所对应的十进制数，“168”是第二个字节的 8

位所对应的十进制数，依此类推。

上述 IP 地址对应的二进制表示形式为

11000000　　　10101000　　　00000001　　　01100100

IPv4 地址分为五类，其格式如图 8.9 所示，网络标识部分表示在总长 32 位中有多少位用来表示网络地址，剩下的主机标识部分表示有多少位用来表示主机地址。

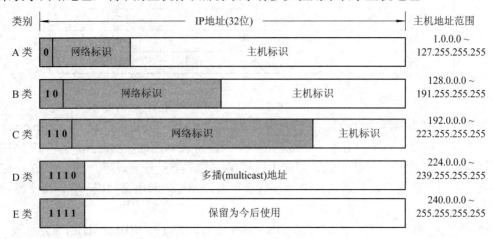

图 8.9　IPv4 地址格式

如图 8.9 所示，IPv4 各类地址写成二进制形式时，A 类地址的第一位是"0"，B 类地址的前两位是"10"，C 类地址的前三位是"110"，D 类地址的前四位是"1110"，E 类地址的前四位为"1111"。IPv4 各类地址可容纳的地址数目各不相同。

1) A 类地址

A 类地址的结构特征是第一个字节为网络标识，而且第一个字节的首位为"0"；其他三个字节为主机标识。

由于 A 类地址第一个字节的首位为"0"，因此 A 类地址的网络标识的范围是 1~127。在表示网络标识的第一个字节中，一共有 8 位，除去 8 位全部为"0"和 8 位全部为"1"的特殊情形，A 类地址能够表示的有效网络数为 126 个；在表示主机标识的后三个字节中，一共有 24 位，除去 24 位全部为"0"和全部为"1"这两种特殊情形，每个网络的主机数为 16 777 214 台。可以看出，A 类地址主机标识部分较长，有三个字节表示主机地址，每个网络中可以表示的主机数量非常大。

整个 Internet 中只有 126 个 A 类地址，每个 A 类地址网络中可以容纳超过 1600 万台主机，显然 A 类地址是非常宝贵的 IP 地址资源，A 类地址一般分配给主机数量较大的网络使用。事实上，相当一部分 A 类地址在 IP 地址分配之初就已经被 ICANN 等机构分配给了一些大型的组织、机构或者公司，它们大多是 Internet 的早期推动者，如美国国防部、IBM公司、福特汽车公司、惠普公司、麻省理工学院等。值得指出的是，随着 IPv4 地址日趋减少，一些原先拥有 A 类地址的组织机构，如美国斯坦福大学(Stanford University)，为了让IPv4 地址资源枯竭的时间延迟一点，无私地将自己原有的 A 类地址(36.0.0.0)归还到公共 IP地址池中去。

2) B 类地址

B 类地址的结构特征是前两个字节为网络标识，而且第一个字节的前两位为"10"；后两个字节为主机标识。

在 B 类地址的前两个字节中，由于第一个字节的前两位被设定为"10"，因此有效的网络标识实际上只有第一个字节剩余的 6 位和第二个字节的 8 位，总共 14 位二进制数表示。因此，B 类地址的有效网络数为 16 384 个。B 类地址主机标识部分有两个字节，共 16 位，每个网络中可以表示的主机数量为 65 534 台(除去 16 位全部为"0"和全部为"1"这两种特殊情形)，规模介于 A 类地址和 C 类地址之间。B 类地址通常分配给具有中等规模主机数量的网络使用。例如，清华大学老校区校园网的 IP 地址就是 B 类地址，其 IP 地址范围是 166.111.0.0～166.111.255.255；北京大学的 IP 地址也是 B 类地址，其 IP 地址范围是 162.105.0.0～162.105.255.255。

3) C 类地址

C 类地址的结构特征是前三个字节为网络标识，而且第一个字节的前三位为"110"；最后一个字节为主机标识。

在 C 类地址的前三个字节中，由于第一个字节的前三位被设定为"110"，有效的网络标识实际上只有第一个字节剩余的 5 位和第二个和第三个字节的 16 位，总共 21 位二进制数表示。因此，C 类地址的有效网络数为 2 097 152 个。C 类地址主机标识部分只有一个字节，共 8 位，每个网络中可以表示的主机数量为 254 台(除去 8 位全部为"0"和全部为"1"这两种特殊情形)，相对于 A 类地址和 B 类地址数量较少。由于 C 类地址数量众多，每个网络的规模较小，地址分配比较灵活，便于使用，因此 C 类地址是日常网络使用中最常见的 IP 地址类型，一般分配给主机数量规模较小的网络使用。例如，西安电子科技大学的 IP 地址就是 C 类地址，其 IP 地址范围是 202.117.112.0～202.117.127.255。

4) D 类地址

D 类地址是多播地址，不区分网络标识和主机标识，它的第一个字节的前四位为"1110"。D 类地址用于多播(multicast)，即把一个数据报发送给多个主机。事实上，由于多播以往在 Internet 中并没有被广泛应用，因此可以说 D 类地址目前正在开始用于多播。

5) E 类地址

E 类地址是为今后网络使用预留的地址，不区分网络标识和主机标识，它的第一个字节的前四位为"1111"。

目前，随着 IPv4 地址资源的日渐枯竭，E 类地址本应发挥它应有的作用。但是，由于 E 类地址长久以来禁止普通用户使用，而且旧的主机已经习惯了原有的 IP 地址分配安排，因此目前许多主机并不愿意接受 E 类地址作为合法的 IP 地址。

IP 地址按用途分为公有 IP 地址和私有 IP 地址(private IP address)两种。在 A、B、C 三类 IP 地址中，绝大多数是公有 IP 地址，需要向国际互联网络信息中心(Internet Network Information Center，InterNIC)申请注册。公有 IP 地址是在广域网内使用的地址，但在局域网中也同样可以使用。随着私有 IP 网络的发展，为节省可分配的 IP 地址资源，有一部分 IP 地址被拿出来专门用于组织机构内部网络使用，这些 IP 地址称为私有 IP 地址。IPv4 在 A、B、C 三类 IP 地址的范围内预留了三个私有 IP 地址段，如表 8.3 所示。

表 8.3　私有 IP 地址范围

所属类别	私有 IP 地址范围
A 类	10.0.0.0～10.255.255.255
B 类	172.16.0.0～172.31.255.255
C 类	192.168.0.0～192.168.255.255

私有 IP 地址属于非注册地址，专门为组织机构内部使用。这些私有 IP 地址不会被 Internet 分配，它们在 Internet 上也不会被路由。私有 IP 地址在 Internet 上是无效的，它在 Internet 上不能被识别。使用私有 IP 地址只能在局域网内部进行通信，而不能与其他网络进行互联通信，因为本地局域网内使用的私有 IP 地址同样也可能被其他网络使用，如果进行网络互联通信，会出现地址不唯一的问题。虽然私有 IP 地址不能直接和 Internet 进行通信，但是可以通过技术手段将网络内部的私有 IP 地址转换成公网上可用的 IP 地址，从而实现内部私有 IP 地址与外部公网的通信。

用户可以根据自身需要选择适当的地址类型，在内部局域网中可以将这些私有 IP 地址像公有 IP 地址一样使用。在选取和使用私有地址时，通常根据网络所容纳的主机数量来选择。常见的局域网由于网内容纳的主机数量较小，一般选择 C 类的 192.168.0.0 作为地址段；主机数量较大的网络需要使用 B 类甚至 A 类私有 IP 地址段作为内部网络的地址段。

除了上面介绍的几类常规 IP 地址，还有几种具有特殊意义的 IP 地址，如图 8.10 所示。

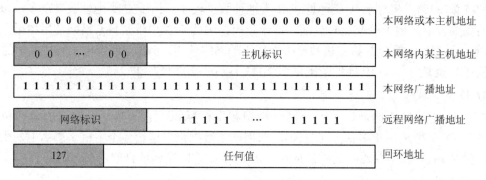

图 8.10　特殊 IP 地址

(1) 本网络或本主机地址。

如图 8.10 中第一行所示，这种地址的结构特征是 IP 地址的 4 字节共 32 位全部为"0"，其对应的点分十进制表示形式是"0.0.0.0"。它是所有 IP 地址中值最小的地址，其含义是"本网络"(this network)或者"本主机"(this host)。

(2) 本网络内某主机地址。

如图 8.10 中第二行所示，这种地址的结构特征是 IP 地址前面网络标识部分全部为"0"，后面主机标识部分指明某个网内主机地址，其含义是本网络内的某个主机。这种地址允许计算机在不知道本地网络地址的情况下指向本机所在的网络。

(3) 本网络广播地址。

如图 8.10 中第三行所示，这种地址的结构特征是 IP 地址的 4 字节共 32 位全部为"1"，其对应的点分十进制表示形式是"255.255.255.255"。它是所有 IP 地址中值最大的地址，其含义是本网络内所有主机。这种地址允许在本地网络(通常是局域网)中进行广播通信。

(4) 远程网络广播地址。

如图 8.10 中第四行所示,这种地址的结构特征是 IP 地址前面网络标识部分为某个正常的网络标识,后面主机标识部分全部为"1",其含义是网络标识所指明的网络中的所有主机。这种地址允许在 Internet 上某远程网络中进行广播通信。事实上,出于安全考虑,许多网络管理员常常禁止使用这种地址。

(5) 回环地址。

回环地址(loopback address)是专门用于测试本地网络接口设备的功能或者本机进程间通信的特殊 IP 地址。如图 8.10 中第五行所示,回环地址的结构特征是第一个字节的 8 位全部为"1",第一个字节对应的十进制数值为 127,后面三个字节的值可以是任何值,习惯上采用"127.0.0.1"作为回环地址,命名为 Localhost。当使用回环地址作为目的地址发送数据时,数据不会被发送到网络上,而是作为接收到的数据交给本机的相关进程进行处理。在发送数据时,首先判断该数据报的目的 IP 地址是否为回环地址,如果是回环地址,则直接将该数据报放入 IP 输入队列。

2. IPv6

1) 提出 IPv6 的原因和主要目标

如前所述,IPv4 采用 32 位长的地址,因此,从理论上讲 IPv4 地址空间中有 2^{32} 个 IP 地址。在这总共约 40 多亿个 IP 地址中,相当一部分地址是为某些特殊用途保留的,如 A、B、C 三类 IP 地址中预留的私有 IP 地址、D 类和 E 类 IP 地址以及特殊 IP 地址等,这减少了可在 Internet 上使用的 IP 地址数量。随着 Internet 的迅速发展,IPv4 地址不断被分配给用户,IPv4 地址枯竭问题日渐严峻,制约了 Internet 的进一步应用和发展。

这些因素促使 IETF(Internet Engineering Task Force,国际互联网工程任务组)考虑设计替代 IPv4 的下一代 IP 协议。1990 年,IETF 开始 IPv6 的设计工作,不仅要彻底解决 IPv4 地址资源不足的问题,还要解决许多其他问题,它应该比 IPv4 更加灵活、高效,对 IPv6 的设计为改进 IPv4 的不足和缺陷提供了一个非常好的机遇。IETF 对 IPv6 的主要设计目标包括以下几个方面:

(1) 一劳永逸地解决 IP 地址资源不足的问题,能够提供海量的 IP 地址,即使地址分配方案不是特别高效,IPv6 提供的 IP 地址数量仍然绰绰有余;

(2) 减少路由表的大小;

(3) 简化协议,使路由器能够更快地处理数据包;

(4) 提供更好的安全性支持;

(5) 更加注重服务的类别,特别是对于实时数据;

(6) 提供更好的对多播(multicasting)的支持;

(7) 提供更好的移动 IP 支持;

(8) 允许该协议在未来逐步进化,不断完善;

(9) 允许旧的 IPv4 和新的 IPv6 在相当一段时间内共存,逐渐过渡。

最终设计出的 IPv6 很好地满足了 IETF 提出的目标。例如,就 IP 地址空间而言,IPv6 总共有 2^{128} 个地址,这是一个非常大的天文数字,大约是 3×10^{38}。假设全世界所有的陆地和海洋都遍布计算机，每平方米可以平均分配到大约 7×10^{23} 个 IP 地址。当然，在实际的 IP 地址分配过程中可能存在分配效率不高的情况，有相当一部分 IP 地址会被浪费掉，即便如此，地球表面平均每平方米仍然会有数以万亿计的 IP 地址。总之，使用 IPv6 地址，在可预见的未来，人们再也不会缺乏 IP 地址资源了。

　　2) IPv6 地址表示方法

　　IPv6 地址的长度是 128 位，是 IPv4 地址长度的 4 倍。与 IPv4 地址的点分十进制表示法不同，IPv6 地址采用十六进制表示，具体有以下三种表示方法。

　　(1) 冒分十六进制表示法。

　　冒分十六进制表示法的格式为"×:×:×:×:×:×:×:×"，其中每个×表示 2 字节共 16 位，以十六进制数表示，各个×之间用冒号":"分隔开。例如：

1234:ABCD:5678:EFAB:9012:CDEF:3456:ABCD

　　在冒分十六进制表示法中，每个 X 中前导的"0"是可以省略的，如下面的 IP 地址：

1234:0BCD:0008:EFAB:0000:CD00:3456:00CD

可以写成如下形式：

1234:BCD:8:EFAB:0:CD00:3456:CD

　　(2) 0 位压缩表示法。

　　在某些情况下，一个 IPv6 地址中间可能包含很多 0，可以把一段连续的 0 压缩表示为"::"。注意，为了保证地址解析的唯一性，在 IPv6 地址中"::"只能出现一次。例如：

AB12:0:0:0:0:0:0:3456　→　AB12::3456

0:0:0:0:0:0:0:7　→　::7

0:0:0:0:0:0:0:0　→　::

　　(3) 内嵌 IPv4 地址表示法。

　　为了实现 IPv6 地址与 IPv4 地址的互通，IPv4 地址可能会嵌入 IPv6 地址中，此时地址通常表示为："X:X:X:X:X:X:d.d.d.d"，前面六个 X(共 96 位)采用冒分十六进制表示，最后 32 位采用 IPv4 的点分十进制表示。例如，下面两个 IPv6 地址就是采用内嵌 IPv4 地址表示法的典型例子：

::192.168.0.100　　和　　::ABCD:192.168.0.100

　　注意，在前 96 位冒分十六进制表示的地址中，前述的"0 位压缩表示法"仍然适用。

　　3) 从 IPv4 到 IPv6

　　Internet 中系统和设备数量众多，不可能一次性从 IPv4 升级到 IPv6，因此 IPv6 不可能立刻替代 IPv4，在未来相当长一段时间内 Internet 中会出现 IPv4 和 IPv6 共存的局面。由于 IPv4 和 IPv6 在地址格式等方面的差异，在 IPv4 和 IPv6 共存的网络中，仅有 IPv4 地址或者仅有 IPv6 地址的端系统无法直接通信，可以采用一些过渡机制实现相互通信。为了实现 IPv4 到 IPv6 的平稳转换，对现有的使用者影响最小，需要有良好的转换机制，目前 IETF 已经推荐了双协议栈、隧道技术以及网络地址转换等转换机制。

　　目前，IPv6 在全球范围内仍处于研究阶段，许多技术问题有待进一步完善，支持 IPv6 的设备也相对比较有限。但是，随着 IPv4 地址空间逐渐消耗殆尽，许多国家已经意识到 IPv6 带来的优势。随着 IPv6 各项技术的不断发展和完善，在未来 IPv6 全面取代 IPv4 是大势所趋。

8.2.3　DNS

如前所述，IP 地址的表示形式是一长串枯燥的数字，没有规律，缺乏含义，难以记忆，用户很难从 IP 地址的数字串判断该地址指的是哪一台主机。与 IP 地址相反，域名由具有一定含义的字符组成，并且按照层次结构组织，用户通过域名可以了解主机的相关信息。例如，"cn"是中国的国家代码，"edu"表示教育机构，因此"www.xidian.edu.cn"表示西安电子科技大学的 Web 服务器，易于理解，便于记忆。那么，是否有一个系统能够在易于理解方便记忆的域名和难以理解难以记忆的 IP 地址之间进行映射转换，使用户更方便地访问 Internet 呢？这就是 DNS。

一个域名必须对应一个 IP 地址，一个 IP 地址也可以有多个域名，但是 IP 地址不一定有对应的域名。将域名映射为 IP 地址的过程称为"域名解析"。DNS 的主要功能是把域名解析转换成相应的 IP 地址，它有两方面的含义：

(1) DNS 是一个基于层级式域名服务器结构的分布式数据库；

(2) DNS 是一个应用层协议，它允许主机和域名服务器之间通过相互通信提供域名到 IP 地址的翻译转换服务。

DNS 由域名解析器(DNS resolver)和域名服务器(DNS server)组成。为了将一个主机域名映射为 IP 地址，应用程序首先调用域名解析器，将主机域名作为参数传给域名解析器。然后，域名解析器向本地域名服务器发送查询请求，其中包含了待查询的主机域名。接下来，域名服务器查询该主机域名，并将主机域名对应的 IP 地址返回给调用者。域名解析过程中的查询和响应消息都是作为 UDP 数据包传输的。在得到返回的 IP 地址后，应用程序可以使用该 IP 地址进行后续的网络访问。

DNS 常常被其他应用层协议使用，如 HTTP、SMTP 和 FTP 等，用于将用户提供的主机名转换为相应的 IP 地址。

8.3　Internet 接入技术

Internet 接入技术是指将终端用户的计算机或者局域网接入 Internet，使其能够访问 Internet 中的资源。

1. ISP

对于普通个人用户或者单位用户而言，由于接驳国际互联网需要租用国际信道，其成本过高，因此出现了 ISP(Internet Service Provider，互联网服务提供商)。

ISP 是向用户提供 Internet 接入服务的运营商，能提供拨号上网服务、网上浏览、下载文件、收发电子邮件等服务。ISP 能够提供的服务主要分为 Internet 接入服务和 Internet 内容提供服务，本节主要介绍 Internet 接入服务，即通过特定的技术把用户的计算机或其他终端设备连入 Internet。

ISP 拥有某个地区到 Internet 主干网络数据专线的使用权，把位于本地区内的某台计算机作为主机，将其与 Internet 主干线路连通。ISP 位于 Internet 的边缘，是网络终端用户进入 Internet 的入口和桥梁，用户通过通信线路连接到 ISP，借助 ISP 与 Internet 的连接通道接入 Internet。

2. 主要的 Internet 接入技术

Internet 是一个集全世界各领域、各部门的信息资源为一体，供广大网络用户共享的信息资源网络。家庭用户或者单位用户要接入 Internet，可以通过某种通信线路连接到 ISP，由 ISP 提供 Internet 入网连接和信息服务。Internet 接入使用特定的数据传输技术，通过特定的信息传输通道，完成用户与 Internet 的物理连接。

多年来，Internet 接入技术不断发展变化，有很多不同种类的接入技术，常见的有拨号连接、宽带接入以及无线接入技术等。用户具体选择哪一种 Internet 接入技术，取决于 ISP 在该地区提供的接入技术有哪些以及使用费用等因素。本节简要介绍以下几种主要的 Internet 接入技术。

1) 公共交换电话网络

公共交换电话网络(Public Switched Telephone Network，PSTN)是一种全球语音通信电路交换网络，即日常生活中的电话网。PSTN 接入技术是指通过调制解调器(modem)拨号实现用户接入 Internet 的方式。

由于电话网非常普及，用户终端设备 modem 非常便宜，用户家里只要有计算机，把电话线接入 modem 就可以直接上网。PSTN 接入方式成本较低，安装简单，适合家庭、个人或者小型局域网使用。由于在稳定性、传输质量以及数据传输速率等方面的局限性，这种接入方式不适合中、大规模网络与 Internet 的连接。

PSTN 接入方式的传输速率较低，不能满足宽带多媒体信息的传输要求。随着宽带业务的普及和发展，这种接入方式已经逐渐被淘汰。

2) 综合业务数字网

综合业务数字网(Integrated Service Digital Network，ISDN)是一个数字电话网络国际标准，是一种典型的电路交换网络系统。ISDN 采用数字传输和数字交换技术，将电话、传真、数据、图像和语音等多种业务综合在一个统一的数字网络中进行传输和处理。用户利用一条 ISDN 用户线路，可以在上网的同时拨打电话、收发传真，就像同时使用两条电话线一样，因此这种接入技术也被称为"一线通"，可以实现通话上网两不误。ISDN 基本速率接口有两条 64 kb/s 的信息通路和一条 16 kb/s 的信令通路，简称"2B+D"，当有电话拨入时，它会自动释放一个 B 信道来进行电话接听。

从发展趋势来看，ISDN 不能满足高传输速率的宽带应用的需求。随着宽带接入技术的不断成熟，ISDN 作为一种过渡窄带接入方式，目前已经逐渐退出了历史舞台。

3) 非对称数字用户线路

非对称数字用户线路(Asymmetric Digital Subscriber Line，ADSL)是数字用户线路(Digital Subscriber Line，DSL)家族成员中最流行的一种，被誉为"现代信息高速公路上的快车"。ADSL 是运行在现有普通电话线上的一种高速宽带技术，它能够为用户提供非对称的上行和下行传输。所谓"非对称"是指上行传输速率和下行传输速率不是对称的，上行为低速传输，下行为高速传输，ADSL 允许 1 Mb/s 的上行传输速率和 8 Mb/s 的下行传输速率。ADSL 的主要特点是能够充分利用现有的铜缆网络(电话线网络)，只需在线路两端加装 ADSL 设备即可为用户提供高宽带数据传输服务。ADSL 的优点在于它可以与普通电话共存于一条电话线上，用户可以在一条普通电话线上接听、拨打电话的同时进行 ADSL 传输，两者互不影响。

ADSL 由于其下行传输速率高、频带宽、性能优良等特点而深受用户喜爱，成为继 modem 和 ISDN 之后又一种快捷、高效的 Internet 接入方式，适用于有宽带业务需求的普通家庭用户以及中、小商务用户。

由于受其本身技术的制约，ADSL 仍然是一种过渡型接入技术，为解决 ADSL 在传输速率和传输距离等方面的问题，其本身也在不断改进，如 ADSL2 以及 ADSL2+等。

4) 数字数据网

数字数据网(Digital Data Network，DDN)是利用光纤、微波、卫星等数字传输通道和数字交叉复用结点组成的数据传输网，它具有传输质量高、传输速率高、网络时延小等特点。

使用 DDN 专线传输，用户可以根据需要在一定的范围内选择专线传输速率，支持数据、图像、语音传输等多媒体业务。DDN 专线接入向用户提供永久性的数字连接，沿途不进行复杂的软件处理，因此延时较短，避免了传统的分组网中传输协议复杂、传输时延长且不固定等问题。DDN 专线接入采用交叉连接装置，能够根据用户的需要在约定的时间内接通所需带宽的线路，信道容量的分配和接续均在计算机控制下进行，具有很高的灵活性。因此，DDN 专线接入在多种接入方式中深受用户的喜爱。

DDN 专线接入方式信道固定分配，充分保证了通信的可靠性，通信保密性强，但是费用相对较高，这种接入方式适合金融、保险等保密性要求较高的用户。

5) 电力线接入

电力线通信(Power Line Communication，PLC)技术也称电力线载波(Power Line Carrier，PLC)，是指利用电力线传输数据和媒体信号的一种通信方式。PLC 技术是把载有信息的高频加载到电流上，然后用电力线传输到接收信息的适配器，再把高频从电流中分离出来并传送到计算机或电话，实现信息传递。PLC 属于电力通信网，其内部应用包括电网监控与调度、远程抄表等。面向家庭上网的 PLC 也被称为电力宽带，属于低压配电网通信。PLC 接入技术最大的优势是不需要重新布线，能够在现有的电力线上承载数据、语音以及视频等多种业务，现有的各种网络应用都可以通过电力线向用户提供，实现接入和室内组网的多网合一。PLC 的传输速率为 4.5 Mb/s～45 Mb/s，传输距离一般为几百米，通常用于楼宇内的接入。

6) 宽带光纤接入

前述的 PSTN、ADSL 和 PLC 等接入方式带宽不高，一般适合个人用户和小规模局域网的接入。大规模局域网接入 Internet 一般使用宽带光纤接入方式。

宽带光纤接入(Fiber To The …，FTTx)是一种实现宽带接入 Internet 的方案，它包括多种宽带光纤接入方式，主要有以下三种：

(1) FTTC(Fiber To The Curb，光纤到路边)：光纤只铺设到用户所在单位或楼宇附近，再通过分线盒由双绞线连接局域网。从路边到各用户可使用星型结构双绞线作为传输介质。

(2) FTTB(Fiber To The Building，光纤到大楼)：光纤一直连接到大楼内的设备上，光纤进入楼内就转换为电信号，然后用电缆或双绞线分配到各用户。

(3) FTTH(Fiber To The Home，光纤到户)：光纤一直铺设到用户家庭里，直接连接到终端用户的计算机上。这种接入方式是 Internet 接入技术的最终目标，它可能是未来居民接入 Internet 最终的解决方案。

7) 无线接入

无线接入是指通过无线传输介质将用户终端与网络结点连接起来，以实现用户与 Internet 间信息传递的接入技术。无线接入技术与有线接入技术的一个非常重要的区别在于其能够向用户提供移动接入服务。无线接入技术的方式很多，如卫星通信、微波传输、蜂窝移动通信、无线局域网等。

由于目前光纤铺设费用仍然相对较高，一些城市对于需要宽带接入的用户提供无线接入。用户通过高频天线和 ISP 连接，距离大概在 10 km，带宽为 2 Mb/s～11 Mb/s，费用较低，性价比较高。无线接入技术受地形和距离的限制，适合在城市里距离 ISP 不是特别远的用户使用。

以上介绍的几种主要 Internet 接入技术各有优点和不足，终端用户可以根据该地区 ISP 所提供的可用 Internet 接入技术，综合考虑自己的实际需求(如传输速率、费用、安全性等)选择使用。

·········· 本 章 小 结 ··········

本章主要讲述了以下内容：

(1) 介绍了 Internet 的基本原理和相关知识。首先，介绍了 Internet 的基本概念，归纳总结了 Internet 的主要特点。其次，简要介绍了 Internet 的起源和发展历史。介绍了 Internet 的设计原则。介绍了 Internet 的主要术语，包括万维网、HTTP、HTML、网页、URL、Web 浏览器、Web 服务器、搜索引擎、FTP 和 DHCP 等。介绍了 Internet 的通信协议，结合 TCP/IP 协议栈介绍了 Internet 中基本的数据传输过程。

(2) 介绍了 Internet 地址的相关概念和知识。首先，介绍了 Internet 域名的基本概念，包括通用顶级域、国家代码域等，介绍了 Internet 域名空间的树形结构。其次，介绍了 IP 地址，包括 IPv4 地址、IPv6 以及从 IPv4 到 IPv6 的过渡。介绍了 DNS 的基本概念。

(3) 介绍了 Internet 接入技术的基本概念和主要接入方式。Internet 接入技术是指将终端用户的计算机或者局域网接入 Internet，使其能够访问 Internet 中的资源。介绍了 ISP 的基本概念。介绍了公共交换电话网络、综合业务数字网、非对称数字用户线路、数字数据网、电力线接入、宽带光纤接入和无线接入等主要的 Internet 接入技术。

◆◆◆◆◆◆◆ 习 题 8 ◆◆◆◆◆◆◆

一、填空题

1.＿＿＿＿＿＿协议既定义了万维网中传输的数据消息的格式和消息传输的方式，还规定了 Web 浏览器和 Web 服务器对各种命令应该采取哪些响应措施。

2.＿＿＿＿＿＿是万维网上信息资源的位置及其访问方法的一种表示方法，也是万维网标准的信息资源地址形式，主要由资源类型、存放资源的主机域名、资源文件名三部分组成。

3. IPv6 地址长度是＿＿＿＿位，有＿＿＿＿＿＿＿＿＿、＿＿＿＿＿＿＿＿＿、＿＿＿＿＿＿＿＿＿＿三种表示方法。

4. TCP/IP 协议族在传输层有两个协议，＿＿＿＿＿＿是一种可靠的、面向连接的协议，＿＿＿＿＿＿是一种不可靠的、无连接的协议。

5. 目前常见的 Web 浏览器有微软公司的＿＿＿＿＿＿、Mozilla 公司＿＿＿＿＿、谷歌公司的＿＿＿＿＿以及苹果公司的＿＿＿＿＿等。

6. 用户在使用 FTP 的过程中，＿＿＿＿＿是指将文件从客户端本地计算机中复制到远程服务器上，＿＿＿＿＿是指从远程服务器复制文件到客户端本地计算机上。

7. 在 IPv4 中，＿＿＿类地址有三个字节表示主机地址，一般分配给主机数量较大的网络。

8. Internet 域名可使用的字符限于 26 个英文字母、10 个阿拉伯数字以及英文连字符"-"，每一级域名的长度不超过＿＿＿＿个字符，整个域名长度不超过＿＿＿＿个字符。

9. 目前＿＿＿＿＿最大的问题在于网络地址资源有限，国际互联网工程任务组设计了用于替代它的下一代 IP 协议＿＿＿＿＿，能够有效地解决网络地址资源数量的问题。

10. ＿＿＿＿＿＿＿＿＿是一个基于层级式域名服务器结构的分布式数据库，也是一个应用层协议，它的主要功能是把域名解析转换成相应的 IP 地址。

二、单项选择题

1. 今天的 Internet 最早起源于＿＿＿＿＿＿资助的研究项目。

A. IBM 公司　　　　B. 美国国防部　　C. Microsoft 公司　　　D. Apple 公司

2. ＿＿＿＿＿＿＿＿是万维网上广泛使用的应用层协议，它是万维网数据通信的基础。

A. UDP　　　　　　B. TCP　　　　　C. HTTP　　　　　　　D. IP

3. 1969 年末，处于试验阶段的 ARPAnet 包含四个结点，其中不包含＿＿＿＿＿结点。

A. UCLA　　　　　B. MIT　　　　　C. UCSB　　　　　　　D. SRI

4. 下面是一些 Internet 上常见的文件类型，扩展名为＿＿＿表示该文档为 Web 页面文件。

A. .doc 或 .txt　　　B. .bmp 或 .gif　　C. .wav 或 .mp3　　　D. .html 或 .htm

5. 1974 年，罗伯特·卡恩与温顿·瑟夫一起合作提出了＿＿＿＿＿＿协议，奠定了 Internet 的通信基础。

A. HTTP　　　　　B. FTP　　　　　C. TCP/IP　　　　　　D. SMTP

6. ＿＿＿＿＿＿＿＿是当今最常见、最流行的 Web 服务器端软件，它可以运行在目前几乎所有广泛使用的计算机平台上，具有优异的跨平台特性和良好的安全性，被广泛使用。

A. Safari　　　　　B. Chrome　　　　C. Firefox　　　　　D. Apache

7. ＿＿＿＿＿＿＿＿是一个包含 HTML 标签的纯文本文件，它是浏览万维网资源的基本单位。

A. 网站　　　　　　B. 网页　　　　　C. 网址　　　　　　　D. 主页

8. IPv4 地址长度为 32 位，由 4 字节构成，每个字节之间用＿＿＿分隔开。

A. 斜线"/"　　　　B. 连字符"-"　　C. 点"."　　　　　D. 冒号":"

9. 在下列网络协议中，属于 TCP/IP 协议族互连层的协议是＿＿＿＿＿＿。

A. TCP　　　　　　B. UDP　　　　　C. IP　　　　　　　　D. SMTP

10. 在 IPv4 的 C 类地址中，主机标识(Host ID)部分的长度为＿＿＿字节。

A. 1　　　　　　　B. 2　　　　　　C. 3　　　　　　　　D. 4

三、判断题

判断下列描述是否正确(正确的在括号中填写 T，错误的在括号中填写 F)。

1. ARPAnet 是历史上第一个分组交换式计算机网络，它是当今 Internet 的鼻祖。(　　)

2. Web 服务器通常只能包含一个网站，并且只能处理 HTTP 协议。　　　　(　　)

3. "Internet" 和 "internet" 这两个名词是同一个概念，可互换使用。　　(　　)

4. 由于 IPv4 地址长度为 32 位，而 IPv6 地址长度为 128 位，因此 IPv6 的地址空间是 IPv4 的 4 倍，有效地解决了网络地址资源数量有限的问题。　　　　　　(　　)

5. Web 服务器是一种用来查找、检索和显示万维网上内容的工具软件。　　(　　)

6. Internet 没有集中控制中心结点，它是一个自主式的开放组织。　　　　(　　)

7. HTML 既定义了万维网中传输的数据消息的格式以及消息传输的方式，还规定了 Web 服务器和 Web 浏览器对各种命令应该采取哪些响应措施。　　　　　　(　　)

8. IPv4 的 2^{32} 个 IP 地址日渐枯竭，制约了 Internet 的进一步应用和发展。　(　　)

四、简答题

1. 简述 Internet 的主要特点。

2. 什么是 Internet？Internet 的定义应包含哪几方面的内容？

3. 常见的 Web 浏览器有哪些？各有什么特点？

4. 简述 DHCP 主要有哪几个方面的功能。

5. 简述 "万维网"(Web)和 "互联网"(Internet)这两个概念的主要区别。

6. 简述 IPv4 与 IPv6 地址的主要区别。

7. 在 IPv4 地址 A、B、C 三种主要类型中保留了三个 IP 地址区域作为私有地址，写出其 IP 地址范围，并简要介绍其用途。

8. 简述主要的 Internet 接入技术。

五、问答题

1. 简述 Internet 的起源和发展历史。

2. 罗伯特·卡恩和温顿·瑟夫提出的 "开放式网络体系结构" 的原则包括哪些方面？

3. IPv4 地址分为哪几类？各自有什么特点？

4. 一次 HTTP 操作称为一个事务，简述其基本工作流程。

5. 统一资源定位符(URL)的一般语法格式是什么？简要解释其各部分的含义。

6. 在 DHCP 协议中，DHCP 客户端和 DHCP 服务器的基本交互过程是什么？

7. 什么是 TCP/IP 协议栈？

8. IPv6 地址的表示方法有哪些？请举例说明。

第 9 章

计算机网络安全与网络管理

9.1　计算机网络安全的基本概念

在计算机网络出现之后一二十年之内，对计算机网络的使用主要是高等院校的科研人员及公司员工，大多为使用计算机网络发送电子邮件和共享打印机。在这种比较单纯的网络使用环境下，计算机网络安全问题并不突出，因此网络安全没有得到人们的关注。今天，随着计算机网络的飞速发展，成千上百万的普通网络用户每天都在通过计算机网络办理各种金融业务，进行网上购物，处理各种税务活动。在人们享用计算机网络带来的种种便利的同时，各种计算机网络安全问题也不断暴露出来，网络安全逐渐引起人们的广泛关注，成为当今计算机网络技术研究的一个重点领域。

计算机网络安全是指利用技术手段和管理措施对计算机网络系统的硬件、软件和数据进行保护，使其不因恶意或偶然的原因而遭到更改、泄露或者破坏，保证计算机网络连续可靠地正常地运行，网络服务不中断。从本质上来讲，网络安全是指网络中的信息安全。从广义的角度讲，凡是涉及计算机网络信息的可用性、完整性、真实性、保密性和可控性的相关技术和理论都是计算机网络安全的研究内容。计算机网络安全是一门涉及计算机科学、网络技术、通信技术、密码技术、信息安全技术、应用数学、数论和信息论等多个学科的综合性学科。

9.1.1　计算机网络的不安全因素

绝对安全的计算机网络系统是不存在的，要提高计算机网络的安全性，就必须了解影响计算机网络安全的因素，从而根据实际情况加以防范。提高计算机网络系统的安全性需要依靠完善的监控、分析和管理手段，采取相应的安全防范措施，及时发现安全隐患，避免计算机网络系统遭受攻击和破坏。计算机网络的不安全因素有很多，主要可以归纳为两个方面：自然环境因素和人为因素。

(1) 自然环境因素。地震、水灾、火灾等自然灾害以及过高或过低的环境温度、不适宜的湿度、不满足要求的电磁环境和电源环境等都会对计算机网络造成破坏。尽管自然环境因素造成的对计算机网络的破坏往往难以避免，但是可以通过一些预防措施尽量减少此类破坏带来的损失。

(2) 人为因素。对计算机网络安全造成破坏的人为因素是指一些别有用心的人利用计算机网络中的漏洞或缺陷蓄意地破坏网络，干扰计算机网络的正常运行，如编写传播计算机病毒、非法获取重要数据或者篡改系统数据、盗用计算机系统资源、破坏网络硬件设备等。在自然环境因素和人为因素这两种因素中，人为因素是对计算机网络安全威胁最大的因素。

大多数的计算机网络安全问题是由别有用心的人故意而为造成的，这些人进行网络攻击和破坏的目的主要集中在以下几个方面：获取非法利益、对某些人实施非法伤害、获得社会关注。

我们常常会看到一些关于网站安全的新闻，许多机构和组织的主页遭到黑客(hacker)的攻击，主页被替换成黑客选择的新的主页。遭到过黑客攻击的知名网站包括雅虎(Yahoo)、美国国家航空航天局(National Aeronautics and Space Administration，NASA)、纽约时报(New York Times)等。在对网站的攻击中，大多数情况是黑客在主页上显示一些自己想要表达的文字信息，在随后的若干小时内网站被修复，主页恢复正常。

比篡改主页更加严重的另外一种网络攻击方式是拒绝服务(Denial of Service，DoS)攻击。目前，已经有大量的网站遭到拒绝服务攻击，黑客向目标主机发送数量巨大的服务请求数据包，制造大流量的无用数据，造成网络通信拥塞。这些数据包经过黑客的伪装，目标主机无法识别其真实来源，这些数据包所请求的服务通常需要消耗大量的网络系统资源，使目标主机无法正常和外界通信，无法为合法用户提供正常的网络服务，甚至导致网络系统的崩溃。此外，还有分布式拒绝服务(Distributed Denial of Service，DDoS)攻击，黑客借助成百上千台分布在不同地方的被入侵后并且安装了攻击进程的主机同时向目标主机发起DoS攻击，相对于一对一方式的DoS攻击，这种分布式网络攻击危害性更大，往往会给被攻击的网站造成相当大的经济损失。

9.1.2　人为计算机网络攻击

随着计算机网络技术的高速发展和计算机网络应用的不断普及，网络安全事件频频发生，以下是一些人为计算机网络攻击的真实案例。

案例1：一个年仅19岁的俄罗斯黑客侵入一家电商的网站，盗取了30万张信用卡的号码，然后向该网站的经营者索要10万美元，并威胁如果不答应其条件就将这些信用卡号码公布到Internet上。网站经营者最终没有让步，该黑客真的在Internet上公布了这些信用卡号码，导致大批无辜的信用卡用户遭受极大的经济损失。

案例2：一个23岁的美国加利福尼亚州的学生以新闻通稿的形式向某新闻社发出一封电子邮件，谎称美国Emulex公司(Emulex Corporation)即将发布巨额季度亏损公告，并且该公司的首席执行官也很快要辞职。消息一出，该公司股票在数小时内暴跌60%，造成股民超过20亿美元的损失。在发出假消息之前，该黑客抛售Emulex公司的股票，利用这个事件赚取了25万美元。尽管这不是一个网站入侵的案例，但是可以设想如果类似的假消息被黑客公布在某个大公司的主页上，势必会引发类似的后果。

案例3：1999年，一个瑞典黑客侵入美国微软公司的Hotmail网站，构建了一个该网站的镜像网站(mirror site)，允许任何人只要输入某个Hotmail用户的用户名就可以阅读该用户的所有电子邮件。

案例4：自2017年5月12日起，全球爆发大规模WannaCry勒索病毒事件。WannaCry勒索病毒是传统蠕虫病毒与勒索软件的结合体，同时拥有蠕虫病毒的扩散传播和勒索软件的文件加密功能，攻击目标主机并加密目标主机内存储的文件，要求以比特币的形式支付赎金。该病毒爆发后，上百个国家超过 30 万名用户遭到攻击，波及金融、能源、医疗、公安、教育等重要行业，造成的损失约为 80 亿美元。中国部分 Windows 操作系统用户遭受该病毒感染，校园网用户首当其冲，损失严重，大量实验数据和学生教学文档被锁定加密；部分大型企业的应用系统和数据库文件被加密后无法正常工作，造成巨大的影响。

　　像这样的人为计算机网络攻击时有发生，不胜枚举。网络安全研究人员归纳了一些常见计算机网络攻击实施者类型及其主要目的，如表 9.1 所示。

表 9.1　计算机网络攻击实施者类型及其主要目的

网络攻击实施者类型	实施网络攻击的主要目的
职业黑客	试图破解个人或机构的计算机网络安全系统，盗取数据牟利
身份信息窃贼	盗取他人身份信息或信用卡号并销售牟利
政府部门	获取敌对国(敌对方)的军事或者工业机密
恐怖分子	窃取生物化学战争等相关机密信息，用于制造恐怖活动
学生	出于好奇和好玩窥探他人的私人网络通信内容(如电子邮件)
财会人员	侵吞单位或者公司的公款
营销人员	使用虚假身份信息非法牟利
公司企业	试图获取竞争对手的战略性市场营销计划
股票经纪人	试图否认原先通过网络通信(如电子邮件)对客户所做的交易承诺
被解雇的员工	试图对原雇佣单位进行恶意报复，发泄对被解雇的不满

　　从表 9.1 所列举的网络攻击实施者类型及其主要目的可以看出，确保计算机网络安全远远不是保证网络软件程序没有错误那么简单。要维护计算机网络安全，往往需要和那些专业的、高智商的、装备精良的网络攻击实施者进行斗争。值得注意的是，一般性的网络安全防范措施对于那些别有用心、处心积虑的网络攻击者影响甚微。警方的资料表明，大多数破坏性的计算机网络攻击并非单位或机构外部人员所为，而是由内部人员图谋报复，蓄意而为。人们应该基于对网络攻击实施者类型及其目的的全面了解和清晰认识，有针对性地设计计算机网络安全系统。

9.1.3　计算机网络安全通信的主要目标

1. 网络安全通信的主要目标

　　计算机网络安全的核心内容是保证网络通信的安全，安全网络通信应设法达到以下四个方面的目标：保密性(secrecy)、身份认证(authentication)、不可否认性(nonrepudiation)和完整性(integrity)。

　　(1) 保密性。保密性也被称为机密性(confidentiality)，是指只有信息的发送方和真正的接收方才能理解所发送的信息内容。由于信息在传输过程中可能会遭到窃听者的拦截，为了确保通信的保密性，必须对传输的信息进行加密处理，导致窃听者无法解密所拦截的信息。保密性是计算机网络安全通信最基本的要求，同时也是人们通常在讨论计算机网络安全问题时首先想到的一个方面。

(2) 身份认证。身份认证是指在进行商业交易或者透漏个人私密信息之前首先要确认对方的真实身份。在通信的过程中，信息的发送方和接收方都应该核实并确认对方的真实身份，即通信的另一方确实是其宣称的身份。在日常生活的面对面交流中，人们可以通过视觉识别很容易地进行身份认证。但是，在计算机网络通信中，通信的实体是通过网络传输介质传输信息，无法真正地看到通信的另一方，在这种情况下身份认证就不是那么容易。例如，当你收到一封电子邮件，邮件正文里写着该邮件来自你的一个朋友，那么该邮件就一定真的是你的朋友发来的吗？再如，当你收到短信声称来自某银行，询问你的银行账户私密信息，对方真的是银行的工作人员吗？这些都是身份认证要解决的问题。

(3) 不可否认性。不可否认性也被称为不可抵赖性，是指在计算机网络的信息交换过程中，信息交换的双方不能否认其在交换过程中发送信息或接收信息的行为。不可否认性的核心是确保通信参与者的真实同意性，即通信的所有参与方都不能否认或抵赖曾经做出的承诺和完成的操作。可以使用信息源证据防止信息的发送方否认已发送过的信息，使用提交接收证据防止接收方否认已经接收到的信息。例如，某个客户下了一个订单，要以单价 100 元的价格购买 1000 顶帽子，但是后来该客户却声称单价为 80 元，如何证明该客户确实下过单价为 100 元的原始订单？还有，如果该客户否认曾经下过该订单怎么办？诸如此类的问题都属于不可否认性的研究范畴。

(4) 完整性。完整性是指网络信息交换过程中所传输的信息的完整性，即如何确保所接收到的信息确实是发送方发送的原始信息，信息在网络传输过程中既不受恶意的篡改，也不因偶然因素的影响发生改变。

2. 不安全通信信道

我们结合图 9.1 说明网络信息入侵者可以截获哪些信息，信息截获者对通信信道中传输的数据可以进行哪些操作。

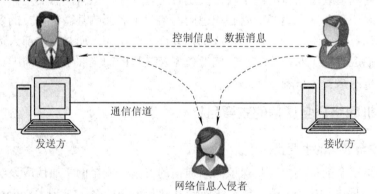

图 9.1　不安全通信信道

在图 9.1 中，数据的发送方通过通信信道向接收方发送数据。为了安全地进行数据交换，在满足上述保密性、身份认证以及消息完整性等要求的前提下，通信双方进行信息的交换，包括控制信息和数据消息。为了达到安全传输的目的，通信双方交换的部分信息(有时是全部信息)通常要进行加密处理。对于不安全通信信道，除了信息的发送方和接收方，信息在通信信道传输的过程中还可能受到入侵者的拦截和破坏。网络信息入侵者可以分为两种类型：被动入侵者(passive intruder)和主动入侵者(active intruder)。被动入侵者能够侦听并记录通信信道上传输的控制信息和数据消息；主动入侵者不仅能够将信息从通信信道上移除，还能够向通信信道加入信息。显然，无论是被动入侵还是主动入侵，都会对安全网络通信的四个目标构成破坏。

9.2 数据加密技术

数据加密技术是计算机网络安全的核心，是维护计算机网络信息安全的关键。数据加密的主要目的是提高计算机网络系统及数据的安全性，防止私密数据被破译，维护网络信息的保密性。本节介绍数据加密的基本概念与数据加密模型、对称密钥加密技术和非对称密钥加密技术。

9.2.1 数据加密概述

1. 密码学的基本概念

数据加密的核心是密码学(cryptology)，其名称源于希腊语"kryptós"和"lógos"，"kryptós"意为"隐秘的"，"lógos"意为"文字"。密码学距今已有数千年的历史，最早可以追溯到古罗马尤利乌斯·恺撒的时代。尽管密码学历史悠久，但是现代密码学起源于 20 世纪末出现的相关理论，这些理论使现代密码学成为一门系统、严格的科学，许多今天 Internet 上正在使用的数据加密技术大都是基于现代密码学近四五十年内取得的进展。

密码学是研究在面临第三方的窃取和破坏的情况下如何保证数据通信及存储安全的学科。密码学包括两个方面：密码编码学(cryptography)和密码分析学(cryptanalysis)。最初，密码编码学是指关于如何将信息转换成密码形式以供合法用户通过密钥访问的原理和技术。现在，密码编码学泛指基于密钥的密码体制设计学，研究如何将信息转换为某种密码形式，使得非授权用户从理论上不可能破解它，或者破解它从计算上是不可行的。密码分析学是指在不知道密钥的情况下，从密文反向推演出明文或者密钥的技术。密码学经常被错误地认为是密码编码学的同义词，密码学有时也被错误地等同于密码分析学。事实上，密码学是一个内涵很广的领域，它涵盖了密码编码学和密码分析学这两个分支。

数据加密技术是计算机网络系统对信息进行保护的一种基本处理，它利用密码学的相关技术对信息进行加密，实现信息隐蔽，起到保护信息安全的作用。数据加密技术通过加密算法和密钥将明文转变为密文，数据解密技术则通过相应的解密算法和密钥将密文恢复为明文。在密码学中，把能够正常阅读和理解的普通信息称为明文(plaintext)，把明文经过加密处理之后的信息称为密文(ciphertext)。对明文进行某种变换处理，将可读的明文信息隐匿起来，使其在缺少特殊信息时不可读的过程称为加密(encryption)；将密文还原为正常可读的内容，恢复成原来的明文的过程称为解密(decryption)。密钥(key)也称为秘钥，是指某个用来完成加密、解密、数据完整性验证等密码学应用的秘密信息，它是数据加密和解密过程中的关键参数。

2. 数据加密模型

在密码学中，加密和解密是相辅相成的两个组成部分，加密是把明文转换成密文的过程，解密是把密文还原成明文的过程。一般的数据加密模型如图 9.2 所示。

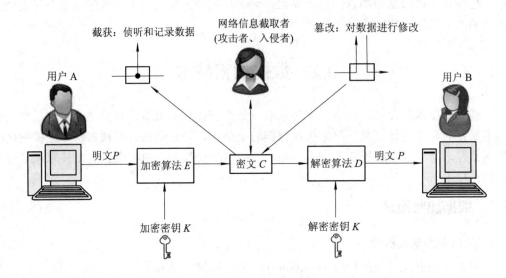

图 9.2　数据加密模型

如图 9.2 所示，假设用户 A 向用户 B 发送信息。首先，用户 A 向用户 B 发送明文 P，通过加密算法 E 运算处理后，得到密文 C，这是加密过程。加密过程中使用的加密密钥 K 是一串秘密的数字或字符串(比特串)，它是加密算法的输入参数。将明文通过加密算法转换为密文的一般表示方法如下：

$$C = E_k(P) \tag{9-1}$$

式(9-1)的含义是：加密算法 E 以明文 P 和加密密钥 K 为输入，经过加密算法运算处理，得到密文 C 作为加密算法的输出。加密过程的输出结果，即密文 C，通过通信信道传输给数据的接收方用户 B。

当密文 C 到达用户 B 时，密文 C 经过解密算法运算处理，还原得到用户 A 发送的原始明文 P，这是解密过程。将密文通过解密算法恢复为明文的一般表示方法如下：

$$D_k(C) = D_k[E_k(P)] = P \tag{9-2}$$

式(9-2)的含义是：解密算法 D 以密文 C 和解密密钥 K 为输入，经过解密算法运算处理，还原得到明文 P 作为解密算法的输出。解密过程的输出结果，即明文 P，提交给数据的接收方用户 B。显然，从式(9-2)可以看出解密算法是加密算法的逆运算。

密文 C 在计算机网络传输的过程中，可能会受到网络信息截取者(或攻击者、入侵者)的截获和篡改，被动入侵者会侦听和记录数据，主动入侵者能够对数据进行移除和篡改。有了图 9.2 所示的基于密钥的数据加密和解密机制，虽然网络信息截取者有可能截获密文 C，但是由于截取者不是信息真正的接收者，因此截取者没有解密密钥 K，无法轻易地对密文 C 进行解密处理将其还原成明文 P，从而保证了数据传输的安全性。

9.2.2　对称密钥加密

从本质上讲，所有的加密算法都涉及数据的替换，如将一部分明文经过加密计算替换成相应的密文，生成加密消息。对称密钥加密算法是应用比较早的一类加密算法，技术相对比较成熟。在对称密钥加密算法中，数据发送方将明文和加密密钥作为输入，经过加密算法运算处理后，把明文转换为密文发送给接收方。接收方收到密文后，如果要解读原文，需要使用加密算法的逆算法和加密过程中使用的密钥对密文进行解密处理，才能将密文还原为原始的明文。在对称密钥加密算法中，加密和解密运算使用的密钥只有一个，数据的发送方和接收方都使用这个相同的密钥对数据进行加密和解密处理，这要求接收方在进行解密运算时必须知道加密密钥。

1．恺撒加密算法

在介绍现代复杂的对称密钥加密算法之前，首先介绍一个古老而又简单的对称密钥加密算法：恺撒加密(Caesar Cipher)算法。传说古罗马帝国的尤利乌斯·恺撒是最早使用加密方法的古代将领之一，恺撒用恺撒加密算法保护重要军事情报，因此这种加密算法也被称为恺撒密码(Caesar Code)。以英语文字为例，恺撒加密算法是将字母按字母表顺序向后推移 k 位，以该字母替换原来的字母，从而起到对原文进行加密的作用。例如，如果取 $k=3$，那么明文中的字母"A"将被替换为"D"作为密文，明文中的字母"C"将被替换为"F"作为密文，依此类推，可以得到表 9.2 所示的恺撒加密算法明文—密文对照表。

表 9.2　恺撒加密算法明文—密文对照表($k=3$)

明文	A B C D E F G H I J K L M N O P Q R S T U V W X Y Z
密文	D E F G H I J K L M N O P Q R S T U V W X Y Z A B C

假设恺撒向他的部下布鲁图斯发出了这样一条命令：

　　BRUTUS, RETURN TO ROME.

该命令的明文经过恺撒加密算法(假定取 $k=3$)加密后转换为以下密文：

　　EUXWXV, UHWXUQ WR URPH.

加密之后的密文命令杂乱无章，毫无头绪，从字面上看不出任何意义，即使被敌军截获，也不会泄密。使用恺撒加密算法进行加密和解密的过程如图 9.3 所示。

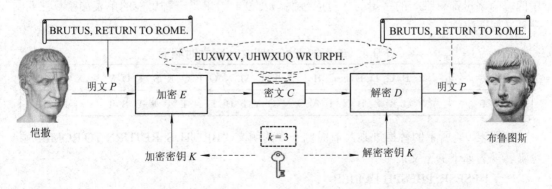

图 9.3　使用恺撒加密算法进行加密和解密的过程

上面的例子中假定取 $k=3$，实际上，恺撒加密算法可以根据字母向后移位 k 值的不同产生很多种变化。例如，如果取 $k=6$，即每个字母向后推移 6 位，会得到表 9.3 所示的明文—密文对照表。

表 9.3 恺撒加密算法明文—密文对照表($k=6$)

明文	A B C D E F G H I J K L M N O P Q R S T U V W X Y Z
密文	G H I J K L M N O P Q R S T U V W X Y Z A B C D E F

按照表 9.3 所示的明文—密文对照表，前面例子中的明文"BRUTUS, RETURN TO ROME."将会被加密为如下的密文：

HXAZAY, XKZAXT ZU XUSK.

同样，当 $k=6$ 时，使用恺撒加密算法加密之后的密文也是杂乱无章，毫无头绪，从字面上看不出任何意义。

值得注意的是，恺撒加密算法是一个典型的对称密钥加密算法。在恺撒加密算法中，字母向后推移的位数 k 的值就是加密和解密运算共同使用的密钥。加密方使用 k 值进行加密运算，解密方使用相同的 k 值进行解密运算，加密密钥和解密密钥都是 k 值，在图 9.3 中所示的例子中，这个共同的密钥就是"$k=3$"这一关键信息。

从上面的例子可以看出，无论是取 $k=3$ 还是取 $k=6$，恺撒加密算法都能够将明文加密转换为晦涩难懂的密文，起到一定的数据加密作用。但是，值得指出的是，恺撒密码是相对比较容易破解的，如果密码破解者知道加密方使用的是恺撒加密算法，这一点尤为明显。因为作为加密密钥和解密密钥的 k 值总共只有 25 种可能的取值情况，密码破解者只需采用穷举法，逐个去尝试所有可能的 k 值，就一定能够在不太长的时间内破解恺撒密码。

2. 单表加密算法

和恺撒加密算法一样，单表加密(Monoalphabetic Cipher)，也被称为单表替换加密(Monoalphabetic Substitution Cipher)，也是一种替换型加密算法，它通过使用字母表中的一个字母替换字母表中的另一个字母进行加密。与恺撒加密算法不同的是，单表加密算法不是按照固定的规律进行字母替换(如字母表中的所有字母都按照固定的 k 值进行位移替换)，而是字母表中的任何一个字母可以由字母表中的任何一个其他字母进行替换，只要字母表中的每个字母都有唯一的字母与之对应替换。表 9.4 给出了一种可能的单表加密算法明文—密文对照表。

表 9.4 单表加密算法明文—密文对照表

明文	A B C D E F G H I J K L M N O P Q R S T U V W X Y Z
密文	W U K Z B X I A O V Q Y F H J N L P R E S T D G M C

按照表 9.4 所示的替换规则，前面例子中的明文"BRUTUS, RETURN TO ROME."将会被转换为如下的密文：

UPSESR, PBESPH EJ PJFB.

可以看出，和使用恺撒加密算法的效果一样，使用单表加密算法加密之后的密文也是晦涩难懂，从字面上看不出任何意义。

在恺撒加密算法中，作为密钥的 k 值一共有 25 种可能的取值情况。在单表加密算法中，由于字母表中的任何一个字母可以由字母表中的任何一个其他字母进行替换，因此一共有 26!种可能的情况，这个数字非常大，大约是 10^{26} 这个数量级。如果密码破解者试图采用穷举法破解单表加密算法，逐个去试所有可能的 26!种情况，将会耗费极其巨大的代价，不是可行的方法。显然，相比恺撒加密算法，单表加密算法的加密性能有很大的提高，密码更难被破解。

尽管单表加密算法相对于恺撒加密算法而言加密性能有很大的提高，但是，通过一些对明文的统计分析，单表加密算法也是相对比较容易破解的。首先，如果密码破解者知道在英语文字中字母"e"和"t"是出现频率最高的两个字母，分别占 13%和 9%，就会对破解单表加密算法有所帮助；其次，如果密码破解者知道在英语文字中有些字母经常组合在一起出现，如"re""er""it""ing""in"和"ion"等，这会进一步对破解单表加密算法提供有用信息；最后，如果密码破解者对明文消息的内容有一定的了解，对单表加密算法的破解将会更加容易。例如，在上面"BRUTUS, RETURN TO ROME."这个例子中，如果密文截获者知道在明文消息中一定包含"ROME"这个词，那么原先对 26 个字母进行破解就简化为对 22 个字母进行破解，破解单表加密算法的搜索空间进一步缩减。事实上，如果密码破解者还知道恺撒的这条命令和布鲁图斯有关，明文消息中包含"BRUTUS"这个词，那么对单表加密算法的破解会变得更加容易。

3. DES

前面介绍的恺撒加密算法和单表加密算法都属于传统的对称密钥加密算法，距今已有几千年的历史。接下来，我们介绍一种现代的对称密钥加密算法：DES(Data Encryption Standard，数据加密标准)。

美国国家标准局(National Bureau of Standards，NBS)于 1973 年和 1974 年两次向社会征求适用于商业和非机密政府部门的加密算法。在征集到的算法中，IBM 公司设计的 Lucifer 算法被选中，该算法于 1976 年 11 月被美国政府采用，随后获得美国国家标准局和美国国家标准协会(American National Standard Institute，ANSI)的承认，并于 1977 年 1 月以 DES 的名称正式向社会公布。

DES 是一种用于电子数据加密的对称密钥加密算法，它采用固定长度(64 位)的明文比特字符串，通过一系列复杂的操作将其转换成相同长度的密文比特字符串。DES 使用密钥来定制对明文的加密变换，只有知道加密运算使用的特定密钥才能完成相应的解密运算。DES 的密钥长度为 64 位，其中 8 位是奇校验位(odd parity bits)，每个字节对应一个校验位，用于进行奇偶校验，因此，DES 密钥的实际有效长度有 56 位。

DES 算法使用 8 字节共 64 位的密钥，对 8 字节共 64 位的需要被加密的明文数据块进行加密运算，将其转换为长度为 64 位的密文。DES 算法的解密运算和加密运算使用相同的密钥，这是所有对称密钥加密算法都必须具备的属性。DES 算法的解密运算是加密运算的逆运算，即解密运算是将加密运算中的每一个步骤按照从后向前的顺序逐个执行一遍。DES 算法的基本运算过程总体上分为初始置换(initial transposition)、16 轮中间迭代运算、32 位交换、逆置换(inverse transposition)等四个主要部分，总共包括 19 个具体的步骤，如图 9.4

所示。

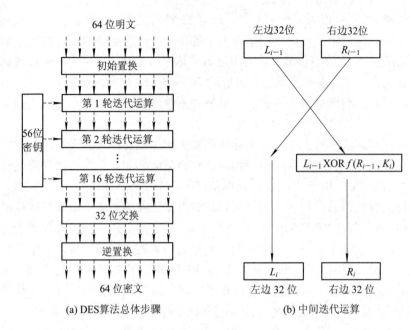

图 9.4　DES 算法运算过程

DES 算法的第一个步骤是初始置换,按照规则把 64 位原始明文数据顺序打乱,重新排列。例如,将输入的 64 位明文的第 1 位置换到第 40 位,第 2 位置换到第 8 位,第 3 位置换到第 48 位,依此类推。注意,初始置换的数据置换规则是规定好的,初始置换处理与密钥无关。

DES 算法的最后一个步骤是逆置换,逆置换是初始置换的逆运算,即逆置换的数据置换规则和初始置换正好相反。例如,将第 40 位置换到第 1 位,第 8 位置换到第 2 位,第 48 位置换到第 3 位,依此类推。

DES 算法的倒数第二个步骤是 32 位交换,将 64 位数据中的左半边 32 位和右半边 32 位进行交换。

在 DES 算法整体 19 个步骤中,中间的 16 轮迭代运算(图 9.4 中所示的第 1 轮迭代运算到第 16 轮迭代运算)从功能上是完全相同的,但是每一轮迭代运算使用不同的密钥 K_i 作为参数。如图 9.4(b)所示,在 DES 算法中间的每一轮迭代运算,以两个 32 位数据作为输入(左边 32 位和右边 32 位),经过运算处理,产生两个 32 位数据作为本轮迭代运算的输出。左边 32 位的输出很简单,就是把右边 32 位的输入复制过来,即 $L_i = R_{i-1}$。右边 32 位的输出比较复杂,它是将左边 32 位输入 L_{i-1} 与右边 32 位输入 R_{i-1} 和本轮迭代运算的密钥 K_i 的一个函数执行按位异或(bitwise exclusive OR)运算得到的结果,即图 9.4(b)中所示的 $R_i = L_{i-1}$ XOR $f(R_{i-1}, K_i)$,其中 XOR 表示按位异或运算。在 DES 算法中,计算右边 32 位输出 R_i 使用的函数 $f()$ 比较复杂,限于篇幅,这里不详细介绍,其详细运算细节可以参考相关算法资料。值得指出的是,整个 DES 算法的复杂度也正是源于 $f()$ 函数。

上面介绍了 DES 算法的基本思路和运算过程,那么,DES 算法的加密效果究竟怎么样?使用 DES 算法加密的数据到底有多安全?1997 年,一家网络安全公司——RSA 数据安全公司(RSA Data Security Inc.)发起了首届"DES 算法挑战赛"(DES Challenge)，看谁能够破解使用 DES 算法加密的一段信息"Strong cryptography makes the world a safer place."。在首届挑战赛上，一个由罗克·维瑟(Rocke Verser)领导的团队用了不到四个月的时间成功破解了这段密码，获得一万美元的奖金。该团队在 Internet 上召集了许多密码破解志愿者，以分布式计算的方式系统地对 DES 密码的解空间进行搜索。由于 DES 算法密钥的实际有效长度是 56 位，因此所有可能的密钥的总数是 2^{56} 个，大约是 72 千万亿(quadrillion)个，该团队的密码破解志愿者采用穷举法(brute force)逐个去试每一个可能的密码。事实上，该团队在搜索了大约四分之一的密码解空间，即 18 千万亿个密码时，就成功破解了该密码。在 1999 年的第三届 DES 挑战赛(DES Challenge Ⅲ)上，密码破解者借助一台专用的计算机，仅仅用了 22 小时多一点的时间就成功破解了 DES 密码。

随着计算机运算速度的不断提高，如果认为使用 56 位密钥的 DES 算法还不够安全，那么可以反复多次使用该算法，从而提高数据加密性能。以上一次 DES 算法的 64 位输出结果作为输入，进行下一次 DES 运算，每次运算时使用不同的密钥，如三重 DES 运算(triple DES，或称为 3DES)。

9.2.3　非对称密钥加密

1976 年，美国斯坦福大学的两位密码学研究人员迪菲(Diffie)和赫尔曼(Hellman)在 IEEE Transactions on Information 上发表了论文《密码编码学的新方向》(《New Direction in Cryptography》)，提出了"非对称密钥加密体制即公开密钥加密体制"的概念，开创了密码学研究的新方向。在非对称密钥加密体制下，不仅加密算法可以公开，甚至加密密钥也可以是公开的，因此非对称密钥加密也被称为公开密钥加密(public key encryption)。公开密钥并不会导致保密程度降低，因为加密密钥和解密密钥不一样。

非对称密钥加密算法使用两把完全不同但完全匹配的一对密钥：公开密钥(public key)和私人密钥(private key)。公开密钥简称公钥，对外公开；私人密钥简称私钥，秘密保存。在非对称密钥加密算法中，加密密钥不同于解密密钥，加密密钥是公开的，谁都知道，甚至包括信息截取者(或攻击者、入侵者)，而解密密钥只有解密人自己知道。在使用非对称密钥加密算法进行数据加密时，只有使用匹配的一对公钥和私钥才能完成对数据的加密和解密。

非对称密钥加密算法的基本思想是，通信双方在发送信息之前，接收方必须将自己的公钥告知发送方，自己保留私钥。由于发送方知道接收方的公钥，它利用接收方的公钥对原始明文进行加密，得到密文，然后将密文发送给接收方。接收方收到密文后，使用自己的私钥对密文进行解密，还原得到原始的明文。非对称密钥加密算法的基本工作原理可以归纳为以下五个步骤：

(1) 用户 A 要向用户 B 发送信息，用户 A 和用户 B 都要产生一对匹配的用于加密和解密的公钥和私钥。

(2) 用户 A 将自己的公钥告诉用户 B，私钥保密；用户 B 将自己的公钥告诉用户 A，私钥保密。

(3) 用户 A 要给用户 B 发送信息时，由于用户 A 已经知道用户 B 的公钥，用户 A 以用户 B 的公钥作为输入参数对原始明文进行加密处理，得到相应的密文。

（4）用户 A 将密文发送给用户 B。

（5）用户 B 收到密文后，用自己的私钥进行解密。其他收到密文的人，如信息截取者(或攻击者、入侵者)无法解密，因为只有用户 B 知道自己的私钥。

非对称密钥加密算法的基本工作过程如图 9.5 所示。

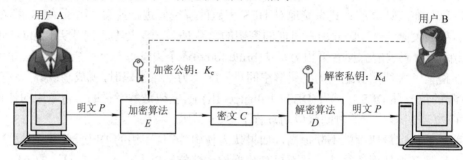

图 9.5　非对称密钥加密算法的基本工作过程

如图 9.5 所示，在非对称密钥加密算法中，用户 A 发出的明文通过加密算法转换为密文的过程如下：

$$C = E_{K_e}(P) \tag{9-3}$$

式(9-3)的含义是，加密算法 E 以明文 P 和加密用的公钥 K_e 为输入，经过加密算法运算处理，得到密文 C 作为加密算法的输出。

如图 9.5 所示，在非对称密钥加密算法中，将密文通过解密算法还原为明文的过程如下：

$$D_{K_d}(C) = D_{K_d}[E_{K_e}(P)] = P \tag{9-4}$$

式(9-4)的含义是，解密算法 D 以密文 C 和解密用的私钥 K_d 为输入，经过解密算法运算处理，还原得到明文 P 作为解密算法的输出。

根据上述非对称密钥加密算法的基本思想和工作原理，我们可以看出非对称密钥加密算法的显著优点：通信双方为了安全地传输私密信息，无需互相传送解密算法所需的私钥。在整个数据传输过程中，公开传输的只有通信双方的公钥，而公钥本来就是公开的信息，不存在泄密的问题。通信双方各自的私钥始终由各方自己掌握，没有公开传输，因此避免了泄密的风险。

非对称密钥加密算法的典型代表有 RSA 算法和美国国家标准局提出的 DSA(Digital Signature Algorithm)。RSA 算法是 1977 年由 Ron Rivest、Adi Shamir 和 Leonard Adleman 在美国麻省理工学院开发的，算法的名称来自三位开发者姓名的缩写。RSA 算法是目前最有影响力的公开密钥加密算法，它能够抵抗到目前为止绝大多数已知的密码攻击，被国际标准化组织推荐为公开密钥数据加密标准。由于非对称密钥加密算法有两个密钥，因此适用于分布式系统中的数据加密。以非对称密钥加密算法为基础的加密技术应用非常广泛，通常用于会话密钥加密、数字签名验证等领域。

9.3　防　火　墙

计算机网络的目的是能够将任何地方的一台计算机与任何地方的另一台计算机进行互

联互通。事实上，计算机网络的这种互联能力是一把双刃剑。对于普通家庭网络用户而言，能够自由地在 Internet 上漫游确实非常方便，也十分有趣。但是，对于公司和单位的网络安全管理人员而言，计算机网络广泛而便捷的互联互通能力却是一个"梦魇"。因为大多数的公司和单位都有大量的在线机密信息，如财务分析报表、产品研发计划、交易信息、市场营销方案等，这些涉密信息一旦泄露给竞争对手，无疑会引发严重的后果。

除了上述的机密信息向外部网络泄露所带来的危险，有害信息渗入内部网络也会带来危险，此类风险往往是由内部员工不经意间引入内部网络的。例如，网络病毒、网络蠕虫等突破网络安全防范措施，盗取内部网络的机密信息，破坏内部网络的重要数据。

为了维护计算机网络的信息安全，人们需要某种机制，它能够使"好的"信息顺畅流入内部网络，同时将"坏的"信息阻挡在内部网络之外，这就是计算机网络的安全防御系统：防火墙(firewall)。防火墙的概念最早起源于中世纪，那时的人们为了保护城堡的安全，通常沿城堡四周挖一条护城河，护城河上架设一个吊桥，每个进入或者离开城堡的人都必须经过这个吊桥，在那里接受城堡守卫的检查。在计算机网络中，人们借鉴了传统防火墙的思想，在内部网络和外部网络之间构建起一个维护网络安全的防火墙，所有流出和流入内部网络的信息都必须经过这个电子的吊桥(防火墙)，除此之外，别无其他途径。防火墙在计算机网络中的地位如图 9.6 所示。

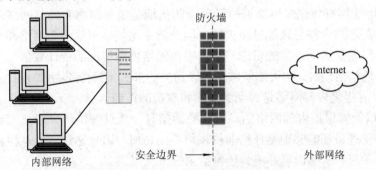

图 9.6　防火墙在计算机网络中的地位

9.3.1　防火墙的基本概念

计算机网络的防火墙是硬件和软件的某种组合，它将一个组织机构的内部网络与外部网络(如 Internet)隔离开。按照一定的规则，防火墙允许某些符合规定的数据包流入和流出内部网络，阻挡那些不符合规定的数据包流入和流出内部网络。防火墙能够根据网络的安全策略控制流入和流出内部网络的信息流，而且防火墙自身通常具有较强的抗攻击能力。防火墙是提供计算机网络信息安全服务、实现计算机网络信息安全的基础设施。

使用计算机网络防火墙能够完成以下几个方面的主要功能：

(1) 使用防火墙能够有效阻止网络攻击者干扰内部网络的日常运转。一个组织机构的竞争对手可能会选择时机对该组织机构的内部网络发起网络攻击,如采用前述的 DoS 攻击,大量占用甚至完全垄断该网络的关键系统资源，使该网络无法正常运转，最终导致网络崩溃。例如, SYN flooding 是网络攻击者向内部网络中的目标主机进行 DoS 攻击的一种形式，攻击者使用虚假的 IP 地址，不断向目标主机发送 SYN(同步)数据包，但是从不发送 ACK

数据包，向目标主机端口重复发送 SYN 请求，试图建立不完整连接，使得目标主机忙于为这些虚假的连接请求分配系统资源，导致目标主机超载，难以甚至无法与合法的用户进行正常通信，最终陷入瘫痪状态。

(2) 使用防火墙能够有效阻止网络攻击者非法删除或者恶意篡改存储在内部网络中的信息。例如，网络攻击者会对某个组织机构的 Web 服务器发起攻击，试图损害该组织机构的公众形象，这种攻击通常能够在极短的时间内被成千上万的人看到，产生相当大的负面影响。

(3) 使用防火墙能够有效阻止网络攻击者从内部网络中获取机密信息。大多数组织机构都有一些机密信息或者涉及个人隐私的信息存储在内部网络的计算机中，这些信息包括机密交易信息、财务报表、金融分析报告、员工个人信息、市场营销策略等。

从逻辑上讲，防火墙既是一个网络信息的隔离器，也是一个网络信息的分析器，它能够有效地监督和控制内部网络和外部网络之间的信息流，维护内部网络的安全。防火墙具有以下几个方面的优点：

(1) 防火墙能够集中并强化网络安全策略。通过以防火墙为中心的安全方案配置，可以把所有安全措施都集中配置在防火墙上，如密码、加密、身份认证等。与将网络安全措施分散到内部网络的各个主机上相比，防火墙的集中式安全管理模式更加经济，效率更高。

(2) 防火墙能够有效记录网络通信活动。防火墙是内部网络和外部网络之间唯一的访问点，所有的网络通信都必须经过防火墙，因此防火墙能够记录内部网络和外部网络之间进行的所有网络通信活动，生成日志记录，提供网络使用情况的统计数据。当发生恶意或者可疑的网络通信活动时，防火墙能够及时以适当的形式报警(如发出警报提示音或弹出警报提示窗口)，并提供内部网络是否受到监测和攻击的详细信息。

(3) 防火墙能够保护内部网络的私密和敏感信息。通过使用防火墙，无论是普通网络用户还是网络管理员都能够拒绝任何非授权用户的访问，阻止恶意软件从内部网络的计算机上非法获取私密和敏感信息并将其传输给第三方使用。

(4) 防火墙能够对网站的访问进行安全控制。防火墙能够察觉具有恶意软件的网站，这些恶意软件不仅试图从内部网络计算机上获取信息，而且可以将有害内容传输到内部网络的计算机上。内部网络的系统管理员可以对防火墙的网络安全策略进行设置，阻止不安全的访问，只有被预先设置的网络安全策略允许的访问才能通过防火墙，从而降低内部网络遭受非法攻击的风险，提高内部网络的安全性。

当然，防火墙也存在一些不足之处。首先，防火墙虽然可以有效地阻断来自外部网络的攻击，但不能消除外部网络攻击的攻击源；其次，防火墙对通过内部网络主机合法开放的端口以及从内部网络主机主动发起连接引起的网络攻击往往无法有效阻止；另外，防火墙无法抵御尚未设置安全防护策略的最新出现的网络攻击；最后，防火墙本身是硬件和软件的某种组合，自身也会存在缺陷和漏洞，可能会受到网络攻击。

计算机网络防火墙从技术层面主要分为两大类：包过滤型防火墙和应用网关型防火墙。包过滤器(packet filter)是最简单的一种防火墙技术，比包过滤器更为复杂的是应用网关(application gateway)，有些防火墙同时兼具包过滤器和应用网关这两种技术。接下来，我们分别介绍这两种主要的防火墙技术。

9.3.2　包过滤

包过滤型防火墙工作在 OSI 参考模型的网络层，对应于 TCP/IP 参考模型的互连层。包过滤路由器(packet filtering router)是最早采用的第一代防火墙系统。包过滤路由器处于内部网络和外部网络之间，它能够有效地保护内部网络的安全。包过滤路由器可以对路由器的输入接口、输出接口或者输入和输出接口进行包过滤操作，它对每一个流入或流出路由器的数据包按照预先设定的过滤规则进行数据包过滤。这些包过滤规则是使用防火墙的组织机构根据自身的网络安全策略预先定义的。包过滤路由器的包过滤过程主要执行两种操作：凡是符合包过滤规则的数据包允许正常通过防火墙；凡是不符合包过滤规则的数据包不允许通过防火墙，被防火墙丢弃。

包过滤路由器进行数据包过滤的准则通常以包过滤规则或包过滤表的形式给出。包过滤路由器可以根据数据包的 IP 地址、端口号以及消息类型等多个方面设置过滤规则，具体包括以下几个方面：

(1) 数据包的源 IP 地址；

(2) 数据包的目的 IP 地址；

(3) 数据包的 TCP 或 UDP 源端口号；

(4) 数据包的 TCP 或 UDP 目的端口号；

(5) 数据包的 ICMP 消息类型。

包过滤路由器可以阻断有害的数据包，它既能够阻止来自特定主机或网络的连接，也可以阻止向特定主机或网络建立连接；既能够阻止向特定端口建立连接，也可以阻止来自特定端口的连接。

在常规的 TCP/IP 网络环境中，一个源结点或者目的结点主要由 IP 地址和端口号来标识。IP 地址指明该结点是 Internet 上的哪一台计算机，端口号指明使用何种服务。例如，TCP 协议的 23 号端口用于 Telnet，TCP 协议的 25 号端口用于发送电子邮件，TCP 协议的 80 号端口用于 HTTP 协议，等等。

例如，某个组织机构的包过滤路由器可以设置这样的包过滤规则：阻止所有的 UDP 数据包和所有的 Telnet 连接。这样的安全策略配置既可以阻止从外部网络使用 Telnet 登录内部网络的主机，也可以阻止从内部网络使用 Telnet 登录外部网络的主机，还可以阻止可疑的 UDP 数据包流入和流出内部网络。一方面，包过滤路由器检查 IP 数据报的协议(Protocol)字段，阻止所有该字段值为 17(对应于 UDP 协议)的数据报，从而阻止 UDP 数据流通过包过滤路由器；另一方面，包过滤路由器检查嵌在 IP 数据报内的 TCP 数据包的源端口号和目的端口号，阻止所有端口号值为 23(对应于 Telnet)的数据包，从而阻止内部网络与外部网络之间的 Telnet 连接。事实上，上述两条包过滤规则是一般组织机构常用的安全策略。大多数主流的音频和视频流媒体都以 UDP 协议作为其默认传输协议。此外，过滤 Telnet 连接能够阻止外部网络的入侵者登录内部网络的计算机。

包过滤路由器还可以基于 IP 地址和端口号的组合设置包过滤策略。例如，可以设置一个指定的 IP 地址表，该表列出一些特定的 IP 地址，包过滤路由器阻止所有源 IP 地址和目的 IP 地址不在该表中的 Telnet 数据包(端口号为 23)通过。这个包过滤策略允许与所有在该 IP 地址表中的主机建立 Telnet 连接。

最早的包过滤路由器采用静态过滤(static filtering)技术，它根据预先定义的一套包过滤规则检查每个流经防火墙的数据包。静态包过滤防火墙的主要问题在于其包过滤规则是静态的，无法动态调整。静态包过滤防火墙根据一个简单的包过滤规则表进行数据包的检查，它无法记住流经防火墙的数据包的相关信息，如有哪些数据包分别在什么时候经过防火墙等。静态包过滤防火墙这种规则死板、缺乏记忆的特点往往容易给网络攻击者带来可乘之机。

在静态过滤技术的基础上，进一步发展出了动态过滤(dynamic filtering)技术。动态包过滤路由器在每个连接建立之后跟踪并记录该连接的相关信息，它能够区分新建连接和已建连接。状态检查(stateful inspection)是由动态过滤技术发展出来的一种包过滤技术，采用这种技术的防火墙也被称为状态防火墙(stateful firewall)。状态防火墙比静态包过滤防火墙更加智能化，它通过一个状态表(state table)记录并跟踪穿过防火墙的网络连接(如TCP或UDP连接)的状态，能够动态调整防火墙的包过滤规则。状态防火墙根据TCP/IP数据包头信息中的相应字段跟踪每个连接，在数据包和连接之间建立映射关系。例如，在状态防火墙中可以设置这样的包过滤规则：允许外部网络的Web服务器向内部网络中的主机发送数据包，但前提是必须由该内部主机首先主动与该外部Web服务器建立连接。传统的没有采用状态检查技术的包过滤路由器无法实现这种基于连接状态的智能包过滤，要么允许该外部Web服务器所有的数据包通过，要么阻止该外部Web服务器所有的数据包。

9.3.3　应用网关

应用网关是另外一种防火墙技术，它比包过滤型防火墙更为复杂。与包过滤型防火墙不同，应用网关型防火墙不仅是检查IP数据报和TCP/UDP数据包头信息中的相应字段，它还能够更进一步深入数据包内部，检查数据包内的应用数据，并据此判断该数据属于何种应用。从本质上讲，一个应用网关就是针对某个特定应用的服务器，该应用的所有数据(流出和流入)都必须经过这个应用网关。在同一台主机上可以同时运行多个应用网关，每个应用网关都是一个独立运行的服务器。

基于上述工作原理，应用网关型防火墙可以进行比包过滤型防火墙更加精细的数据过滤，如应用网关型防火墙能够区分用于Web浏览应用的HTTP数据流和用于点对点文件传输应用的HTTP数据流。例如，对于某公司而言，Web浏览是公司业务所必需的，但是该公司不希望内部网络与外部网络之间进行点对点文件传输。针对这种情况，该公司的网络管理员可以在其应用网关防火墙中设置这样的过滤规则：禁止内部网络与外部网络之间的点对点文件传输，但是允许Web浏览数据流通过防火墙。所有上述的数据过滤方法不仅适用于经防火墙流入内部网络的数据，也同样适用于由内部网络流出防火墙的数据，如可以使用防火墙阻止包含机密信息的文档通过电子邮件的形式从内部网络流出。

接下来通过一个例子说明应用网关型防火墙和包过滤型防火墙之间的区别和联系。如前所述，包过滤型防火墙可以根据IP数据报和TCP/UDP数据包头中的某些字段信息(如IP地址、端口号等)进行粗粒度的数据包过滤。例如，基于IP地址和端口号的组合，包过滤型防火墙可以允许内部网络主机的用户与外部网络的主机建立Telnet连接，与此同时，禁止外部用户与内部网络的主机建立 Telnet 连接。如果一个组织机构希望禁止外部用户与内部网络的主机建立 Telnet 连接，但是允许某些特殊的内部网络主机与外部网络的主机建立 Telnet 连接，这种情况超出了包过滤型防火墙的数据过滤能力，因为内部网络主机的身份信息并不包含在 IP 数据报和 TCP/UDP 数据包的头信息中，而是包含在应用层数据中。对于这种情况，可以采用包过滤路由器和应用网关相结合的形式构建防火墙，如图 9.7 所示。

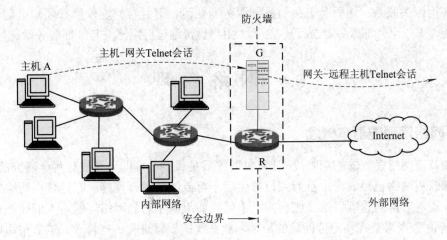

图 9.7　由应用网关和包过滤路由器组合构成的防火墙

在图 9.7 中，内部网络和外部网络之间的虚线方框代表防火墙，它是由 Telnet 应用网关 G 和包过滤路由器 R 组合构成的。在图 9.7 中，包过滤路由器 R 被设置为阻止除 Telnet 应用网关 G 的 IP 地址之外的所有 Telnet 连接。这样的数据过滤设置强迫所有由内部网络向外部网络的 Telnet 连接必须经过应用网关 G。当内部网络中的某个用户(如图 9.7 中的主机 A)希望远程登录外部网络的主机时，首先需要与应用网关 G 建立一个 Telnet 会话。应用网关 G 中运行的应用负责侦听接入的 Telnet 会话，并提示该用户输入用户 ID 和密码。当用户输入用户 ID 和密码后，应用网关 G 检查该用户是否有权限向外部网络建立 Telnet 连接。如果该用户没有相应的权限，该用户与应用网关之间的 Telnet 连接被中断。如果该用户有相应的权限，应用网关 G 将进行以下操作：

第 1 步：提示用户输入欲登录的外部主机的主机名；

第 2 步：在应用网关和该外部主机之间建立一个 Telnet 会话；

第 3 步：将所有来自该内部用户的数据中继传输给该外部主机，将所有来自该外部主机的数据中继传输给该内部用户。

可以看出，防火墙中的 Telnet 应用网关 G 不仅可以完成用户身份授权的功能，还同时扮演着 Telnet 服务器和 Telnet 客户端两种角色。值得注意的是，防火墙中的包过滤路由器 R 之所以允许上述第 2 步操作，是因为该 Telnet 连接是由应用网关 G 主动向外部网络发起的。在图 9.7 给出的防火墙设计中，综合利用应用网关和包过滤路由器的功能，从而可以实现对内部网络更为精细和智能化的安全保护。

一个组织机构的防火墙中往往可以有多个应用网关，每个应用网关对应一个特定的应用，如用于 Web 浏览的 HTTP 应用网关、用于远程登录的 Telnet 应用网关、用于文件传输的 FTP 应用网关等。

　　相对于包过滤型防火墙，应用网关型防火墙更加复杂，更加智能，能够提供更强的数据过滤功能。但是，应用网关型防火墙也存在一些缺点和不足之处，主要表现在以下两个方面：

　　(1) 每一种应用都必须有一个不同的应用网关。

　　(2) 当用户提出一个应用请求时，客户端软件只有两种选择：① 客户端软件必须知道如何与应用网关联系，而不是直接与外部服务器交流，而且客户端软件必须知道如何告知应用网关与哪一个外部服务器进行连接；② 用户直接通过应用网关与外部服务器进行连接。

9.4　网络管理

9.4.1　网络管理的基本概念

　　在计算机网络发展的初期阶段，计算机网络只是极少数专业人员进行科学研究的工具。今天，计算机网络已经成为千百万人日常生活不可或缺的基础设施。在计算机网络发展的早期，人们对"网络管理"这个概念闻所未闻。如果偶尔遇到网络问题，人们往往尝试运行几个 ping 命令来查找和定位问题的原因，对系统的设置进行一些修改，然后重启硬件和软件。如果这些方法都不奏效，那么只能给更有经验的同事打电话求助。今天，随着信息技术的飞速发展，Internet 已经发展成为全球范围的信息基础设施，系统地管理网络中大量的硬件和软件的需求变得越来越重要。为了保证网络的稳定性，提高网络的可用性，降低网络的故障率，人们需要对计算机网络进行系统的管理。

　　网络管理是指通过部署、整合与协调硬件、软件、人员等网络要素，对计算机网络及主要网络资源进行监测、查询、配置、分析、评估和控制，以合理的成本满足用户实时的网络服务质量需求。

　　20 世纪 80 年代，国际标准化组织提出了一个网络管理模型，描述了网络管理应具有的功能，包括五个方面：故障管理(fault management)、配置管理(configuration management)、计费管理(accounting management)、性能管理(performance management)和安全管理(security management)。根据这五个功能域英文单词首字母的缩写，这个模型也简称为 FCAPS 网络管理模型。国际标准化组织的 FCAPS 网络管理模型可以帮助我们更好地理解网络管理系统中各种不同的过程及其功能，该模型包括以下五个主要的功能域：

　　(1) 故障管理。每个用户都希望有一个可靠的网络，当网络中的某个组成部分出现故障时，必须能够快速查找到故障并及时做出响应。网络故障管理的目标是对网络中出现的故障情况进行及时监测、记录和响应。事实上，网络故障管理和网络性能管理之间的界线比较模糊，可以这样区分这两个方面的功能：网络故障管理负责应对和处理突发的网络故障(如主机或者路由器的硬件及软件故障)，而网络性能管理则关注如何在动态变化的网络流量以及偶尔发生网络设备故障的前提下提供长期的可接受的整体网络性能。

　　(2) 配置管理。网络配置管理允许网络管理人员跟踪网络中被管理的各组成部分。只有充分了解并监控这些网络组件的硬件设备以及软件的具体配置情况，才能优化网络整体性能，保障网络平稳运行。

(3) 计费管理。网络计费管理允许网络管理人员记录和控制用户和设备对网络资源的使用情况。计费管理有助于网络管理人员了解网络资源的使用情况，计费管理的数据能够为核算网络资源使用成本、制定网络资源收费策略以及网络资源的升级和调配提供依据。网络资源使用配额、网络资源收费以及网络资源分配优先权等都属于网络计费管理的范畴。

(4) 性能管理。网络性能管理是通过对网络各组成部分在性能方面(如带宽利用率、吞吐量等)进行量化的测量、报告和分析，实现对网络整体性能的控制。网络性能管理通过监控网络各组成部分的运转状态，适时调整相关网络参数，改善和提高网络的整体性能。在网络性能管理中，网络的组成部分既包括具体的网络设备(如路由器和主机)，也包括端到端的抽象概念(如网络中的数据路径)。

(5) 安全管理。网络安全管理的目标是根据预先定义好的安全策略控制对网络资源的访问和使用，阻止未授权用户对机密和敏感信息的非法访问。加密算法中密钥的分配、用户身份认证、使用防火墙监控外部网络用户对内部网络资源的访问都属于网络安全管理的范畴。

9.4.2　网络管理的体系结构

如前所述，网络管理需要具备对计算机网络中的硬件、软件以及其他网络要素进行监测、查询、配置和控制的能力。由于在计算机网络中各种网络设备是分布式的，因此要求网络管理员最起码具有以下两个方面的能力：

(1) 能够从远程网络实体收集数据(如监测网络设备的运行状态)；

(2) 能够对远程网络实体进行改变(如对网络设备进行远程控制)。

网络管理体系结构包括管理实体、被管理设备和网络管理协议三个主要的组成部分，如图 9.8 所示。

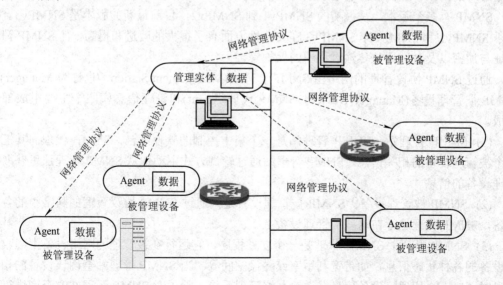

图 9.8　网络管理体系结构

　　管理实体是在某个集中式网络管理结点上运行的应用软件，通常由网络管理人员进行操作。管理实体是所有网络管理活动的核心，它控制着网络管理信息的收集、分析、处理和显示。网络管理人员通过管理实体与各种网络设备进行交互，从管理实体启动控制网络行为的各种操作。

　　被管理设备是指网络中的某个网络设备以及该设备上安装的软件，如主机、集线器、网桥、路由器、网络打印机等。在一个被管理设备中可以包含多个被管理对象，这些被管理对象是被管理设备中实际的硬件实体(如网卡)以及相关的软硬件配置参数(如路由协议)。被管理对象的各种相关信息集中收集起来，统称为管理信息库(Management Information Base，MIB)。MIB 可供管理实体使用，在很多情况下管理实体可以对 MIB 中的值进行设置。除了 MIB，在每个被管理设备上还有一个网络管理代理(Network Management Agent)，如图 9.8 中所示的"Agent"。网络管理代理本质上是一个运行在被管理设备中的进程，它能够与管理实体进行交流，并且在管理实体的命令和控制下在被管理设备上执行一些本地操作。

　　网络管理体系结构中的第三个主要组成部分是网络管理协议(Network Management Protocol)，在图 9.8 中以虚线箭头标示。网络管理协议工作在管理实体和被管理设备之间，它既能够允许管理实体查询被管理设备的状态信息，也可以通过被管理设备上的网络管理代理间接地在这些网络设备上执行一些操作。网络管理代理可以通过网络管理协议将网络设备的异常情况(如网络设备故障或者相关性能指标突破阈值等)通知管理实体。值得指出的是，网络管理协议本身并不具备网络管理功能，它是网络管理人员的工具，网络管理人员利用网络管理协议进行各种网络管理活动，如监测、查询、配置、分析、评估和控制等。

9.4.3　Internet 网络管理框架

　　简单网络管理协议(Simple Network Management Protocol，SNMP)是目前 TCP/IP 网络中应用最广的网络管理协议，它已经成为 Internet 网络管理的事实上的标准。

　　SNMP 有多个版本，从最初的 SNMPv1 到 SNMPv2，目前最新的版本是 SNMPv3。相对于 SNMPv1 和 SNMPv2，SNMPv3 在安全性方面有了很大的改进和提高，如 SNMP 消息认证与加密以及对数据包传输过程中的保护等。

　　通过 SNMP 协议管理的网络由 SNMP 管理站(Management Station，也称为 Manager)、SNMP 被管理设备(Managed Device)、SNMP 代理(Agent)和管理信息库四个主要组成部分构成。

　　(1) SNMP 管理站。SNMP 管理站是一个集中控制的软件平台，SNMP 代理向其汇报各个被管理设备的相关信息。SNMP 管理站通过轮询方式主动地从 SNMP 代理那里获取被管理设备的信息。

　　(2) SNMP 被管理设备。SNMP 被管理设备是指通过 SNMP 协议管理的网络中的各种设备，SNMP 代理运行在这些被管理设备上。

　　(3) SNMP 代理。SNMP 代理是一个软件程序，它运行在被管理的网络设备上，收集该设备的各种状态信息，如带宽利用率或磁盘空间等。当 SNMP 管理站查询该设备的相关信息时，SNMP 代理将设备信息发送给网络管理系统。除了对 SNMP 管理站的查询进行响应，SNMP 代理也可以在设备发生故障时主动地通知 SNMP 管理站。

(4) 管理信息库(MIB)。MIB 本质上是一个小型的数据库，它列出被管理设备中所有可以通过 SNMP 协议查询和控制的对象，对这些对象进行描述。管理信息库中的信息由 SNMP 代理提交给 SNMP 管理站，SNMP 管理站通过这些信息识别和监测网络设备的状态信息。

SNMP 管理站和 SNMP 代理之间可以采用不同的通信模式，完成多种网络管理功能。一方面，SNMP 管理站周期性地轮询网络中的各个 SNMP 被管理设备，读取被管理设备上运行的 SNMP 代理返回的 MIB 信息，根据这些信息做出相应的响应，通过这种方式实时监测和控制整个网络的运转情况；另一方面，当 SNMP 被管理设备发生故障或出现异常情况时，SNMP 代理可以主动地通知 SNMP 管理站，由 SNMP 管理站做出相应的处理。例如，SNMP 代理可以向 SNMP 管理站报告本地设备的带宽、CPU 和内存的使用情况，一旦出现某些指标超过预设阈值范围的情况，SNMP 管理站会自动向网络管理人员发出警报提示。SNMP 管理站和 SNMP 代理之间的命令操作过程如图 9.9 所示。

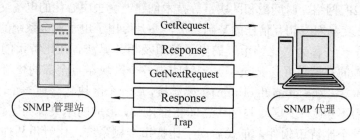

图 9.9 SNMP 管理站和 SNMP 代理之间的命令操作过程

在大多数情况下，SNMP 以同步通信方式工作：由 SNMP 管理站发起通信，然后由 SNMP 代理对 SNMP 管理站进行响应。SNMP 主要包含两类消息，用于完成以下两类操作：

(1) 获取被管理设备中对象实例 MIB 的值；

(2) 设置被管理设备中对象实例 MIB 的值。

基本的 SNMP 消息包括以下几种：

(1) GetRequest 消息。GetRequest 消息由 SNMP 管理站发给 SNMP 代理，用于获取被管理设备中一个或多个对象实例 MIB 的值。

(2) Response 消息。Response 消息既可以由 SNMP 管理站发给 SNMP 代理，也可以由 SNMP 代理发给 SNMP 管理站，它是对 GetRequest 和 GetNextRequest 等消息做出的响应。

(3) GetNextRequest 消息。GetNextRequest 消息由 SNMP 管理站发给 SNMP 代理，用于获取被管理设备中下一个对象实例 MIB 的值。

(4) SetRequest 消息。SetRequest 消息由 SNMP 管理站发给 SNMP 代理，用于设置被管理设备中一个或多个对象实例 MIB 的值。例如，SNMP 管理站可以向 SNMP 代理发出命令，进行密码重置或更改系统配置等。

(5) Trap 消息。Trap 消息是由 SNMP 代理发给 SNMP 管理站的异步通信消息，它不是 SNMP 代理对 SNMP 管理站请求消息做出的响应，而是 SNMP 代理对 SNMP 管理站要求监控并通知的某种异常事件做出的响应。当被管理设备发生故障或者出现异常情况时，SNMP 代理通过 Trap 消息及时通知 SNMP 管理站。

9.5　区块链技术

9.5.1　区块链的基本概念

　　什么是区块链(blockchain)？韦氏词典对"区块链"的定义是："区块链是一个包含能够在一个大型非集中式公共网络中被同时使用和共享的信息(如金融交易记录)的数字化数据库以及创建这种数据库所使用的相关技术。"

　　事实上,区块链的概念最早起源于比特币。2008 年 11 月 1 日,一位自称是中本聪(Satoshi Nakamoto)的人在"metzdowd.com"网站上发表了一篇题为《Bitcoin: A Peer-to-Peer Electronic Cash System》(《比特币：一种点对点的电子现金系统》)的文章,描述了如何基于加密技术、P2P 网络、时间戳和区块链等技术创建一套去中心化的电子交易体系,这种体系无需建立在交易双方相互信任的基础之上,并且提出了电子现金系统的相关概念和框架结构,描述了一种称为"比特币"的电子货币及相关算法。在比特币的形成过程中,区块是一个基本的存储单元,记录了一定时间内各个区块结点全部的交流信息。各个区块之间通过哈希算法(hashing algorithm)实现链接,后一个区块包含前一个区块的哈希值。随着信息交流的不断扩大,区块与区块之间相继接续,形成的结果称为区块链。2009 年,中本聪发布了首个比特币软件,正式启动了比特币金融系统,比特币从理论迈入实践阶段。第一个序号为 0 的区块于 2009 年 1 月 3 日诞生,短短几天之后,序号为 1 的区块于 2009 年 1 月 9 日出现,该区块与序号为 0 的区块相连接形成了链,标志着区块链的正式诞生。

　　从应用角度来看,区块链是比特币以及其他虚拟货币的核心支撑技术,它是一个开放的分布式共享账本(ledger),能够以一种可验证而且永久的方式有效地记录双方的交易,具有去中心化、不可篡改、全程留痕、可追溯、集体维护、公开透明等特点。区块链的这些特点保证了区块链的"诚实"与"透明",为区块链创造信任奠定了基础。区块链众多的应用场景基本上都能够基于区块链解决信息不对称问题,从而实现多个主体之间的协作信任和一致行动。从技术角度讲,区块链涉及计算机网络、密码学、数学和计算机程序设计等多个学科和领域。

　　近年来,世界各国对比特币的态度褒贬不一,但是,作为比特币底层技术之一的区块链技术却越来越受到学术界和产业界等社会各方面的重视,逐渐成为研究的热点。2019 年 1 月 10 日,国家互联网信息办公室发布《区块链信息服务管理规定》。2019 年 10 月 24 日,在中共中央政治局第十八次集体学习时,习近平总书记强调"区块链技术的集成应用在新的技术革新和产业变革中起着重要作用""要把区块链作为核心技术自主创新的重要突破口""加快推动区块链技术和产业创新发展"。目前,区块链技术已经走进大众视野,成为社会关注的焦点。

9.5.2　区块链的基本原理和特点

　　从本质上讲,区块链是由许多区块连接起来构成的链,"区块"是指一部分数字化的信息，"链"是指这些区块存储在一个公共的数据库里。区块链是由许多计算机管理的一系列带有时间戳的不可改变的数据记录，这些计算机并不由某个单个实体所拥有。每一块数据记录(区块)通过使用密码学原理与其他区块相互关联(链)。

区块链中的区块由一些数字信息构成，具体包括以下三部分：

(1) 区块中存储交易的相关信息，如日期、时间、交易金额等信息。

(2) 区块中存储交易参与者的信息。例如，一个关于用户在淘宝网上购物的区块中会记录用户和淘宝网的相关信息。

(3) 区块中存储该区块区别于其他区块的相关信息。就像不同的人有不同的身份证号码一样，每个区块都存有一个哈希值，这个唯一的编码将不同的区块区别开来。例如，当某个用户在淘宝网上购买了一件商品之后，在这件商品正在运输的过程中该用户又买了一件完全相同的商品，尽管第二次交易的细节看上去与第一次交易几乎一样，但是仍然可以通过两个区块唯一的编码将它们区分开。

在上述的例子中，在一个区块中仅仅记录了一次交易的信息。事实上，区块链中的单个区块可以最多存储 1 MB 的数据，因此，根据交易的规模，单个区块可以容纳成百上千个交易信息。

当一个区块存储新的数据后，该区块被加入区块链中。顾名思义，区块链中包含了许多个连接在一起的区块。在一个区块加入区块链之前，必须满足以下四个条件：

(1) 该交易必须已经实际发生。

(2) 该交易必须已经被确认。

(3) 该交易必须已经被存储于一个区块中。当交易信息被确认后，该交易的相关信息(如日期、时间、金额等)都被记录在一个区块中。

(4) 该区块必须被赋予一个哈希值。当一个区块内的所有交易都被确认之后，该区块必须被赋予一个唯一的标识码：哈希值。

当一个新的区块加入区块链之后，该区块立刻成为公共的区块，任何人都可以看到它，包括该区块的创建者。

区块链是一种简单而巧妙的在交易双方之间传递信息的方式，信息传递过程是完全自动的，而且非常安全。首先，交易的一方创建一个区块，启动交易过程。接下来，这个区块被分布在网络上数以千计甚至数以百万计的计算机确认。经过确认后的区块被追加到一个链中，该链存储在整个网络中，不但具有唯一的记录，而且具有唯一的记录历史。伪造一个记录意味着必须伪造整个区块链，而区块链具有数以百万计的实例，因此伪造区块链实际上几乎是不可能的。比特币将这种模式用于货币交易，但是区块链技术可以应用于许多其他领域。

区块链的特别之处在于区块链网络中没有集中的中心控制结点，它是一个真正意义上的民主系统。区块链是一个共享式、不可改变的账本，账本中的信息对所有人都是开放的，大家都可以看到这些信息。基于区块链所构建的任何东西从本质上都是透明的，每个参与方都为其行为负责。

区块链技术之所以受到各方的关注，成为当前研究的热点，主要在于以下几个方面的原因：

(1) 区块链不属于任何一个单个的实体，区块链是非集中式的；

(2) 区块内的数据是加密存储的；

(3) 区块链是不可更改的，任何人不能篡改区块链中的数据；

(4) 区块链是透明的，任何人都可以追踪区块链内的数据信息。

通过上述介绍和分析，可以将区块链的主要技术特点总结和归纳为以下三个方面：

(1) 去中心化。在比特币出现之前，人们往往习惯于集中式的服务模式。集中式服务模式的概念比较简单，在一个中心结点上存储着所有的数据，用户为了获得所需的信息只需和这个中心实体进行交互。传统的"客户机-服务器"模式就是典型的集中式服务，如当用户使用搜索引擎时，用户向搜索引擎服务器发送一个查询请求，之后服务器将相关的查询结果返回给用户。集中式服务模式已经存在了很长时间，但是，集中式服务存在许多明显的缺点。首先，由于是集中模式，所有的数据都存储在一个结点上，这个中心结点很容易成为网络攻击者(如黑客)的攻击目标。其次，如果采用集中式服务模式的系统需要进行软件升级，整个系统必须停止运转。另外，一旦中心结点由于某种原因无法正常工作，整个系统中的其他结点都无法访问它存储的信息。更有甚者，如果中心结点被攻击并被转变成带有恶意的系统，整个系统中的数据都会变得岌岌可危。集中式服务模式的缺点引发人们思考这样一个问题：能否将中心结点从系统中去掉呢？与集中式系统相对，在去中心化的系统中信息不是由某个结点单独存储，而是由整个系统中的所有结点共同拥有。在去中心化的系统中，如果某个结点想和另一个结点进行交互，无需间接地通过第三方结点。区块链不会将任何信息存储在一个中心结点上。区块链被复制并传播到一个计算机网络上，每当一个新的区块被加入区块链中时，网络中的每一台计算机都将更新其区块链，对这一变化做出反应。正是因为把信息分散传播到整个区块链网络上，而不是存储在一个中心数据库中，所以区块链很难被篡改和破坏。如果区块链的一个副本落入黑客手中，也只是这一份信息副本受到影响，不会波及整个区块链网络。

(2) 透明性。尽管在区块链中的个人信息是保密的，但是区块链技术是开源的。这意味着区块链网络中的用户如果觉得有必要可以修改相关的代码，前提是能够得到大多数区块链网络计算力的支持。使储存在区块链中的数据保持开源特性还会使对这些数据的篡改和破坏变得更加困难，因为在任何时刻都有数百万台计算机在区块链网络中，任何人想要对区块链中的数据进行改动而不被注意到，这基本上是不可能的。

(3) 不可更改性。在区块链中，不可更改性是指一旦信息被加入区块链中，它就无法被人为篡改和破坏。只要不能掌控全部区块链网络中 51%以上的计算机，网络攻击者(如黑客)就无法操控和篡改区块链中的数据，这避免了人为或恶意的数据更改，保证了区块链的安全性。区块链的不可更改性对于金融机构和财务部门具有很高的应用价值，如果一开始就知道根本无法篡改交易记录信息，许多涉及金融和财务的非法挪用和侵吞案件也许很早就会被消灭在萌芽状态。

区块链的不可更改性来自区块链技术所使用的哈希函数(hash function)。简言之，哈希函数以一个任何长度的字符串作为输入，产生一个固定长度的字符串作为输出。下面以安全哈希算法 SHA-256(Secure Hashing Algorithm 256)为例介绍哈希函数的基本工作原理。

使用安全哈希算法 SHA-256，无论输入字符串的长短如何，输出字符串的长度总是固定的 256 位长，如表 9.5 所示。表 9.5 中的输出为十六进制形式，每个输出长 256 位。

表 9.5　哈希算法基本概念示例(SHA-256)

输　　入	输　　出
Hi	3639EFCD08ABB273B1619E82E78C29A7DF02C1051B1820E99FC395DCAA3326B8
Hi,Blockchain.	56F6E5F2E989935556A470A23CD75B227794BAAEDD25EBEC52B76797F299B151

　　在表 9.5 中，当输入字符串是仅有两个字符的"Hi"时，其对应的 SHA-256 哈希算法的输出是 256 位长；当输入字符串变为长度为 14 个字符的"Hi,Blockchain."时，其对应的 SHA-256 哈希算法的输出仍然是 256 位长。哈希函数的这一特点在处理大量数据和交易信息时变得非常关键。利用这一特点，我们不必记住体量巨大的输入数据，只需要记住哈希函数产生的固定长度的输出值即可。

　　加密哈希函数是一类特殊的哈希函数，它具有许多特性，适用于进行数据加密。安全的加密哈希函数必须满足一定的属性，其中一个非常重要的属性叫做雪崩效应(avalanche effect)。在密码学中，雪崩效应是加密算法的一种理想属性，是指当输入即使只发生了极其微小的改变时(如仅仅出现一个二进制位的反转)，也会导致输出产生巨大的变化(如输出中超过一半的二进制位发生反转)。在高质量的密码中，无论明文或者密钥的任何细微变化都应当引起密文的剧烈改变。

　　上述的安全哈希算法 SHA-256 就具有雪崩效应，而且非常明显。下面通过一个实例说明 SHA-256 哈希算法的雪崩效应，如表 9.6 所示。

表 9.6　哈希算法雪崩效应示例(SHA-256)

输　　入	输　　出
Blockchain is decentralized,transparent and immutable.	D6D9DAB02DDF83617E23C3966688CAD7FF44AF54448F18012C52F25884E0A21B
blockchain is decentralized,transparent and immutable.	B955E0EEE3589DD3FF77414DA270951CDA1E2CB50CBC799432786750E7EA1A23

　　在表 9.6 中，第二个输入与第一个输入的差别仅仅在于这串字符的第一个字母从大写字母变为小写字母。但是，可以看到这两个输入所对应的输出存在非常大的差别，可以说是截然不同，这说明 SHA-256 哈希算法的雪崩效应非常明显。

　　在区块链网络中，一个区块链实际上是一个链表，区块链中的每一个区块内既包含数据，也包含一个指向其前一个区块的哈希指针。哈希指针与普通指针的概念比较相似，但是与传统普通指针不同的是，一个哈希指针不仅包含前一个区块的地址，而且还包含前一个区块内数据的哈希值。这一点微妙的区别和改进正是使得区块链能够变得异常可靠的关键因素。假设有三个区块，分别是"区块 1""区块 2"和"区块 3"，"区块 3"指向"区块 2"，"区块 2"指向"区块 1"。如果某个黑客对"区块 3"进行攻击，试图更改该区块内的数据。由于上述的加密哈希函数具有雪崩效应属性，该区块内数据的细微变化将会引起哈希值的剧烈改变。这意味着黑客对"区块 3"内数据的微小改动将会改变"区块 2"内存储的哈希值，并且通过连锁反应，这一改变将会进一步对"区块 2"的前一个区块"区块 1"产生影响。依此类推，黑客对"区块 3"内数据的一点细微改动会牵一发而动全身，将引起整个区块链的完全改变，而这一点显然是不可能的。通过上述分析，我们可以看出加密哈希函数及其雪崩效应属性是区块链能够具有不可更改性的根本原因。

9.5.3 区块链的应用

区块链中的区块最初被用于存储关于货币交易的数据。其实，区块链也是一种非常可靠的存储其他类型交易数据的方法。事实上，区块链技术的应用领域非常广泛，既可以用于存储资产交易数据，还可以用于存储供应链数据，甚至可以用于投票选举活动。

2019 年，著名的跨国服务网络 Deloitte 公司针对全球范围内 12 个国家和地区(包括中国、加拿大、瑞士、新加坡、英国、美国等)1386 位大型知名企业的高管开展了一次区块链调查。根据 Deloitte 公司公布的 2019 年度全球区块链调查报告，在所有被调查的企业中，53%的企业表示区块链技术已经成为该企业 2019 年的关键性优先发展战略(此项数据比2018 年度增加了 10 个百分点)，23%的企业已经在其业务运营中安装部署了区块链系统，40%的企业表示将会在未来一年时间内对区块链技术新增超过 500 万美元的投入，83%的企业表示已经看到区块链技术非常具有吸引力的应用前景。总体而言，相比 2018 年的全球区块链调查报告，2019 年被调查企业对区块链技术的总体热度明显大幅提升。

接下来介绍目前最热门的几个区块链技术的应用领域。

1. 银行和金融

或许任何一个行业都无法比银行业能从在其业务中集成区块链技术受益更多了。首先，区块链技术会给银行业在时间效率上带来极大的提升。传统的银行服务机构通常每周有 5个工作日，每个工作日 8 小时营业时间。这意味着周五下午 6 点之后存入的支票可能要到下周一早上才能到账。此外，对于某些银行交易，即便是在工作日的正常营业时间内进行的，也可能需要几天的时间才能够得到确认，因为银行需要在后台进行一系列的处理。与之相比，区块链网络不存在放假休息，它始终处于工作状态。

以传统的股票交易业务为例，资金的结算和清算过程可能需要三天甚至更长时间，这意味着这些资金和股票在这段时间内是被冻结的。由于资金数额巨大，即使是几天的时间也会产生很大的开销，带来相当的风险。通过区块链技术，银行之间可以更快更安全地进行资金交换。如果将区块链技术引入银行业务，用户可以看到他们的银行交易会在短短的10 分钟之内(基本上就是将一个区块加入区块链中所需的时间)处理完毕，无论交易是否在银行工作日或者是否在营业时间内。据有关机构估算，通过在银行业中应用区块链技术，用户每年能够节省大约 160 亿美元的相关费用。

区块链技术是比特币这类加密货币的技术基石。传统货币(如美元)受某个权威机构(如中央银行或者政府)的集中管理和调控，在这种集中控制的体制下，普通用户的货币从技术层面讲无疑会受到银行或政府的影响。如果银行倒闭了，或者用户处于一个政局不稳定的国家，那么他们所持有的货币可能面临很大的风险。通过将其操作分布到区块链网络中成千上万台计算机上，区块链使得加密货币能够自主运转，摆脱了集中式权威机构的管理和控制。这一点不仅可以减少潜在的资金风险，而且还能够降低许多相关处理开销和交易费用。区块链技术还能够给那些货币不稳定的国家的用户提供一种更加稳定的货币，提供更多的应用，带来更广的业务合作伙伴网络。

事实上，区块链技术在证券交易、股权登记、国际汇兑以及信用证等诸多金融领域都有巨大的应用潜力。将区块链技术应用在金融行业中，可以省去第三方中介环节，不仅可以降低成本，还能够大幅提高交易速度。

2. 物联网和物流

物联网和物流领域是区块链技术一个非常有前景的应用方向。区块链技术在物联网和物流领域可以得到非常自然的结合，通过区块链可以降低物流成本，方便追溯货物和产品的生产源头和运输过程，提高供应链管理的整体效率。例如，在供应链领域可以使用区块链记录所购商品或原材料的来源信息，这可以使公司能够证明其产品相关属性的真实性，如"有机食品"和"原产地保护产品"等。据美国《福布斯》(《Forbes》)杂志称，目前食品行业正在加大使用区块链技术的力度，逐步通过区块链技术构建从产地到用户全过程的食品追溯机制，确保食品的安全性。

3. 智能合约

智能合约(smart contract)本质上是构建在区块链内的计算机代码，它能够帮助交易双方进行合约的确认和协商。智能合约基于区块链中数据的不可更改性，能够自动执行一些预先定义好的规则和条款。智能合约运行在用户事先约定好的一些条件下，一旦这些条件满足，合约的条款就会自动执行。例如，可以使用智能合约进行房屋租赁，房东事先同意一旦收到房客的租房押金后立刻将房屋门禁密码告知房客。租房交易的双方都把各自的交易行为发给智能合约，由它根据事先约定好的合约条款自动地在租房押金和门禁密码之间进行交换。如果房东收到押金后没有如约按时提供门禁密码，智能合约将会自动把租房押金退还给房客。显然，使用区块链技术消除了传统房屋租赁交易中由第三方中介机构产生的费用。

4. 医疗保健

医疗保健机构可以利用区块链技术安全地存储患者的医疗档案。在生成并确认患者的医疗档案之后，将医疗档案写入区块链中，使得患者确信其医疗档案不会被篡改和破坏。这些个人医疗档案可以使用私钥进行加密处理，然后存入区块链中，这些加密信息只能由被授权方访问，保证了患者的隐私。

5. 公益活动

在区块链上存储的数据不可篡改，具有很高的可靠性，这与许多社会公益活动的应用需求非常吻合。在许多社会公益活动中的相关信息，如社会慈善捐赠信息、公益募捐明细、公益慈善资金流向、慈善捐款受助人反馈信息等，都可以存储在区块链中，并且有条件地进行公开、公示，方便社会各方面的监督，保证公益活动的公开性和透明性。

6. 投票选举

在投票选举中使用区块链技术不仅能够消除选举欺诈和选举舞弊，而且有助于提高投票率。事实上，2018 年美国西弗吉尼亚州(West Virginia)在中期大选中使用了基于区块链技术的选举系统，开采用区块链技术进行投票选举活动之先河。在这个基于区块链技术的选举系统中，选民在智能手机(iPhone 或者 Android)上使用移动应用，通过指纹、面部识别和身份证件信息等身份认证措施进行投票。每个选民的选票被作为一个区块存储在区块链中，确保选票不被篡改和破坏。此外，区块链技术还能够保证投票选举过程的透明性，减少传统选举过程中所需的工作人员，并且能够及时地将投票选举结果提供给组织选举活动的有关方面。

9.5.4 区块链的优缺点和发展前景

1. 区块链的优缺点

区块链技术既有非常鲜明的优点，同时也存在一些问题和不足之处。

1) 区块链的优点

作为一种非集中式的交易记录方法，区块链技术能够对用户隐私提供更好的保护，提高安全性，降低交易处理费用，减少人为错误，其应用前景不仅限于上述的几个领域，具有极大的发展潜力。下面简要介绍区块链技术的主要优点。

(1) 准确性提高。区块链网络中的交易是由网络中数以百万计的计算机共同进行确认的，这排除了交易确认过程中几乎所有的人为因素干扰，既减少了人为错误的影响，也使得信息记录更加准确。即使区块链网络中的某台计算机产生了计算错误，该错误也只会影响区块链的一份副本。要使该错误传播到整个区块链网络中，必须获得整个区块链网络中至少51%以上计算机的认可，这基本上是不可能的。

(2) 成本降低。用户或消费者通常需要为某个交易活动支付相关费用，如向银行支付银行交易服务费、向公证人支付公证费等。区块链技术去除了由第三方进行交易确认的需求，因此消除了第三方交易确认产生的相关费用。

(3) 安全性、私密性、时效性更高。一方面，在区块链中存储的每个交易记录都会得到区块链网络中成千上万台计算机的确认；另一方面，区块链中的每个区块既包括该区块的哈希值，也包括区块链上该区块前一个区块的哈希值，即使区块中的数据有极轻微的改动，由于前述的雪崩效应，该区块的哈希值将会产生极其巨大的变化，依此类推，整个区块链将产生连锁反应，即一个区块内的轻微改动会引发整个区块链的巨大变化。区块链的这些特性使得存储在区块链中的数据比集中式系统中的数据更难被网络攻击者篡改和破坏，提高了区块链的安全性。许多区块链网络都是作为公共数据库公开运转，这意味着任何能够访问 Internet 的人都可以看到该网络的交易历史信息，但是只能看到交易的细节信息，无法看到交易当事人的个人身份信息，因为存储在区块链中的是交易当事人的公钥，而不是其个人信息，这使得黑客无法像对传统银行机构那样通过网络攻击获取交易当事人的个人身份信息，提高了区块链的私密性。区块链没有工作日和节假日之分，全天 24 小时工作，交易可以在几分钟之内完成，相对传统的集中式服务系统时效性更高。

(4) 透明性高。尽管区块链中的个人身份信息是私密的，但是区块链技术本身却是开源的。除了交易各方的个人私密信息被加密外，区块链的数据对所有人开放，任何人都可以通过公开的接口查询区块链数据，开发相关应用，因此在整个区块链系统中信息是高度透明的。

2) 区块链的缺点

区块链技术的优点非常明显，但是也存在一些不足之处。首先，为了将区块链技术集成到现有的业务系统中，需要对定制软件设计和后端程序设计进行巨大的时间和资金投入；其次，区块链技术的问题不仅仅来自技术层面，有些非技术层面的因素也是阻碍其进一步发展的原因。接下来简要分析区块链技术的主要缺点。

(1) 能耗较高。虽然区块链可以为用户节省交易费用，但是区块链技术本身并不是免费的。区块的生成需要进行大量的计算，这是非常耗费能源的。英国能源价格比较平台Power Compare 曾经在 2017 年预测，按照目前比特币挖矿以及交易耗电量的增长速度，到2020 年比特币挖矿的耗电量将会与全球的用电量持平。当然，所有这些能耗的费用最终会由区块链技术的使用者承担。

(2) 交易处理性能较低。由于区块链在数据完整性和不可篡改性等方面的要求，每笔交易记录信息都要打包到区块中，然后计算哈希值，最终将交易记录保存到区块链中。虽然这种处理过程能够确保区块链数据的安全性和完整性，但是交易处理速度会下降。以比特币系统为例，目前比特币网络每秒只能处理大约 7 笔交易；与之相比，传统的信用卡 VISA 卡系统每秒可以处理 24 000 笔交易。显然，目前区块链技术在交易处理性能方面还存在不足之处。

(3) 被利用进行非法活动。区块链技术是一把双刃剑，它一方面可以保护用户的隐私信息，使其交易信息免受黑客的攻击；另一方面它也给不法之徒利用区块链网络进行非法交易和活动提供了可乘之机。在这个方面，最有名的例子是被称为 "Silk Road" 的暗网(darkweb)在线交易网站，它从 2011 年 2 月开始允许用户浏览该网站并从事非法比特币交易，该网站使用户的浏览记录和非法交易信息无法被追踪。由于违反了美国的相关法规，该网站于 2013 年 10 月被美国联邦调查局关闭。

(4) 受黑客攻击。新型的加密货币和区块链网络面临 "51%攻击" (51% attacks，即网络攻击者掌控全部区块链网络中 51%以上的计算机)。在区块链技术领域，以往通常认为51%攻击是极其难以实现的，因为这需要巨大的计算能力才能掌控整个区块链网络中大多数的计算机。但是，纽约大学计算机科学家 Joseph Bonneau 于 2017 年发布的研究报告指出，这种情况也许会发生改变，未来将会出现越来越多的 "51%攻击"，因为黑客们将改变以往购买计算设备的方式，转而通过租借计算能力来实施 "51%攻击"。

2. 区块链的发展前景

从当前的实际应用情况来看，区块链技术在许多领域的应用相当一部分仍然处于构想和测试阶段，距离实际应用还有一定的距离。区块链技术要获得政府监管部门和社会的普遍认可和广泛应用还面临一些困难和挑战，主要有以下几个方面：

(1) 与现有法律法规和制度观念的冲突。区块链技术的去中心化和自治性等特性与社会传统的生产生活方式有一定的差别，它淡化了政府部门监督监管的概念，与现行法律法规难免存在一些冲突。对于这些问题，目前世界各国尚缺少充分的理论探讨和系统的制度准备，这些因素不可避免地会阻碍区块链技术的应用与发展。

(2) 在技术层面仍需出现突破性进展。区块链应用目前仍然处于试验性的初创阶段，没有成熟直观的应用产品。相对于互联网技术，区块链技术明显缺乏类似 Web 浏览器和各种网络应用程序这样的突破性技术成果。

(3) 克服可扩展性问题。系统的去中心性、安全性和可扩展性这三个方面是理想区块链系统所应具备的属性。但是，在区块链技术领域存在一个 "不可能三角"，即这三方面属性最多只能满足其中的两个，要想在一个区块链系统中完全满足这三个方面的属性几乎是不可能的。事实上，任何一个区块链系统的架构和实现策略都会体现这三方面属性的平衡和折中。如何在保证可信性的前提下克服区块链系统的可扩展性问题是未来区块链技术研究所面临的一个挑战。

　　自从 1991 年首次作为研究项目被提出以来，区块链技术已经走过了近 30 年的发展历程。与许多其他跨世纪的新技术一样，区块链技术也饱受全世界各方面的争议。目前，区块链技术仍然存在一些缺点和不足，面临一些困难和挑战。但是，当区块链技术即将迈入第三个十年的崭新发展阶段，学术界和产业界对于区块链技术提出的问题也变得更加深入、细致、实际，人们对于区块链技术的认识已经从过去的"区块链技术是否可行"变为"如何利用区块链技术"，人们对区块链技术的态度已经从过去的"在传统的业务系统中是否能够应用区块链技术"逐步转变为"何时在传统的业务系统中应用区块链技术"。展望未来，区块链技术凭借其准确性和安全性等优势在社会生活的诸多领域内进一步得到广泛应用必然是大势所趋，而且一定会大有可为。

9.6　常用网络命令

　　为了增进对计算机网络的了解，更好地管理计算机网络，除了掌握计算机网络体系结构和网络协议等基础理论知识之外，还需要熟悉和掌握一些终端设备(如 Windows 计算机、Linux 服务器和工作站等)上常用的网络命令。本节介绍一些 Windows 操作系统中常用的网络命令，这些网络命令在 Unix 和 Linux 操作系统中也有，其功能基本一样。熟练掌握这些基本的网络命令能够帮助计算机网络用户在终端设备(如计算机和服务器等)上查找和定位常见网络连接问题和网络故障的原因，这些网络命令是排除网络故障、解决网络问题的得力工具。

9.6.1　ping 命令

　　首先介绍最常见、最流行的与网络连接问题相关的 ping 命令。ping 是 Packet Internet Groper 的缩写，它是工作在 TCP/IP 网络体系结构中应用层的一个服务命令，其主要功能是向特定的目的主机发送 ICMP 数据包，测试目的结点是否可达并了解其相关状态信息。或许每个计算机网络用户在遇到网络连接性问题时最先想到的就是 ping 命令了，ping 命令可以使计算机网络用户迅速地知道是否能够从其计算机上发送和接收数据包(ICMP 数据包)，并据此判断该计算机是否能正常地连接到计算机网络。

　　值得注意的是，ping 命令不仅能够检测执行该命令的本地计算机的网络连接性，还能够检测通过 ping 命令向其发送数据包的远程计算机或服务器的网络连接性。例如，如果用户使用 ping 命令检测其本地默认网关的 IP 地址，并且成功收到应答消息，这说明本地计算机正常连接到了网络上；如果本地用户使用 ping 命令检测一个 Internet 上的远程服务器，并且成功收到应答消息，这说明该远程服务器正常连接到了网络上。

　　要使用 ping 命令，首先在 Windows 操作系统中打开命令行窗口，在命令行窗口中输入"ping"，然后输入想要检测的 IP 地址，其一般命令格式如下：

　　　　ping　[IP 地址]

　　在默认情况下，ping 命令将会发送四个 ICMP 数据包给命令中 IP 地址所指的结点。下面给出一个 ping 命令的执行示例过程，如图 9.10 所示。

图 9.10　ping 命令示例——IP 地址命令格式

如图 9.10 所示，对 IP 地址"202.117.112.26"使用 ping 命令的结果是向该结点发送四个数据包，并且成功地从该结点接收到四个数据包。注意，四个数据包往返的时间信息也显示在 ping 命令的返回结果中。在图 9.10 中所示的四个数据包中，最长的往返时间是 36 ms，最短的往返时间是 7 ms，平均往返时间是 21 ms。

除了图 9.10 中的命令格式，ping 命令还有另外一种命令格式，如下所示：

　　　　ping　[域名　or　主机名]

这表明 ping 命令也可以使用目的主机的域名或者主机名作为参数，如图 9.11 所示。

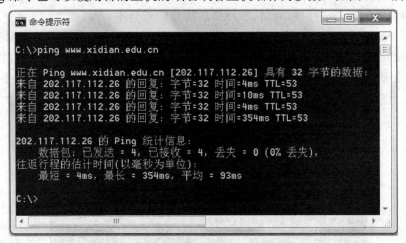

图 9.11　ping 命令示例——域名命令格式

如图 9.11 所示，对域名"www.xidian.edu.cn"执行 ping 命令，计算机首先需要将该域名转换成相应的 IP 地址，这通常是由 DNS 服务器完成。如果这里出现问题，表明 DNS 服务器的 IP 地址配置有问题或者 DNS 服务器有故障。值得指出的是，在图 9.11 示例中的域名"www.xidian.edu.cn"所对应的 IP 地址就是图 9.10 示例中的"202.117.112.26"。

下面结合图 9.10 和图 9.11 中的示例介绍 ping 命令的基本工作过程，如图 9.12 所示。

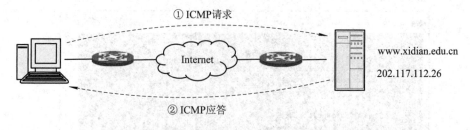

图 9.12　ping 命令的基本工作过程

如图 9.12 所示，ping 命令的基本工作过程总体上可以分为以下两个步骤：

(1) 从执行 ping 命令的计算机上向指定的 IP 地址发送 ICMP 数据包；

(2) 等待 ICMP 应答数据包，显示数据包的往返时间以及其他相关统计信息。

9.6.2　ipconfig 命令

除了 ping 命令，另一个比较常见而且非常有用的网络命令是 ipconfig 命令，它可以显示许多本地计算机网络设置信息，如本地计算机所有网络接口卡的 IPv4 和 IPv6 地址、MAC 地址、默认网关、子网掩码、DNS 服务器以及 DHCP 协议信息等。如果网络用户想知道分配给本地计算机的 IP 地址或者本地计算机上以太网网卡的 MAC 地址，那么使用 ipconfig 命令可以很快帮助用户发现这些信息。

如果计算机使用了 DHCP 协议，则 ipconfig 命令所显示的信息会更加实用。此时，通过 ipconfig 命令可以知道本地计算机是否成功地申请到了 IP 地址；如果申请成功，可以进一步了解当前分配的 IP 地址是什么。了解本地计算机当前的 IP 地址、子网掩码以及默认网关等网络设置信息是进行网络测试和网络故障分析的基本前提。

要使用 ipconfig 命令，首先在 Windows 操作系统中打开命令行窗口，在命令行窗口中输入"ipconfig"。最常用的 ipconfig 命令选项是使用 ipconfig 命令时不带任何参数，此时，ipconfig 命令显示每个已经配置好的网络接口的 IP 地址、子网掩码以及默认网关等信息。下面给出一个常用的无参数 ipconfig 命令的示例过程，如图 9.13 所示。

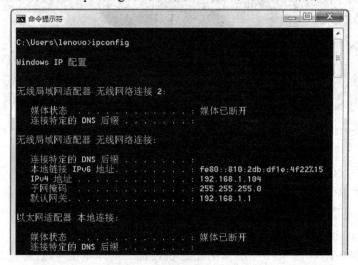

图 9.13　ipconfig 命令示例——无参数命令格式

如果本地计算机是通过有线网络上网，应在“以太网适配器”这部分查看相关网络设置信息；如果本地计算机是通过无线网络(如 WiFi)上网，则应在“无线局域网适配器”这部分查看相关网络设置信息。在图 9.13 所示的例子中，执行 ipconfig 命令的计算机当前没有使用有线网络上网，它使用的是无线局域网，因此 ipconfig 命令显示该无线网络连接的 IPv4 地址、IPv6 地址、子网掩码和默认网关等网络设置信息，以太网适配器所对应的连接显示“媒体已断开”。

除了不带参数的命令选项，ipconfig 还有一种“ipconfig /all”命令选项。当需要更加详细地了解本地计算机的网络设置信息时，可以使用“ipconfig /all”命令选项。相对于无参数的 ipconfig 命令选项，带有“all”参数的 ipconfig 命令选项显示的信息更加丰富，包括 DNS 信息、以太网网卡的物理地址、DHCP 协议信息等。下面给出一个“ipconfig /all”命令的执行示例过程，如图 9.14 所示。

```
无线局域网适配器 无线网络连接:

   连接特定的 DNS 后缀 . . . . . . . :
   描述. . . . . . . . . . . . . . . : Qualcomm Atheros QCA61x4 Wireless Network Adapter
   物理地址. . . . . . . . . . . . . : 74-DF-BF-58-33-49
   DHCP 已启用 . . . . . . . . . . . : 是
   自动配置已启用. . . . . . . . . . : 是
   本地链接 IPv6 地址. . . . . . . . : fe80::810:2db:df1e:4f22%15(首选)
   IPv4 地址 . . . . . . . . . . . . : 192.168.1.104(首选)
   子网掩码  . . . . . . . . . . . . : 255.255.255.0
   获得租约的时间  . . . . . . . . . : 2020年1月29日 17:04:14
   租约过期的时间  . . . . . . . . . : 2020年1月29日 20:04:14
   默认网关. . . . . . . . . . . . . : 192.168.1.1
   DHCP 服务器 . . . . . . . . . . . : 192.168.1.1
   DHCPv6 IAID . . . . . . . . . . . : 326426559
   DHCPv6 客户端 DUID  . . . . . . . : 00-01-00-01-1F-14-D0-40-00-25-AB-9A-BF-39
   DNS 服务器  . . . . . . . . . . . : 218.195.60.242
                                       218.195.60.250
   TCPIP 上的 NetBIOS  . . . . . . . : 已启用
```

图 9.14　ipconfig 命令示例——all 参数命令格式

从图 9.14 中可以看出，除了 IPv4 地址、IPv6 地址、子网掩码和默认网关等基本网络设置信息之外，带有“all”参数的 ipconfig 命令还显示了本地计算机的物理地址(以太网网卡的 MAC 地址)、DNS 服务器以及 DHCP 协议的相关信息。例如，从图 9.14 中可以看到执行 ipconfig 命令的本地计算机的无线网卡的 MAC 地址是“74-DF-BF-58-33-49”，默认 DNS 服务器是“218.195.60.242”，备用 DNS 服务器是“218.195.60.250”，DHCP 已经启用，还可以看到获得租约时间以及租约过期时间等 DHCP 协议的相关信息。

除了上述的无参数 ipconfig 命令选项和带有“all”参数的 ipconfig 命令选项，ipconfig 命令还有另外两种格式的命令选项，分别是“ipconfig / release”和“ipconfig / renew”。对于“ipconfig / release”和“ipconfig / renew”这两种命令选项，如果未指定适配器名称，则会释放或更新所有绑定到 TCP/IP 的网络适配器的 IP 地址租约。

带有“release”参数的 ipconfig 命令选项用于终止本地计算机上所有网络适配器的任何活跃 TCP/IP 连接，并释放相应的 IP 地址租约。带有“release”参数的 ipconfig 命令选项也可以使用具体的连接名称(连接全称或者使用通配符)作为参数，此时该命令仅对参数指定的连接起作用，而不是针对本地计算机上的所有连接。

带有“renew”参数的 ipconfig 命令选项用于更新(重新建立)本地计算机上所有网络适配器的 TCP/IP 连接。与带有“release”参数的 ipconfig 命令选项一样，带有“renew”参数的 ipconfig 命令选项也支持连接名称作为参数。

9.6.3　tracert 命令

在 Windows 操作系统中，tracert 命令是"trace route"的缩写，其含义是"跟踪路由"，它是一个用来进行路由跟踪和诊断的实用程序。tracert 命令通过向目标计算机发送具有不同生存时间(Time To Live，TTL)的 ICMP 数据包来确定到达目标计算机所经过的路由，即跟踪数据包从一台计算机到另一台计算机所经过的路径。tracert 命令所跟踪的路由通常以本地结点到目的结点之间路由器的 IP 地址来表示。

TTL 是 IPv4 数据包包头里一个 8 位长的字段，从字面上理解 TTL 是数据包可以生存的时间，实际上 TTL 是指 IP 数据包在计算机网络中可以转发的最大次数(也称为跳数)。IP 数据包 TTL 字段的值由数据包的发送者设置(TTL 字段长度为 8 位，因此最大值为 255)，tracert 命令通过控制 IP 报文的 TTL 字段实现路由跟踪功能，提供从本地结点到目的结点之间所经过的每一个路由器的相关信息。

在执行 tracert 命令的源结点上，tracert 命令分多个批次向目的结点发送 IP 数据包，第一批次 IP 数据包的 TTL 值为 1，第二批次 IP 数据包的 TTL 值为 2，第三批次 IP 数据包的 TTL 值为 3，依此类推。源结点在发出 IP 数据包之后为每个 IP 数据包启动一个计时器，用来统计数据包传输的往返时间。在 IP 数据包从源结点到目的结点的整个传输路径上，数据包每经过一个中间路由器，中间路由器会修改其 TTL 值(将 TTL 值减 1)，然后将数据包沿路由继续转发出去。如果 IP 数据包在到达某个中间路由器后其 TTL 值已经减少为 0，表明该 IP 数据包已经超出了可以转发的最大次数，根据 IP 协议规则，中间路由器会丢弃该数据包，并向源结点发送一个 ICMP 警告消息，该警告消息中包含了这个中间路由器的名称和 IP 地址信息。当这个 ICMP 警告消息到达源结点时，源结点通过之前为每个 IP 数据包启动的计时器计算获得数据包的往返时间(Round-Trip Time，RTT)，并且从该消息中获得中间路由器的名称和 IP 地址信息。在第一批次 IP 数据包之后，执行 tracert 命令的源结点在下一批次的发送过程中将 IP 数据包的 TTL 值增加 1，再次发送，仍然通过检查中间路由器发回的 ICMP 警告消息来确定中间路由器的相关信息。这个过程一直持续下去，直到 IP 数据包的 TTL 值达到 tracert 命令指定的最大值(通常默认值设置为 30)或者目标结点做出应答。

下面通过示例详细说明 tracert 命令的基本工作过程，具体包括五个步骤，如图 9.15 所示。

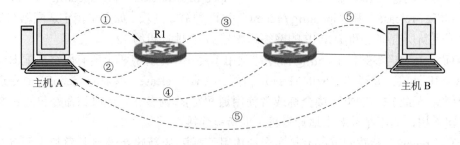

图 9.15　tracert 命令的基本工作过程

(1) 假定主机 A 是执行 tracert 命令的源结点，路由追踪的目的结点为主机 B，中间经过两个路由器，分别是 R1 和 R2。首先，源结点向主机 B 发送第一批次的 IP 数据包(一组共三个)，每个 IP 数据包的 TTL 值均设为 1。

(2) 路由器 R1 在接收到主机 A 发来的 IP 数据包后，由于数据包的 TTL 值为 1，因此该数据包被路由器 R1 丢弃，路由器 R1 向主机 A 发送 ICMP 警告消息。

(3) 源结点向主机 B 发送第二批次的 IP 数据包(一组共三个)，每个 IP 数据包的 TTL 值为 2。路由器 R1 在接收到主机 A 发来的 IP 数据包后，将该 IP 数据包的 TTL 值从 2 减为 1，然后将 IP 数据包继续转发给路由器 R2。

(4) 由于路由器 R2 接收到的 IP 数据包的 TTL 值为 1，因此该 IP 数据包被路由器 R2 丢弃，路由器 R2 向主机 A 发送 ICMP 警告消息。

(5) 源结点向主机 B 发送第三批次的 IP 数据包(一组共三个)，每个 IP 数据包的 TTL 值为 3。路由器 R1 在接收到主机 A 发来的 IP 数据包后，将该 IP 数据包的 TTL 值从 3 减为 2，然后将其转发给路由器 R2。路由器 R2 在接收到该 IP 数据包后，将其 TTL 值从 2 减为 1，然后将该 IP 数据包转发给主机 B。主机 B 在接收到该 IP 数据包后，由于其 TTL 值为 1，因此主机 B 丢弃该 IP 数据包，并且向源结点主机 A 发送 ICMP 警告消息。

在图 9.15 给出的示例中，tracert 命令一共从源结点主机 A 分三个批次向目的结点主机 B 发送 IP 数据包，两个中间路由器(R1 和 R2)以及目的结点主机 B 一共向源结点主机 A 发送三次 ICMP 警告消息，总共经过上述五个步骤才完成了一次完整的 tracert 命令的执行过程。

要使用 tracert 命令，需在命令行窗口中输入“tracert”，然后输入想要追踪的目的结点的域名或 IP 地址，其一般命令格式如下：

　　　　tracert　[域名　or　IP 地址]

图 9.16 中给出了一个 tracert 命令执行的示例。

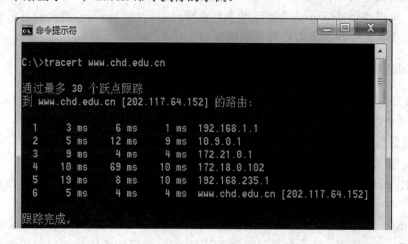

图 9.16　tracert 命令示例

在图 9.16 给出的示例中，要追踪的目的结点是“www.chd.edu.cn”(此处是目的结点的域名，也可以是其 IP 地址)，tracert 命令默认的最大跃点数是 30。从图 9.16 中可以看到，tracert 命令显示了从本地结点到目的结点的路由上所有中间路由器的相关信息，这些信息一共有多行(数据包经过的每一跳对应一行)，每行包括五项信息，这五项信息从左到右分别是：

Hop　　RTT1　　RTT2　　RTT3　　　Domain Name [IP Address]

第一项 Hop 表示数据包所经过的跃点数(也称为跳数)，数据包每经过一个路由器被称为一跳。从图 9.16 中可以看出，从执行 tracert 命令的源结点到目的结点"www.chd.edu.cn"，数据包一共经过六跳。

第二项到第四项的三个 RTT 数据是指从源结点开始发送 IP 数据包到某个中间路由器(或者最终的目的结点)的 ICMP 警告消息返回源结点所用的往返时间(单位为毫秒)。这个 RTT 时间通常也被称为传输延迟(latency)，它与前述 ping 命令显示结果中的往返时间是同一个概念。由于 tracert 命令每次发送三个 IP 数据包，因此在每一行一共显示三个 RTT 数据(RTT1、RTT2 和 RTT3)，从这三个往返时间数据中可以看出网络数据传输延迟的一致性(或不一致性)。如果 RTT 值显示的是一个星号"*"，这往往意味着该路由器被设置为不响应 ICMP 消息，路由器的这种设置通常是出于安全考虑。

第五项 Domain Name [IP Address]表示数据包所经路由上的中间路由器的域名和 IP 地址信息。一般情况下，此项显示的是中间路由器的 IP 地址。如果该路由器的域名可用，也会在 IP 地址之前显示域名信息。

以上示例是以 Windows 操作系统中的 tracert 命令为例，实际上，tracert 命令在 Unix 和 Linux 等其他操作系统中也有。在 Unix 和 Linux 操作系统中，与 tracert 命令相对应的命令是"traceroute"，这两个命令的基本工作原理是一样的，其功能大致相同。tracert 命令是网络管理人员必备的常用 TCP/IP 工具之一，它能够直观地呈现从本地结点到远程主机的数据传输路径，有助于理解网络连接的相关问题(如数据包丢失和较高的数据传输延迟等)，通常用于测试网络的连通性以及确定网络故障的位置。例如，如果用户一直无法访问某个网站，tracert 命令可以帮助用户发现问题到底出在哪里。在一个大型网络中排除网络连通性故障时，可以使用 tracert 命令发现数据包在哪些中间结点出现了较大的延迟甚至超时，从而集中精力在这些结点上查找问题的根源。

9.6.4　netstat 命令

netstat 命令也是另外一个非常有用的网络命令，其含义是"network statistics"(网络统计信息)，这个命令在 Windows 操作系统以及 Unix 和 Linux 操作系统中都有。netstat 命令的基本功能是显示本地计算机与远程主机建立的 TCP/IP 网络连接、开放的端口以及每个连接的进程标识(Process ID，PID)等信息。

事实上，netstat 命令提供了多个命令选项，其功能非常丰富。以下是几个常用的 netstat 命令选项：

(1) netstat -a 选项：显示所有(all)本地计算机建立的 TCP/IP 网络连接和侦听端口。

(2) netstat -b 选项：显示在创建每个 TCP/IP 网络连接或者侦听端口时所涉及的可执行程序(executable)。在某些情况下，可执行程序可能包括多个独立的组件，此时显示创建连接或侦听端口时所涉及的组件序列，可执行程序的名称显示在底部的[]中，它所调用的组件显示在顶部。

注意：此命令选项可能非常耗费时间，而且在没有足够系统权限时可能无法执行。

(3) netstat　-n 选项：以数字形式(numerical form)显示地址和端口号。

(4) netstat　-o 选项：对每个 TCP/IP 网络连接，显示与其关联的拥有进程(owning process)的 PID。

(5) netstat　-s 选项：显示每个协议的统计信息(statistics)。在默认情况下，显示 IPv4、IPv6、ICMPv4、ICMPv6、IPv4 的 TCP、IPv6 的 TCP、IPv4 的 UDP、IPv6 的 UDP 等统计信息。

图 9.17 中给出了一个 netstat 命令执行的示例。

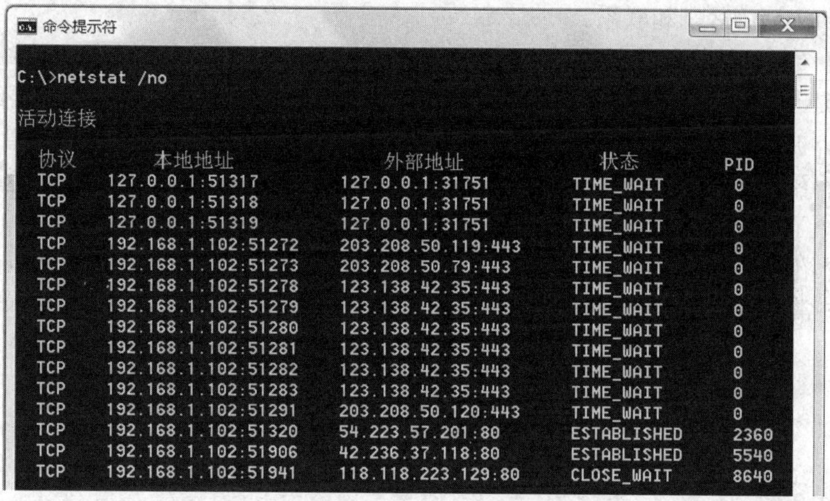

图 9.17　netstat 命令示例

在图 9.17 给出的示例中，netstat 命令使用的是-no 选项，其含义是以数字形式显示本地计算机 TCP/IP 网络连接的相关地址和端口号，并且对每个 TCP/IP 网络连接显示与其关联的拥有进程的 PID。在图 9.17 中，netstat 命令所显示的网络连接统计信息从左到右分别是连接协议类型、连接的本地地址(冒号后面显示的是端口号)、连接的外部地址(冒号后面显示的是端口号)、连接的状态、与连接关联的拥有进程的 PID。

普通网络用户的计算机每天要建立许许多多的 TCP/IP 网络连接，但是用户可能并不知道所有这些网络连接的存在。在众多的网络连接中，有些连接是正常的，但是也可能有一些恶意软件(malware)、间谍软件(spyware)或者广告软件(adware)在后台偷偷地使用某些网络连接从事非法或者有害的活动，而且很可能用户甚至不知道这些有害连接的存在。上述的各种 netstat 命令选项可以灵活组合使用，能够显示本地计算机 TCP/IP 网络连接多个方面的统计信息，这对于网络用户了解本地计算机网络连接的状况非常有用，可以帮助用户发现是否有恶意连接通过系统后门(backdoor)威胁本地计算机的安全。

········ **本 章 小 结** ··········

本章主要讲述了以下内容：

(1) 介绍了计算机网络安全的基本概念。分析了计算机网络的不安全因素。介绍了人为计算机网络攻击的实例，归纳了常见网络攻击实施者的类型及主要目的。介绍了计算机网络安全通信的主要目标。

(2) 介绍了数据加密技术。介绍了数据加密技术的基本概念，包括密码学的基本概念和数据加密模型。介绍了对称密钥加密算法，包括恺撒加密算法、单表加密算法和 DES 算法。介绍了非对称密钥加密算法。

(3) 介绍了计算机网络防火墙技术。介绍了防火墙的基本概念，介绍了防火墙的主要功能，分析了防火墙的优点和不足之处。介绍了包过滤型防火墙的基本工作原理和主要的包过滤技术。介绍了应用网关型防火墙的基本工作原理，对比分析了应用网关型防火墙与包过滤型防火墙的区别和联系。

(4) 介绍了计算机网络管理的相关知识。介绍了网络管理的基本概念，介绍了国际标准化组织提出的 FCAPS 网络管理模型。介绍了网络管理的体系结构的三个主要组成部分：管理实体、被管理设备和网络管理协议。以 SNMP 为重点介绍了 Internet 网络管理框架。

(5) 介绍了区块链技术。介绍了区块链的相关基本概念，介绍了区块链的基本原理和特点，介绍了区块链的主要应用，分析了区块链技术的优缺点和发展前景。

(6) 介绍了常用的网络命令，包括 ping 命令、ipconfig 命令、tracert 命令和 netstat 命令。介绍了这些常用网络命令的相关概念，并通过示例介绍了这些常用网络命令的基本工作原理。

✦✦✦✦✦✦✦ 习 题 9 ✦✦✦✦✦✦✦

一、填空题

1. 计算机网络的不安全的因素主要可以归纳为两个方面：_____和_____。

2. _____是指黑客借助成百上千台分布在不同地方的被入侵后并且安装了攻击进程的主机同时向目标主机发起 DoS 攻击，这种网络攻击往往会对被攻击的网站造成相当大的经济损失。

3. 数据发送方向接收方发送明文，通过加密算法运算处理后，得到相应的密文，这是_____过程。

4. 密码学(cryptology)距今已有数千年的历史，它是一门内涵非常广的学科，包含_____和_____两个分支。

5. 非对称密钥加密算法使用两个完全不同但完全匹配的一对密钥：_____和_____。

6. 计算机网络防火墙从技术层面主要分为两种类型：_____型防火墙和_____型防火墙。

7. 在非对称密钥加密算法中，加密密钥不同于解密密钥，_____是公开的，谁都知道，_____只有解密人自己知道。

8. 数据加密技术通过加密算法和密钥将明文转换为_____，数据解密技术是指通过相应的解密算法和密钥将密文还原为_____。

9. DES 的密钥长度为____位，其中____位是奇校验位，用于进行奇偶校验，DES 密钥的实际有效长度只有____位。

10. _____型防火墙不仅检查 IP 数据报和 TCP/UDP 数据包头信息中的相应字段，

而且能够进一步检查数据包内部的应用数据，并据此判断该数据属于何种应用。

二、单项选择题

1. 下列属于公开密钥加密算法的是_____。

A. 单表加密算法   B. DES

C. RSA 算法   D. 恺撒加密算法

2. 以下_____不属于安全网络通信的目标。

A. 保密性   B. 完整性

C. 透明性   D. 不可否认性

3. _____是指在不知道密钥的情况下，从密文反向推演出明文或者密钥的技术。

A. 密码学   B. 密码分析学

C. 密码学编码学   D. 解密算法

4. 在数据加密模型中，_____是指某个用来完成加密、解密、数据完整性验证等密码学应用的秘密信息，通常是一串秘密的数字或字符串，它是加密算法和解密算法的主要输入参数。

A. 公钥   B. 私钥

C. 密钥   D. 密文

5. _____是指黑客借助成百上千台分布在不同地方的被入侵后并且安装了攻击进程的主机同时向目标主机发起拒绝服务攻击，这种网络攻击往往会对被攻击的网站造成相当大的经济损失。

A. DoS 攻击   B. DDoS 攻击

C. 蠕虫病毒   D. 勒索病毒

6. 在单表加密算法中，字母表中的任何一个字母可以由字母表中的任何一个其他字母进行替换，因此一共有____种可能的情况。如果密码破解者试图采用穷举法破解单表加密算法，逐个去试所有可能的情况，将会耗费极大的代价，不是可行的方法。

A. 25   B. 26

C. 25!   D. 26!

7. 使用恺撒加密算法(假定取 $k=3$)，明文"Caesar"经过加密后被转换成的密文是_____。

A. Wuymul   B. Fdhvdu

C. Euxwxv   D. Uhwxuq

8. 某公司为了阻止所有内部网络与外部网络之间的 Telnet 访问，应该在其包过滤防火墙中设置包过滤规则封堵端口_____。

A. 20   B. 21

C. 23   D. 25

9. 包过滤路由器可以根据数据包多个方面的信息设置数据包过滤规则，但不包括_____。

A. 数据包的 IP 地址   B. 数据包的端口号

C. 数据包的大小   D. 数据包的 ICMP 消息类型

10. 国际标准化组织提出的网络管理模型包括五个方面的主要内容，其中不包括_____。

A. 路由管理　　　　　　　　　　B. 性能管理

C. 配置管理　　　　　　　　　　D. 安全管理

三、判断题

判断下列描述是否正确(正确的在括号中填写 T，错误的在括号中填写 F)

1. DES 与恺撒加密算法和单表加密算法一样，都属于对称密钥加密算法。　　( )

2. 非对称密钥加密算法也被称为公开密钥加密算法，由于加密用的密钥是公开的，谁都知道，甚至包括信息截取者，因此导致加密算法的保密程度大大降低。　　( )

3. 恺撒加密算法是一种对称密钥加密算法，字母向后推移的位数 k 的值就是加密和解密过程共同使用的密钥。　　( )

4. 采用穷举法破解单表加密算法，逐个去试所有可能的情况，不需要花费太长的时间，是一种可行的破解方法。　　( )

5. 密码学就是密码编码学，是指基于密钥的密码体制设计学，它研究如何将信息转换为某种密码形式，使非授权用户从理论上不可能破解它，或者破解它从计算上是不可行的。

　　( )

6. 在自然环境因素和人为因素这两者中，自然环境因素造成的对计算机网络的破坏难以避免，它是对计算机网络安全威胁最大的因素。　　( )

7. 在密码学中，把能够正常阅读和理解的普通信息称为明文，把明文经过加密算法进行加密处理之后得到的信息称为密钥。　　( )

8. 恺撒加密算法能够将明文加密转换为晦涩难懂的密文，而且恺撒加密算法可以根据字母向后移位 k 值的不同产生多种变化，因此恺撒密码很难破解。　　( )

四、简答题

1. 简述计算机网络安全的概念。

2. 简述计算机网络安全面临的威胁。

3. 什么是拒绝服务攻击？

4. 将明文通过加密算法转换为密文的一般表示方法是什么？简述其含义。

5. 将密文通过解密算法还原为明文的一般表示方法是什么？简述其含义。

6. 什么是恺撒加密算法？

7. 什么是防火墙？防火墙有哪几种主要类型？

8. 简述网络管理体系结构主要的组成部分。

9. 简述区块链技术的主要应用。

10. 简述 tracert 命令的基本工作过程。

五、问答题

1. 计算机网络的不安全因素有哪些？

2. 网络攻击实施者的主要类型有哪些？其主要目的是什么？

3. 计算机网络安全的核心是保证网络通信的安全，安全网络通信应达到哪几个方面的目标？

4. 什么是非对称密钥加密算法？简述其基本工作原理。

5. 相对于对称密钥加密算法，非对称密钥加密算法有什么特点？其优点是什么？

6. 什么是单表加密算法？比较单表加密算法和恺撒加密算法的加密性能。

7. 使用计算机网络防火墙能够完成哪些主要功能？

8. 国际标准化组织提出的网络管理模型有哪些方面？简述其主要内容。

9. 区块链技术的主要优缺点有哪些？

10. 常用的网络命令有哪些？其主要功能是什么？

参 考 文 献

[1] WILLIAM S. Data and Computer Communications. 10th ed. New Jersey: Prentice Hall, 2013.

[2] TANENBAUM A S. Computer Networks. 5th ed. Beijing: China Machine Press, 2011.

[3] 陈岩，乔继宏. 通信原理与数据通信. 北京：机械工业出版社，2006.

[4] 戴宗坤，罗万伯. 信息系统安全. 北京：电子工业出版社，2002.

[5] 高传善. 计算机网络. 北京：人民邮电出版社，2003.

[6] 高飞，高平. 计算机网络和网络安全基础. 北京：北京理工大学出版社，2002.

[7] 胡道元. 计算机局域网. 4 版. 北京：清华大学出版社，2010.

[8] 胡道元，闽京华. 网络安全. 2 版. 北京：清华大学出版社，2008.

[9] 胡秀琴，王爱华，王海波. 计算机网络. 北京：科学出版社，2006.

[10] 黄健斌，严体华. 网络计算. 西安：西安电子科技大学出版社，2004.

[11] 李邵智. 数据通信与计算机网络. 北京：电子工业出版社，2002.

[12] 陆楠. 现代网络技术. 西安：西安电子科技大学出版社，2003.

[13] 雷维礼，马立香，彭美娥. 局域网与城域网. 北京：人民邮电出版社，2008.

[14] 满文庆. 计算机网络技术与设备. 北京：清华大学出版社，2004.

[15] 沈金龙，杨庚. 计算机通信与网络. 北京：北京邮电大学出版社，2002.

[16] 魏永继. 计算机网络技术. 北京：机械工业出版社，2003.

[17] 吴功宜，吴英. 计算机网络教程. 5 版. 北京：电子工业出版社，2011.

[18] 邢彦辰. 计算机网络与通信. 北京：人民邮电出版社，2008.

[19] 张基温. 信息网络技术原理. 北京：电子工业出版社，2002.

[20] 张永世. 网络安全原理与应用. 北京：科学出版社，2003.

[21] 周炎涛，胡军华. 计算机网络实用教程. 2 版. 北京：电子工业出版社，2006.